EVA-MARIA KRÄMER

Faszination RASSEHUNDE

EVA-MARIA KRÄMER

Faszination RASSEHUNDE

HERKUNFT & AUFGABEN, TEMPERAMENT & WESEN

KOSMOS

INHALT

INHALT

294 Service

Spezial-Seiten

Dorit Feddersen-Petersen mit ihren Dingos

VORWORT

Eva-Maria Krämer ist die Fachfrau für Hunderassen und deren Ansprüche in Haltung und Umgang, so mein Resumée nach Lektüre ihres neuen Werkes! Sie wurde zur Weltreisenden, um Hunderassen in ihren Ursprungsländern zusammen mit Menschen zu erleben, lernte so viele Ursprungsformen späterer Rassen und deren besondere Veranlagungen kennen. So kann sie von einem wohl einmaligen Fundus an Erfahrungen ausgehen, der spannend und kurzweilig übermittelt wird und beeindruckend bebildert ist.
Frau Krämer weiß um die Realität des Hundelebens heute, das häufig mit einer recht oberflächlichen Hundeauswahl beginnt: Das Aussehen spielt eine weit zu große Rolle dabei, die jeweiligen Verhaltensansprüche kommen zu kurz – und die Passung Hund-Halter bleibt häufig aus.
Ein sorgfältiges Studium des vorliegenden Buches sei jedem Hundehalter ans Herz gelegt: es klärt über Verhaltensbesonderheiten von Rassehunden auf, die ja mit Umweltansprüchen und Lebensformen Hand in Hand gehen, da Verhaltensbesonderheiten besondere Motivationen zugrunde liegen. Und diese haben genetische Anlagen.
Gemeint ist, dass es rassentypische Dispositionen des Erlebens und Verhaltens gibt, die nicht durch Sozialisation bedingt sind. Hunde können dennoch ihre naturgegebenen Anlagen modifizieren, sie haben offene genetische Programme, sie können sie weiterentwickeln, umgestalten, unterdrücken oder verkümmern lassen (bzw. wir bringen sie dazu). Und es gibt unter Hunden sicherlich auch ein Fühlen und Verhalten, das verschiedenen Individuen verschieden schwer fällt. Im übrigen ist all dieses bei Mischlingen ähnlich, wir wissen nur weit weniger, was uns erwartet.
Will man also Hunde verstehen, muss man sehen, dass ihr Verhalten in ihrer ursprünglichen Aufgabe begründet ist, dass Verhalten und ursprüngliche Aufgabe schlicht untrennbar sind. Die ursprüngliche Aufgabe, das Apportieren toter Enten oder Zusammentreiben von Schafen, zeigen Retriever oder Border Collies durch Übersteigerungen, sogenannte Hypertrophien, in den speziellen Bereichen ihrer Beutefangsequenzen. Sie sind besonders motiviert, diese Spezialtalente auszuleben und bekommen Probleme, wenn dieses einfach nicht möglich ist.
Letztendlich sind etliche Verhaltensprobleme darauf zurückzuführen, dass Hunde mit speziellen Fähigkeiten, als Begleithunde gehalten, ihre besonderen Fähigkeiten nicht ausleben können. Noch gravierender wird die Situation, wenn diese Talente „sinnentleert“ im sportiven Bereich übertrieben werden ...
Was Rassen ausmacht, hat die Autorin also in ihrer Historie, ihrem Ursprungsland studiert, in der Zusammenarbeit mit Menschen, vielfach bevor die Anerkennung als Rassehund erfolgte. Eva-Maria Krämer hat in ihren zahlreichen Büchern immer wieder die rassetypischen Besonderheiten von Hunden herausgestellt und hat der immer noch so häufigen wie falschen Vorstellung entgegengewirkt, dass Hund gleich Hund ist, und die unterschiedlichen Rassen nur ihr Aussehen trennt.
Hund und Mensch müssen zusammenpassen, und Menschen sollten sich bei der Hundewahl nicht nur nach deren Schönheit richten, einer subjektiven Bewertung, die schlicht zu eng gefasst urteilt. „Es gibt keinen Hundetrainer, der dem Hütehund das Hüten, dem Schutzhund das Verteidigen und dem Jagdhund das Jagen abtrainieren kann.“
Eva-Maria Krämer verweist auf die Selbsteinschätzung des Hundehalters in spe, die die Analyse der Persönlichkeit, der Lebensumstände, dessen, was vom Hund erwartet wird, umfasst. Zu dem „Was vermag ich dem Hund zu bieten?“ gehört auch die Frage nach der vorhandenen Zeit. Und welcher Hund passt jeweils zu welcher Lebensweise?
Ein unbedingt lesenswertes Buch, das zu Nachdenklichkeit und Besinnung anregt.

Dorit Urd Feddersen-Petersen

ZU DIESEM BUCH

In diesem Buch fasse ich Jahrzehnte der Beobachtung und unendlich viele Gespräche mit Menschen zusammen, für die der Hund noch wichtiges Arbeitsmittel ist. Um Hunde bei ihrer ursprünglichen Aufgabe zu erleben und Rückschlüsse auf unsere modernen Rassen ziehen zu können, bereiste ich viele Länder bis an den persischen Golf und Australien.
Weiten Raum widme ich den Jagdhunden, weil sie – immer häufiger in Nichtjägerhand gehalten – eine große Herausforderung für Hundebesitzer darstellen. Ich selbst habe keine Beziehung zur Jagd, noch wurden Tiere für meine Fotos gehetzt oder getötet. Umso mehr danke ich den Jägern, dass ich trotzdem zum besseren Verständnis der Hunde in die Materie eintauchen durfte.
Meine Beschreibungen sind beispielhaft für bestimmte Arbeitsbereiche zu sehen. Jeder Hundebesitzer macht eigene, möglicherweise ganz andere Erfahrungen oder zieht andere Rückschlüsse. Es geht mir darum, das Verhalten unserer Hunde im Zusammenhang mit ihrer Herkunft zu hinterfragen und zu erkennen, dass es nicht um unsere Befindlichkeit geht, ob uns ihr Verhalten gefällt oder stört, sondern dass Vieles einen Sinn hat, was uns zunächst unsinnig erscheint.

Bei den Rassebeschreibungen musste ich pauschalieren. Aber sie beruhen auf jahrzehntelangem Umgang mit sehr vielen Hunden aller Rassen und ihrer Menschen für meine Fotos, Bücher und Zeitschriftenbeiträge. Zwei fachkundige Berater haben mich bei diesem Projekt begleitet: Ulrike Spieker als Tierärztin und aktive Jagdhundführerin und Maria Luise Winnig als Hundetrainerin und Verhaltensberaterin.
Mein Buch wird auch auf kritische Leser stoßen, denn es wird immer wieder Hunde geben, die nicht in meine Beschreibung passen, je nachdem wie weit sie sich von ihrem Ursprung entfernt haben, mit welcher Intensität züchterisch an ihrem Verhalten gearbeitet wurde – und nicht zuletzt, wie ihr Halter mit ihnen umgeht. Auch mögen viele Züchter nicht mit etwas konfrontiert werden, das potenzielle Welpenkäufer abschrecken könnte. Angesprochene Probleme sollen den Blick des angehenden Hundebesitzers schärfen und keine Rasse verdammen, sondern verantwortungsvolle Züchter unterstützen. Grundsätzlich habe ich nie Negativbeispiele fotografiert.
Das Eintauchen in die Welt der Hunde war eine wunderbare Zeit, die mein Leben bereicherte. Allerdings bedauere ich, dass es nicht schon eher die digitale Fotografie gab und ich viele wunderbare, unwiederbringliche Erlebnisse trotz professioneller Ausrüstung nicht festhalten konnte.
Ich wünsche bei der Lektüre viel Vergnügen und hoffe, ein wenig dazu beizutragen, unseren vierbeinigen Freund besser zu verstehen.

Eva-Maria Krämer mit ihren Whippets Sidi und Kedira

WIE KAM DER MENSCH AUF DEN HUND?

GRUNDSÄTZLICHE GEMEINSAMKEITEN MACHTEN DEN WOLF ZUM IDEALEN PARTNER DES MENSCHEN. AUS EINER ZWECKGEMEINSCHAFT WURDE LIEBE.

DIE BEDEUTUNG DES HUNDES FÜR DEN MENSCHEN

DASS DER HUND VOM WOLF ABSTAMMT, IST WISSENSCHAFTLICH INZWISCHEN UNUMSTRITTEN. UNKLAR IST JEDOCH, WANN DER WOLF ZUM MENSCHEN FAND. KNOCHENFUNDE ERMITTELN EIN ALTER VON ÜBER 33.000 JAHREN.

DIE DOMESTIKATION DES HUNDES

Genetische Studien reichen sogar weiter zurück. Die Tatsache, bisher noch nichts Älteres gefunden zu haben, besagt nichts. Ich bin davon überzeugt, dass Mensch und Hund schon viel länger einen gemeinsamen Weg gehen.
Der Hund trug wesentlich zur kulturellen Entwicklung des Menschen bei, und zwar von dem Zeitpunkt an, an dem er sich vom Sammler und Früchteesser zum Jäger entwickelte und aus Afrika in Gebiete einwanderte, in denen Wölfe lebten. Da der Mensch nun mal kein Raubtier ist, ist für ihn die Fleischbeschaffung ohne Werkzeuge und ausgeklügelte Strategien unmöglich.
Ich stelle mir vor, dass sich der Mensch sehr früh am Wolf orientiert hat, dessen Lebensweise in einer erfolgreichen Jägergruppe sehr ähnlich funktionierte. Er folgte den Jagdzügen der Wölfe, machte ihnen die erlegte Beute streitig, wie man in Dokumentationen sehen kann, wenn Bären die Beute der Wölfe in Beschlag nehmen, und überließ den frustriert herumlungernden Tieren die Reste.

So wird es immer Wölfe gegeben haben, die weniger scheu und sehr neugierig waren, die die Nähe des Menschen nutzten und dort in Sicherheit ihre Welpen aufzogen. Dafür kündigten sie frühzeitig herannahende Gefahr an und verteidigten ihr Revier, das sie mit der Menschengruppe teilten. Hauswölfe ernährten sich auch von Abfällen, Exkrementen und Kleintieren. Das machte sie für die Menschen in äußerster Not zu einer leicht erreichbaren Fleischquelle. Und man tat gemeinsam das, was Hunde heute noch am liebsten tun – jagen. Wölfe waren mit ihren herausragenden Sinnen dem Menschen weit überlegen, fanden schneller und sicherer das Wild, hetzten es müde und der Mensch nahm mit seinen Waffen den gefährlichen Part des Tötens großer Beutetiere ab.
Die Lebensweise der Menschen und Hunde ähneln einander sehr. Beide leben in gut organisierten Gruppen mit klaren hierarchischen Strukturen, die gemeinsam liebevoll ihren Nachwuchs aufziehen. Sie verständigen sich über eine ausgefeilte Kommunikation von Lauten, Mimik und Körpersprache. Sie gehen Partnerschaften ein und schließen in jungen Jahren Freundschaften fürs Leben. Sie verteidigen gemeinsam ihr Revier, das ihre Lebensgrundlage bildet. Jedes Mitglied einer Gruppe zeichnet sich durch eine ganz eigene Persönlichkeit aus, die jede für sich wertvoll für die Anpassungsfähigkeit und damit für das Überleben ist.
Diese grundsätzlichen Gemeinsamkeiten machten den Wolf zum idealen Partner des Menschen. Aus Furcht wurde Kooperation, aus Kooperation wurde Freundschaft – aus Canis lupus der Canis familiaris. Eine Freundschaft, die so weit geht, dass Hunde heute die Gesellschaft des Menschen der Gesellschaft mit Artgenossen vorziehen und die Körpersprache des Menschen besser verstehen als der Wolf, auch wenn sie unter den gleichen Bedingungen wie Wölfe aufwuchsen. Die Beziehung zwischen Hund und Mensch ist einzigartig.

Balsam für Herz und Seele, ein kleiner Hund an unserer Seite.

Heute ist der Hund in unserem Kulturkreis in erster Linie Sozialpartner. Der Wäller wurde speziell zu diesem Zweck gezüchtet.

GENETISCHE VIELFALT

Eine Studie anhand des Y-Chromosoms von 151 Hunden verschiedener Rassen aus aller Welt, zwölf Wölfen und zwei Kojoten, die erstmals den asiatischen Raum südlich des Jangtse einschloss, ergab, dass die Hälfte aller Tiere eine gleiche genetische Vielfalt zeigten, allerdings manche Rassen nur 50% Gemeinsamkeit aufwiesen. Die größte genetische Vielfalt hatten Tiere aus dem asiatischen Raum, was darauf hinweist, dass dort der Ursprung der Hunde zu suchen ist. Diese Untersuchungen ergeben, dass Hunde auf mindestens 51 weibliche und 13 männliche Wölfe zurückgehen, so dass man davon ausgehen kann, dass der Hund von vielen domestizierten Wölfen abstammt.

DIE BELYAEV'SCHEN FÜCHSE

Bislang ging man davon aus, dass die Entwicklung vom Wolf zum Hund über einen langen Zeitraum hinweg erfolgte. Wie schnell tatsächlich Wildtiere durch Zuchtauslese zahm werden und ihr Aussehen verändern, bewiesen die Belyaev'schen Füchse. Prof. Belyaev sollte zahme und dadurch weniger stressanfällige Silberfüchse für eine bessere Pelzqualität züchten. Es gelang ihm in nur vier Generationen – durch die ausschließliche Auslese auf besonders neugierige Füchse, die sich Menschen gegenüber aufgeschlossen zeigten –, einzelne Tiere zu züchten, die den Umgang mit dem Menschen ertragen konnten und ihn schon als Welpen mit wedelnder Rute begrüßten. Das Zuchtexperiment begann 1959, und nach fast 50 Jahren zeigten fast alle Füchse dieses Verhalten. Damit war bewiesen, dass Zahmheit erblich sein kann. Gleichzeitig veränderte sich das Aussehen. Welpen wurden zunächst mit weißen Abzeichen geboren, später traten Schlappohren und Ringelruten auf. Nach 20 Generationen kam es zu gravierenden anatomischen Veränderungen wie Gebissanomalien und Verkürzung von Ruten und Gliedmaßen. Ursächlich sind weitgreifende Veränderungen des Hormonhaushaltes, insbesondere eine geringere Produktion von Stresshormonen und ein Anstieg von Glückshormonen. Weniger Stress, weniger Aggression waren für das Zusammenleben von Mensch und Hund von größter Bedeutung.

Dieser Mix zwischen Bearded und Border Collie wurde für die Anforderungen einer Farm im Nordwesten Schottlands gezüchtet.

Es ist aufgrund dieser Versuche sehr gut nachzuvollziehen, dass am Lager der frühen Menschen nur die Tiere blieben, deren Neugier die Furcht überwand. Gleichzeitig erfreute sich der Mensch an den Welpen, prägte sie und förderte Veränderungen im Erscheinungsbild wie weiße Abzeichen als etwas Besonderes oder Hinweis auf besonders zahme Tiere und bevorzugte so Wesenszüge und äußere Merkmale, die für das Wildtier den frühzeitigen Tod vor der Fortpflanzung bedeutet hätten, jedoch die Beziehung zwischen Mensch und Hund immer enger werden ließ.
Die Domestikation von Wölfen fand sicherlich zu verschiedenen Zeiten an verschiedenen Orten statt und erfolgte nicht nur einmal. An der Seite des Hundes – ich versteige mich so weit zu sagen: nur mit Hilfe des Hundes – entwickelte sich der Mensch vom Sammler und Jäger zum Viehzüchter und Ackerbauern. Noch heute sind Hunde wichtige Helfer beim Erwerb des Lebensunterhaltes, wenn auch die Technik immer mehr Aufgaben abnimmt. Dafür tauchen neue Tätigkeitsfelder auf, wie das Erschnüffeln von Krebserkrankungen im Frühstadium und als soziale Helfer, weil Menschen füreinander keine Zeit mehr haben.
Seit sich Hunde in der Obhut des Menschen befinden, werden sie neuen Anforderungen entsprechend ausgewählt und gezielt gezüchtet. Nur in Zeiten des Wohlstandes diente der Hund ausschließlich dem reinen Vergnügen.

HUNDE UND IHRE AUFGABEN

Bis Mitte des 19. Jahrhunderts erfüllten Hunde ausschließlich eine Funktion. Jagdhunde, Bauernhunde, ja sogar Schoßhunde hatten klare Aufgabenstellungen. Für unnütze Fresser war kein Platz.
Auch wenn niemand an Rassen dachte, so war doch die Vorstellung von dem, was der Hund leisten musste, klar und wurde oft mit bestimmten äußeren Merkmalen verknüpft. Bastarde aus unerwünschten Verbindungen galten stets als minderwertig. Gleichzeitig fanden gezielte Vermischungen statt, wenn bestimmte Eigenschaften ergänzt und gefördert werden mussten. Was aus solchen Versuchen nicht den Vorstellungen entsprach, wurde ausgemerzt. Äußere Merkmale spielten nur eine Rolle, wenn sie Einfluss auf die Leistung hatten, also bestimmte Fellqualität für bestimmtes Klima, leichtere

Es gibt nichts Schöneres als mit Hunden Strandurlaub außerhalb der Saison zu verbringen.

oder schwerere Hunde je nach Gelände, aber auch Farben – gedeckt, um nicht aufzufallen, oder auffällig gescheckt, wenn sie gut sichtbar sein sollten. Bestimmte äußere Merkmale können durchaus genetisch mit bestimmten Verhaltensmerkmalen gekoppelt sein oder man nahm an, wenn ein Welpe aussah wie sein bewunderter Vater, würde er auch seine Leistung erbringen, und orientierte sich innerhalb bestimmter Familiengruppen an speziellen äußeren Merkmalen. In entlegenen Gebieten kam es zu Inzucht und einer Vereinheitlichung des Erscheinungsbildes. So entstanden lokale Schläge. Aber Bedeutung hatten stets funktionstüchtiger Körperbau und robuste Gesundheit, schön konnte nur ein guter, tauglicher Hund sein. Welpen wurden nur aufgezogen, wenn man sie brauchte, und Würfe stets auf wenige, und zwar die vitalsten Welpen reduziert. Nur die wertvollsten Hunde durften bei Krankheit und Verletzung auf Pflege hoffen. Hunde waren notwendiges Handwerkszeug, das der eine mehr, der andere weniger gut pflegte. Überall dort, wo Hunde noch eine Funktion erfüllen, hat sich daran kaum etwas geändert.

ANPASSUNG AN UNSERE HEUTIGE LEBENSWEISE

Bis heute konnten nur noch wenige Hunde ihre traditionelle Rolle bewahren. Für uns ist der Hund in erster Linie Sozialpartner. Er ersetzt uns, was uns in der Menschengruppe verloren gegangen ist. Es gibt keine Generationen mehr unter einem Dach, Kinder sind nicht gern gesehen, Alte werden in Seniorenheimen zusammengefasst. Wir verlieren allmählich das Gefühl für die Werte, die eine Gruppe lebensfähig erhalten. Dazu kommt der unsägliche Schaden, der durch eine Generation antiautoritär erzogener Kinder noch Generationen belastet. Das, was Hund und Mensch verband – das Leben in einer Gruppe, die Fähigkeit zur Kommunikation, zur Teamarbeit und des gegenseitigen Respekts –, ist heute weitgehend verloren gegangen. In diese

Ballspielen, Schwimmen, Möwen jagen – so liebt es dieser Bearded Collie in der Bretagne.

Kinder und Hunde gehören zusammen. Ungeduldig erwarten die Kurzhaarcollies den fliegenden Ball.

sozial arme Welt holen wir uns Hunde und verlangen, dass sie sie akzeptieren, gesund und glücklich sind. Wir verlangen ein Leben, das dem Wesen des Hundes vollkommen fremd ist. Und das schlimmste ist: Wir wissen gar nicht, was für ein Wesen der Hund ist. Das fängt schon damit an, dass man mich immer wieder fragt: „Was fressen Hunde denn?", wenn es um Alternativen zur industriell vorgefertigten Hundenahrung geht. Wir vermenschlichen den Hund und wissen selbst nicht mehr, was uns Menschen überhaupt ausmacht.

Welpen lieben Kinder, aber sie sind kein Kinderspielzeug.

KINDERFREUNDLICHE RASSEN

Keine und jede „Rasse" ist kinderfreundlich. Wie gut sich ein Hund in die Familie einfügt, kommt immer auf das einzelne Tier und den Umgang in der Familie an. Es gibt natürlich Hunde, die toleranter, gelassener und robuster sind als andere. Und es gibt Hunde, die für die Kinder der eigenen Familie ihr Leben gäben, fremde Kinder jedoch nicht auf dem Grundstück dulden. Das beobachte ich bei sehr territorial veranlagten Hunden, die fremde Nachzucht aus dem eigenen Revier fernhalten.
Hunde und Kinder müssen mit Umsicht und Konsequenz zu gegenseitigem Respekt erzogen werden. Der Hund braucht Zuwendung wie ein weiteres Kind im Haus. Dennoch bleibt er ein Hund in seiner eigenen Welt, der nach seinem Verständnis lebt. Ich würde einen Welpen empfehlen, der in einer Familie mit etwa gleich alten Kindern aufgewachsen ist oder wenigstens schon beim Züchter positive Erfahrungen mit Kindern machen durfte.
Vor allem darf nie der Kinderwunsch nach einem Hund erfüllt werden, wenn der Wunsch nicht auch von den Eltern ausgeht. Kinder sind mit der alleinigen Betreuung eines Hundes überfordert und letztlich bleiben Arbeit und Verantwortung an der Mutter hängen. Hat sie keine Freude daran, wird der Hund rasch zur Last!

Einst war der Deutsche Schäferhund als Beschützer von Haus und Hof unentbehrlich.

HUNDELEBEN EINST

Ich gehe dabei nicht in die Steinzeit, sondern gut 50 Jahre in meine früheste Kindheit zurück. Hunde haben mich fasziniert, so lange ich denken kann, und ich erinnere mich an jeden Hund in meinem Umfeld, zu Hause, bei Schulfreunden, in den Ferien auf dem Land. Deutschland war zerstört, jeder hatte genug damit zu tun ein Dach über dem Kopf zu finden und seine Familie zu ernähren. Ich möchte nicht wissen, wie viele Hunde im Kochtopf landeten. Auf einem alten Foto sah ich vor dem Kamin ein Colliefell leuchten. Nie vergesse ich die Geschichte der befreundeten Züchterin zu diesem Bild: Die hoch betagte Hündin sollte vor einem hohen Feiertag vom Jäger erschossen werden und das Hausmädchen wurde mit diesem letzten Gang beauftragt. Man trauerte um den geliebten Hund und staunte nicht schlecht, als das Mädchen nach Monaten das Fell brachte. Sie hatte die tote Hündin mit nach Hause genommen, damit die Familie einen Bissen Fleisch bekam, und zum Dank brachte sie das Fell zurück.
Lese ich die alten Zuchtbücher, bewundere ich die Menschen, die trotz großer Entbehrungen Zuchttiere über den Zweiten Weltkrieg und die folgende Notzeit hinwegretteten und ohne Nachfrage nach Welpen ihre Zuchten weiterführten.

HOFHUNDE

Meist waren es große Hunde, oftmals Deutsche Schäferhunde, die als Wachhunde dienten. In schlechten Zeiten muss das wenige, das man besitzt, beschützt werden. Das Familienleben spielte sich viel draußen ab, und in den meist kleinen Wohnräumen waren Wohnküchen der Familienmittelpunkt. Hier wurde geheizt, denn Zentralheizungen gab es nur in luxuriösen Villen. Das Wohnzimmer wurde nur für Familienfeste, insbesondere Weihnachten genutzt. Staubsauger, Waschmaschinen usw. waren teure

Der Jack Russell Terrier hat einen warmen Platz am Küchenherd.

Kettenhunde sind kein üblicher Anblick mehr bei uns und unterliegen strengen Auflagen.

Luxusgüter, geputzt wurde mit Schrubber und Lappen. Die Hausfrau hatte genug zu tun, die Familie zu bekochen und den Haushalt zu besorgen. Gartenarbeit war kein Hobby, sondern diente dem Lebensunterhalt. Sie hatte das Sagen im Haus und ein Hund kam nicht in ihr Revier! Hunde waren Männersache. Ausnahmen waren höchstens kleine Hunde, die das Herz der Hausfrau eroberten.

Hunde lebten an Ketten, wenn sie es gut hatten in eigenen Zwingern oder in der Scheune. Gefüttert wurden sie mit dem, was in der Küche übrig blieb, und Schlachtabfällen. Züchter hatten am Zwinger Futterküchen zur Futterzubereitung, denn mit unhygienischem Hundefutter hantierte man nicht in der Küche der Hausfrau!

Ich verbrachte einen großen Teil meiner Kindheit auf dem Land, und hier waren alle Hunde potentiell gefährlich. Man wusste, welche Straßen und Höfe zu umgehen waren. Hatten die Bauern ihre Hunde bei der Feldarbeit dabei, hütete man sich mit dem eigenen Hund vor einer Begegnung. Böse Raufereien waren an der Tagesordnung. In verkehrsentlegenen Dörfern ließen abends die Bauern ihre Hunde von der Kette, die nicht selten außerhalb des Dorfes Jagdgemeinschaften bildeten. Alle paar Jahre wurden ein Hund beim Wildern erschossen und man sah sich nach einem neuen Hofhund um. Für mich als Kind war es sehr schmerzlich, wenn ich einen vierbeinigen Freund vermisste. Ein ganz großes Rätsel waren für mich später die Stadthunde. Ich konnte nicht fassen, was ich da erlebte. Alle Leute ließen ihre Hunde frei laufen und es passierte nichts! Allerdings entpuppte sich ausgerechnet ein von mir verkaufter Welpe im nahegelegenen Stadtwald als Platzhirsch, dem alle aus dem Weg gingen, was sein Herrchen mit ungeheurem Stolz erfüllte und den Hund bestätigte, die beiden aber sehr unbeliebt machte!

Wie hat sich doch die Welt verändert! Aber auch die Hunde? Sicher nicht, nur sehen wir heute andere Rassen. Der Trend geht ganz klar zu weniger territorial orientierten Hunden, die die Nähe fremder Hunde und Menschen viel besser ertragen können und somit als „sozialverträglicher“ gelten.

Hundebegegnungen sind heute alltäglich und man wünscht sozialverträgliche Begleiter.

Hunde sind von Hause aus Fleischfresser, die sich uns angepasst haben.

HUNDEERNÄHRUNG

Ich bin sicher, ohne die moderne Fertigfutterindustrie wären Hunde in den letzten vierzig Jahren nicht in jeden beliebigen Haushalt aufgenommen worden. Ein Raubtier zu füttern, kommt der menschlichen Natur nicht entgegen; alles, was mit Schlachten zu tun hat, wollen wir gar nicht wissen. Fleisch soll in der Einkaufstheke möglichst nicht an seine Herkunft erinnern. Saubere, leicht zu lagernde, dem menschlichen Auge und Geruchssinn erträgliche Fertigprodukte kommen uns sehr entgegen. Erst in den letzten Jahren werden Stimmen laut, die die Qualität vieler Fertigprodukte infrage stellen und das so genannte BARFEN (biologisch artgerechte Rohfütterung) propagieren. Ich habe noch die Zeiten ohne Fertigfutter erlebt und für meine Hunde gekocht. Die Regel war für normal beanspruchte Hunde ⅓ Fleisch ⅔ Getreide und Gemüse. Gelegentlich gab es Fleischknochen und Fleischabfälle, je nachdem, wie leicht es zu beschaffen war. Unsere Hunde wurden bei bester Gesundheit sehr alt. Kleintierärzte, die sich mit Hunden befassten, waren nur schwer zu finden.

Ich habe mich auf meinen Reisen zu den Hunden, die noch ihrer ursprünglichen Aufgabe nachgehen, stets auch für deren Gesundheit, Lebenserwartung und Ernährung interessiert und lasse diese Erkenntnisse einfließen. Ich habe erfahren, was nur logisch erscheint: Hunde mussten sich stets der Ernährung des Menschen anpassen. Das ist meiner Meinung nach die Erklärung dafür, dass manche Hunde mit einer Ernährung mit hohem Getreideanteil gesund uralt und andere krank werden. Diese Anpassung der Darmflora gehörte zur Domestikation des Hundes und erscheint mir wichtig zum besseren Verständnis unseres besten Freundes. Tatsächlich weisen neueste Forschungsergebnisse auf eine genetische Veränderung gegenüber dem Wolf hin, die Hunden erlaubt, Stärke in Zucker aufzuspalten. Auch der Mensch entwickelte diese Fähigkeit erst mit der Umstellung auf Ackerbau, und nicht jedem ist sie gegeben.

DRESSUR STATT ERZIEHUNG

Der Umgang mit dem Hund spielte sich auf einer absoluten Herr-Hund-Ebene ab. Hunde wurden nicht erzogen, sondern dressiert. Zuckerbrot und Peitsche waren das Motto, wobei ausbleibende Strafe oft schon als Lob galt. Hundesport beschränkte sich auf die Schutzhundausbildung. Das Vereinsleben wurde in Zeiten ohne Fernsehen, Internet und Reisen groß geschrieben. Es war die Zeit des Aufbaus, man kannte sich und half einander. Nur in der Gemeinschaft konnte man schwere Zeiten überstehen. Jeder kleinere Ort hatte einen „Hundedressurplatz“. Die Ausbildung war Männersache, „Sporthunde“ lebten im Zwinger und die Familie durfte nicht ran, um sie nicht „zu verderben“. Man fuhr mit dem Rad zum Hundeplatz, denn selbst wenn man ein Auto besaß, war es viel zu kostbar, um damit einen Hund zu transportieren. Lange Arbeitszeiten, auch samstags, und körperlich harte Arbeit ließen Spaziergänge mit dem Hund gar nicht in den Sinn kommen, aber

Wer die Wahl hat, hat die Qual und greift gleich zum größten Stück.

Die meisten Hunde lieben gemeinsame Beschäftigung mit ihrem Menschen wie dieser Flat Coated Retriever.

man schwang sich aufs Rad, um die Hunde körperlich in guter Verfassung zu halten. Hund und Mensch arrangierten sich, es gab klare Regeln, die strikt durchgesetzt wurden. Niemand nahm den Hund auf Schritt und Tritt mit, bespaßte ihn täglich aufs Neue, niemand fuhr mit Hund in Urlaub. Der Hund gehörte nicht zum inneren Zirkel des Familienkreises. Er durfte bestenfalls ab und an ins Haus, er durfte mit aufs Feld oder sonntags mit zum Familienspaziergang. Er durfte mit auf den Hundeplatz. Er genoss diese Highlights und war dankbar dafür. Er lebte in festen Strukturen ein vergleichsweise stressfreies Leben. Niemand hielt sich einen Jagdhund, wenn er nicht auf die Jagd ging. Teure „Luxusrassen" wie Windhunde, Jagdhunde, Schoßhunde und seltene Rassen waren den noch wenigen wohlhabenden Menschen vorbehalten, deren Personal die lästigen Seiten der Hundehaltung von der Herrschaft fernhielt.

PROBLEMHUND – EIN MODERNES WORT

Wird normales Hundeverhalten unbequem, wird es zum Problem. Tatsächlich ist der Hund meist der Leidtragende, dessen Bemühungen, mit uns zu kommunizieren, kläglich scheitern. Erst als Familienbegleiter ergaben sich Probleme. Im engen Familienkreis fühlt sich der Hund als Mitglied und setzt sein Verständnis vom Leben in einer Gruppe sofort um. Für ihn gibt es nämlich keine Gruppe, die nicht funktioniert, denn die kann in der Wildnis nicht überleben. Je nach ursprünglicher Aufgabe zeigen bestimmte Rassen bestimmte Persönlichkeitsstrukturen, die hormongesteuert und erblich sind. Als nur die Leistung zählte, war man mit genau den erwünschten Merkmalen zufrieden und erwartete keinen netten, umgänglichen Hund und gleichzeitig ausgesprochen selbstbewussten, Revier verteidigenden Beschützer.

WARUM HUNDE BEISSEN

Die meisten Hundebisse passieren im familiären Umfeld. Aggression gehört zum sozialen Zusammenleben. Selbst in einer gut funktionierenden Familie kommt es hin und wieder zu Gerangel, um Futter, einen Lieblingsplatz, unter heißen und Welpen führenden Hündinnen, konkurrierenden Rüden. Fehlverhalten wird korrigiert. Über allem aber steht der Erfolg des Rudels, zu überleben und sich fortzupflanzen. Aggression ist nicht darauf aus, Rudelmitglieder zu verletzen und zu töten, da derartige Verluste das Überleben Aller gefährden. Passte ein Hund überhaupt nicht ins Rudel, würde er es verlassen. Unser Familienhund kann das nicht, und Eskalationen sind manchmal unausweichlich. Hunde sind, je nach Persönlichkeit, auch bereit, Menschen in der Familie zu korrigieren, wenn der soziale Verbund in ihren Augen vollkommen schief läuft. Im Regelfall können diese Korrekturen zwar schmerzhafte Kniffe sein, aber nicht zielgerichtet verletzend oder gar mit Tötungsabsicht. Oftmals zeigt ein Hund durch ein neues Management (z.B. in einer neuen Familie) das Verhalten nicht mehr. Weitaus ernster sind Attacken, ausgelöst durch territoriales Verhalten. Revierverteidigung ist unter Wölfen und Hunden (und auch Menschen!) kein Spaß. Zunächst wird durch Drohen klargestellt, dass eine Grenze nicht zu überschreiten ist. Wird das nicht ernstgenommen, kommt es zum Angriff. Auch hier wird nur so heftig vorgegangen, wie erforderlich. Viele Hunderassen wurden einst als Wach- und Schutzhunde gezüchtet und ihre Verbundenheit zum eigenen Revier gefördert. Tödlich ausgehende Attacken gegen Menschen sind die absolute Ausnahme. Nach Analysen von Todesfällen beruhen die meisten Angriffe, insbesondere gegen Kinder, auf Beutefangverhalten. Nach Recherchen von Dr. Dorit Feddersen-Petersen erfolgten die Attacken unvermittelt ohne Vorwarnung, auch aus vermeintlichem Spiel heraus. Ein kleines Mädchen spielt mit zwei Hunden, fällt hin, schreit – die Hunde beißen zielgerichtet in Kopf und Hals, wie in einer Art Rauschzustand. Selbst anwesende Erwachsene konnten es nicht verhindern. In allen Fällen war von unzureichender Sozialisierung der Hunde, speziell im Umgang mit Kindern bzw. von einer Prägung auf Beutefangverhalten auszugehen. Aufgrund dieser über Jahrzehnte tragischen Einzelfälle Hunde generell als gefährlich einzustufen ist nicht angemessen. Leider erweckt die Aufmerksamkeit einzelner Beißvorfälle in den Medien den falschen Eindruck, Hunde stellten grundsätzlich eine potentielle Gefahr dar. Wohl kann es Tendenzen in zielgerichteten Zuchten geben, und es gibt leider Menschen, die dieses Verhalten von Welpen an fördern. Auch gegen kriminelle Energie ist kein Kraut gewachsen. Ganz ausschließen kann man ebenso wenig angeborenes oder erworbenes Fehlverhalten. Deshalb müssen verantwortungsvolle Züchter dem Verhalten höchste Aufmerksamkeit widmen. Ich wurde noch so erzogen, dass Hunde beißen, Katzen kratzen, Pferde austreten, Menschen schlagen. Wurde man gebissen oder gekratzt, folgte eine Standpauke, weil man das Tier belästigt hatte. Heute wird ein Hund, der beißt, als gefährlich eingestuft. Dabei wurden Hunde gerade deshalb gehalten, weil sie Haus und Hof bewachten und bereit waren, zuzubeißen. Von einem Jagdterrier verlangt man, dass er am Wild herzhaft zupackt, und ein Hüte- oder Treibhund muss sich mit den Zähnen durchsetzen können. Wäre der Hund je eine Gefahr für seine Menschen gewesen, hätten wir heute keinen Hund an unsere Seite! Heute, im Zeitalter der Alarmanlagen, brauchen wir keinen Wachhund mehr. Auf einmal sollen alle Hunde nur lieb, nett und umgänglich sein. Das hat die sanften Jagdhundrassen als Familienbegleiter in den Vordergrund rücken lassen und anderen Rassen einen drastischen Rückgang beschert. Wir wollen die eierlegende Wollmilchsau, den Hund, der alle Wünsche erfüllt und vorallem niemals beißt. Selbst normale Kommunikation, die genauso wenig wie unter Menschen immer nur freundlich abläuft, wird als „problematisch" angesehen. Erstaunlich, wie viele Hunde diese Gratwanderung meistern. Millionen von Hunden lebten seit Urzeiten ohne verletzenden Beißvorfall mit Menschen zusammen. Einige wenige schaffen es nicht und füllen die Kassen der Hundetrainer. Die Menschen tun mir nicht leid, die so einen Hund erwischen, sondern die Hunde sind bedauernswerte Opfer von Unkenntnis, Ignoranz und Egoismus. Wem sein Hund am Herzen liegt, der muss sich zuerst mit der Herkunft und der ursprünglichen Aufgabe befassen. Erst dann kann er verstehen, warum sein Hund was tut, und entsprechend damit umgehen lernen. Vor der Anschaffung muss man wissen, worauf man sich einlassen kann, und danach entscheiden, welcher Hund zur eigenen Lebensweise passt.

DIE BEDEUTUNG DER URSPRÜNGLICHEN AUFGABEN

OBWOHL DIE WENIGSTEN HUNDE HEUTE NOCH IHRER URSPRÜNGLICHEN AUFGABE NACHGEHEN, SIND DIE EIGENSCHAFTEN NOCH IMMER TIEF IM ERBGUT VERANKERT, WENN AUCH UNTERSCHIEDLICH AUSGEPRÄGT.

DER TRAUMHUND

Man hat ihn irgendwo gesehen, schön gefunden und wollte ja schon immer einen Hund haben. Man identifiziert die Rasse und schaut ins Internet. Sofort erscheint – ist die Rasse nicht zu exotisch – eine reiche Auswahl an Verkaufsangeboten. Man liest dies oder jenes nach und orientiert sich, was nur allzu menschlich ist, an den Eigenschaften, die wünschenswert erscheinen. Außerdem verlässt man sich auf Hundeschulen, um einen wohlerzogenen Hausgenossen zu bekommen, und unterschätzt maßlos den Aufwand, den ein Hund im Haus bedeutet, denn selbstverständlich soll der neue Hund geliebtes und liebenswertes Familienmitglied werden.
Aber nicht Farbe, Größe, Fell sind entscheidende Faktoren für ein glückliches Zusammenleben, sondern das Verhalten, das im Laufe der Generationen züchterisch zur Erfüllung bestimmter Aufgaben gefördert wurde. Manche Eigenschaft mag im Laufe der Arbeitslosigkeit der letzten einhundert Jahre verwässert sein, doch die grundlegenden Persönlichkeitsstrukturen sind nach wie vor vorhanden. Da sie erblich sind, treten sie auch bei Mischlingen auf. Deshalb sollte sich auch ein Freund der Nicht-Rassehunde zunächst intensiv mit dem Thema Rassehund beschäftigen.

Wie die äußeren Merkmale wie Größe und Fell unterscheiden sich auch die Charaktereigenschaften. Schönheit liegt im Auge des Betrachters. Jeder findet seinen Hund am schönsten. Aussehen spielt im Zusammenleben keine Rolle, aber mit dem Charakter eines Hundes müssen wir leben. Es gibt keinen Hundetrainer, der dem Hütehund das Hüten, dem Schutzhund das Verteidigen und dem Jagdhund das Jagen abtrainieren kann. Man kann viel mit Hilfe eines erfahrenen Hundeverhaltensberaters in Bahnen lenken, aber es erfordert immer sehr viel Aufwand und persönliche Opfer. Viel besser ist es, einen Hund zu wählen, der zu uns passt und mit dessen Veranlagungen wir gut leben können. Unter dieser Voraussetzung ist jeder Hund der geeignete Partner, man muss sich nur finden.

VORÜBERLEGUNGEN

SELBSTEINSCHÄTZUNG Voraussetzung für die richtige Partnerwahl ist eine genaue Analyse der eigenen Persönlichkeit und Lebensumstände. Ich muss mir darüber im Klaren sein, was ich von einem Hund erwarte und was ich ihm bieten kann.

ZEIT Der wichtigste Faktor ist die Zeit. Zeit, den Hund um sich haben zu können, und Zeit, um sich intensiv mit ihm zu beschäftigen. Kein Hund läuft nur eben so nebenher. Ein Hund ist ein zusätzliches Familienmitglied, das bei uns sein will. Ein Hund ist ein Rudeltier und leidet stark unter Einsamkeit bis hin zur Panik des Verlassenseins. Darin unterscheidet er sich nicht von uns, denn Einzelhaft ist auch für einen Menschen die härteste Strafe, sie macht psychisch und körperlich krank.

Gemeinsam mit dem Hund zu spielen und zu toben macht Freude und ist gesund.

Der Hund sieht nur in einer funktionierenden Gruppe eine Überlebenschance und das umso ausgeprägter, je mehr er auf ein Leben zu mehreren eingestellt ist. Der Meutehund Beagle fühlt sich nie alleine wohl. Ein Herdenschutzhund ist weniger abhängig vom Menschen als von seiner Herde – seinem Territorium –, er bleibt lieber zu Hause, als überall hin mitzugehen.

Wasser ist sein Element – der Nova Scotia Duck Tolling Retriever liebt diese Apportierspiele.

Manche Hunde ertragen Alleinsein besser als andere. Dennoch sollte Voraussetzung für die Haltung eines Hundes sein, dass man ihn nicht regelmäßig viele Stunden am Tag alleine lassen muss. Zwei Hunde müssen keine Erleichterung bringen, wenn sie beide trauern. Eine Gruppenhaltung außerhalb der Wohnung mit Auslauf und fester Behausung am Haus ist für manche Rassen eine gute Lösung, aber für berufstätige Menschen bedeutet das, ihre wenige Freizeit ganz den Hunden zu widmen.

Hunde kosten Geld! Steuer, Versicherung, Tierarzt, Futter ... der Kaufpreis ist das geringste. Daran zu sparen lohnt nicht. Vor dem Kauf kalkulieren, ob man sich einen Hund leisten möchte!

FITNESS Eigene körperliche Fitness spielt eine wesentliche Rolle, will man dem Hund die für seine Gesundheit notwendige, seinem Körperbau angemessene Bewegung und geistige Beschäftigung bieten. Zu viele Menschen schmücken sich mit Hunden, denen sie mit Spaziergängen rund um den Block keineswegs gerecht werden. Hunde sind geduldig und irgendwann so schwach und dick, dass sie froh sind, wenn sie nicht weiter gehen müssen. Es gibt viele nette Kleinhunde, die zwar alle gerne laufen, aber ihrer Größe entsprechend einfacher ausgelastet werden können als mittelgroße oder große Hunde.
Eines darf man nicht vergessen: Mit jedem Hund, der in einem reifen Alter von uns geht, sind auch wir älter geworden. Bei der Anschaffung eines Nachfolgers muss den nächsten zehn bis 15 Jahren Rechnung getragen werden. Man vergisst die aufwändige Jugendzeit eines Hundes, man selbst ändert sich in seinen Ansprüchen und Lebensumständen. Je älter man ist, desto kleiner, handlicher und anspruchsloser sollte der Hund sein.

GESUNDE HUNDE WÄHLEN

Man sollte generell auf Rassen verzichten, die züchterisch so missgestaltet wurden, dass sie sich nicht mehr ausdauernd bewegen können, weil sie zu schwer, zu kurzatmig oder kurzbeinig sind! Leider kommen solche Auswüchse von Zeit zu Zeit wegen des skurrilen Aussehens sogar in Mode, siehe derzeit Mops und Bulldogge. Ein wirklicher Hundefreund kann sich nicht an einem bewusst behindert gezüchteten Hund erfreuen und dafür auch noch Geld bezahlen!

ZUM LAUFEN GEBOREN

Der gesamte Organismus des Hundes ist auf die Fähigkeit Wild zu erbeuten ausgerichtet. Der größte Teil der Hunde – vor allem alle Jagd- und Hütehunde – sind auf ausdauernde Verfolgung eingestellt, an deren Ende geschicktes Agieren beim Fang der Beute steht.
Ein Wolf wandert am Tag rund 70 Kilometer. Ein Versuch mit normalen Hunden ergab, dass bei niedrigen Außentemperaturen, guter Sauerstoffversorgung und genügend Wasser und Futter ein Hund praktisch nicht zu ermüden ist. Mit fünf Minuten Pause alle halbe Stunde legten die Hunde in 17 Stunden 132 Kilometer zurück, ohne Erschöpfungszustände zu zeigen. Wir wissen durch GPS-Verfolgung, dass Jagdhunde pro Drückjagd in wenigen Stunden locker 35 Kilometer laufen und am Ende zwar ausgepumpt, aber keineswegs erschöpft sind. Ein Züchter und Tierarzt sagte einmal zu mir zum Thema Zuchtvoraussetzungen: „Jedem Zuchthund eine ärztlich überprüfte Ausdauerprüfung (20 Kilometer), und wir wissen Be-

Diese englische Bulldogge ist kraftvoll und fit. Sie kann ihr Leben in vollen Zügen genießen.

Trainer-Tipp

Hunde gehen nicht zur Entspannung spazieren, Hunde schreiten ihr Revier ab und Hunde unternehmen Jagdausflüge. Für die körperliche Gesundheit könnte man, wie heute in den USA üblich, den Hund auf ein Laufband stellen oder am Rad ermüden. In einer guten Mensch-Hund-Beziehung, in der man sich gegenseitig schätzt, einander vertraut und folgt, muss der Spaziergang gemeinsame Aktionen beinhalten, die dem Hund Freude machen und die er aus seiner Veranlagung heraus gerne tut.

Bewegung ist das A und O der Hundegesundheit, wie dieser Pinscher zeigt.

Die königlichen Jagdhunde wurden schon im Mittelalter gehegt, gepflegt und bewegt.

scheid über wichtige gesundheitliche Zuchtvoraussetzungen wie Herz-Kreislaufsystem und Knochenbau."

Bewegung ist für einen gesunden Organismus das A und O für Knochenbildung, Muskelaufbau, Immunsystem, Verdauung, einfach alles. Mangelnde Bewegung macht den Hund krank, weil der gesamte Stoffwechsel gestört ist.

Wir wundern uns heute über so manche Zipperlein unserer Hunde, die Heerscharen von Tierärzten ernähren. Wundern wir uns auch über unsere vollkommen unnatürliche Hundehaltung? Angefangen bei der Ernährung aus der Tüte über die Bewegung an der Schleppleine bis hin zum Verzicht auf frische Luft und Sonnenlicht, weil unsere Lieblinge unter unserem Schreibtisch liegen …?

In „Das Buch der Jagd" schreibt Phoebus (1331–1391): „Wie man den Hunden die richtige Bewegung verschafft: Um eine Folge schwerwiegender Krankheiten zu vermeiden, stehen die Jagdhunde unter ständiger Aufsicht und Pflege. Untätigkeit ist für sie verhängnisvoll, und deshalb führen Knechte, die sie bewachen, sie bei schönem Wetter morgens und abends aus, damit sie auf dem für sie vorgesehenen Landstück herumlaufen und springen können. Dann müssen die Knechte sie mit Striegeln, Bürsten und Strohbüscheln sorgfältig abreiben und kämmen, bevor sie dem Jägermeister ihre makellose Meute präsentieren können. Sie müssen ihre Schützlinge an der Leine in die umliegenden Wiesen führen, wo sich die Hunde die besten verdauungsfördernden Kräuter suchen, damit ihr Organismus immer gut funktioniert."

LEBENSUMSTÄNDE UND PERSÖNLICHKEIT

Zu beachten ist, ob Kinder oder ältere Menschen im Haus leben, viele fremde Menschen aus- und eingehen, ob man den Hund überall hin mitnehmen möchte und viel auf Reisen ist, oder ob er das Haus bewachen soll.

Sind die grundsätzlichen Voraussetzungen für die Hundehaltung erfüllt, kommt man nicht umhin, sich mit der eigenen Persönlichkeit auseinanderzusetzen. Menschen und Hunde sind sich da sehr ähnlich, und wie wir es täglich im Berufsleben und in unserem privaten Umfeld erleben, gibt es auch Hunde, die gerne das Sagen haben, ihren Kopf durchsetzen wollen, ihre Menschen nicht ernst nehmen und anderen Hunden zeigen, wo es lang geht. Es gibt solche, die alles besser wissen und schnell

Unterschiedliche Persönlichkeiten erkennt man schon unter Welpen. Die Körpersprache der drei Whippetbrüder spricht Bände.

bei der Hand sind, das Verhalten anderer zu korrigieren. Ebenso gibt es solche, die lieber folgen und froh sind, wenn sie sich um nichts kümmern müssen. Für mich immer wieder faszinierend, diese Dinge zu sehen. Leider trauen viele Menschen ihren Hunden diese Persönlichkeitsstrukturen nicht zu, scheitern mit ihren Erziehungsmaßnahmen und landen bei einem sogenannten Problemhund.
Auch hier ist ein erfahrener, sich mit diesen Dingen beschäftigender Züchter eine große Hilfe, denn die Erblichkeit der Persönlichkeitsstrukturen liegt mit 30 bis 50 % sehr hoch. Die Persönlichkeit kann man sehr gut schon beim Welpen erkennen und durch einen guten Welpentest offenlegen. Das ermöglicht dem Züchter, dem Käufer den passenden Welpen zuzuordnen. Ich habe meinem Züchter klar gesagt, was ich haben will, und dies auch bekommen. Drei Hunde einer Rasse mit völlig unterschiedlichem Charakter, denn meine Präferenzen haben sich geändert. Farbe, Fell, Größe, Typ – an all das gewöhnt man sich, aber belastendes Verhalten verdirbt die Freude am Hund.

RASSEHUND ODER MISCHLING?

Der Rassehund hat unbestritten den großen Vorteil, berechenbar zu sein, wenn man an bestimmte Lebensumstände gebunden ist. Der Mischling ist ein Überraschungspaket. Der Rassehund vom Züchter hat weiter den großen Vorteil, dass man in eine „Familie" eingebunden ist, in der man Rat findet. Man kauft mit dem relativ hohen Preis jahrelangen Service. Rassezuchtvereine betreuen ihre Mitglieder mit Rat und Tat. Es gibt sogar eine soziale Komponente, denn man kann Freizeit mit Gleichgesinnten verbringen, interessante Bekanntschaften machen und Freundschaften schließen. Ich möchte meine Kontakte mit Hundefreunden in der ganzen Welt nicht missen. Mit dem Mischling steht man alleine da und muss sich für seinen Hund alles selbst erarbeiten.

DER RICHTIGE ZÜCHTER

„Züchter" ist kein geschützter Begriff und jeder, der seine Hündin Welpen haben lässt, kann sich so nennen. Leider ermöglichen unkritische Käufer, dass unseriöse Vermehrer und Händler ihren Lebensunterhalt mit dem Verkauf von Welpen bestreiten, ohne dass das Wohl der Hunde an erster Stelle steht. Um ein verantwortungsvoller Züchter zu sein, bedarf es keiner Vereinszugehörigkeit. Aber einem Zuchtverein speziell für die jeweilige Rasse angeschlossene Züchter unterwerfen sich freiwillig Regeln, die die Ausbeutung der Hunde verhindern, die Eigenschaften der Rasse pflegen und die Gesundheit überprüfen.

Der gute Züchter beschäftigt sich viel mit seinen Welpen und führt sie an die Umwelt heran.

Dazu gehört, dass die Welpen möglichst viele verschiedene Dinge auf ihre Weise erfahren können.

Deshalb sind Leute, die „privat“ züchten und „keinen Wert auf Papiere“ legen, immer kritisch zu betrachten. Scheuen sie den Kostenaufwand? Erfüllen ihre Hunde nicht die Kriterien? Auch hier sollte man die gesundheitlichen Überprüfungen, die für die Züchter der Rassezuchtvereine selbstverständlich sind, auf tierärztlichen Attesten nachweisen lassen. Der erste Weg zum Rassehund ist deshalb immer der Kontakt zum Rassezuchtverein (Adressen im Serviceteil).

DIE RASSE KENNENLERNEN

Rassezuchtvereine bieten zahlreiche Veranstaltungen: von Spaziergängen über Ausstellungen bis hin zu Sportveranstaltungen. Hier lernt man Hunde und ihre Menschen kennen. Lässt beim Spaziergang niemand einen Hund von der Leine, weil er sich selbstständig macht? Müssen Abstände gewahrt werden, um Raufereien zu vermeiden? Darf man keinen Hund anfassen? Das sind alles Dinge, die man selbst erleben muss. Bei diesen Treffen fallen Hunde ins Auge, die einem besonders gut gefallen, und man kann sich mit dem Züchter in Verbindung setzen. Auch wird über schwarze Schafe unter den Züchtern ebenso gesprochen wie über solche, die ihre Welpenkäufer vorbildlich betreuen. Es macht Spaß, einen Sommer damit zu verbringen, Hunderassen zu studieren! So viel Zeit muss sein bei zehn bis 15 Jahren Lebenserwartung.

DEN ZÜCHTER FINDEN

Ein guter Züchter verbringt viel Zeit mit seinen Hunden und Welpen und bereitet sie mit viel Liebe und großem Aufwand auf ein neues Leben vor. Das hat seinen Preis. Ein Rassehund ist kein Markengerät, das man dort kauft, wo man es am billigsten bekommt, sondern seine Qualität hängt einzig und allein von der Moral seines Züchters ab. Orientieren Sie sich zunächst an den Züchtern Ihrer näheren Umgebung, um die Welpen öfter besuchen zu können und später in den Genuss ihrer Betreuung zu kommen. Bei selteneren Rassen muss man allerdings weitere Wege in Kauf nehmen. Ein guter Züchter sucht sich seine Welpenkäufer aus. Er stellt Fragen und will sicher gehen, dass der Hund in die passende Familie kommt und dort sein ganzes Leben glücklich verbringen kann. Dabei berücksichtigt er die Persönlichkeitsstrukturen. Er behält lieber einen Welpen länger, als ihn irgendjemandem zu geben. Einen gut geprägten und sozialisierten Welpen kann man ohne weiteres älter übernehmen. Ein guter Züchter ist auch bereit, einen verkauften Hund in Not zurückzunehmen und wird das alles in einem Kaufvertrag festhalten wollen. Rät ein Züchter von seiner Rasse ab, sollte man diesen guten Rat beherzigen und sich nach einer besser geeigneten Rasse umsehen und nicht etwa beleidigt dort kaufen, wo der Züchter seine Welpen „schön“ redet, um sie rasch loszuwerden.

WAS MACHT EINEN HUND ZUM RASSEHUND?

RASSE GEHT IM URSPRUNG DES WORTS AUF GLEICHARTIGE WESENSZÜGE, ÜBER GENERATIONEN GEPFLEGTE EIGENSCHAFTEN ZURÜCK. ERST MITTE DES 19. JH. WURDE DIE REINE SCHÖNHEITSZUCHT ZUM MASS ALLER DINGE.

DAS ZIEL IST DIE RASSE!

In dem Moment, als sich zahme Wölfe dem Menschen anschlossen, ergriff der Mensch die Initiative und suchte sich für seine Zwecke den geeigneten Begleiter aus. Ein guter Wächter blieb bei den Frauen im Lager, der hervorragende Spürhund, der eifrige Stöberer, der schnellste Hetzer ging mit den Männern auf die Jagd. Wölfe müssen all diese Dinge beherrschen, denn auch in ihrem Rudel gibt es Aufgabenteilung und besondere Begabungen – Voraussetzung dafür, dass der Mensch bestimmte Eigenschaften durch Auslese festigen konnte und damit Spezialisten schuf. Das Aussehen spielte hierbei nur dann eine Rolle, wenn es der erwünschten Eigenschaft dienlich oder abträglich war.
Die alten Hochkulturen kannten schon eine Rassevielfalt. Die Assyrer zogen mit großen, gepanzerten Doggen in den Krieg; Ägypter, Etrusker, Kelten, Griechen und Römer erfreuten sich langohriger Jagdhunde, edler Windhunde, wachsamer Spitze, kraftvoller Doggen und kleiner Schoßhündchen.
Sehr wohl wussten die Menschen, dass eine gesunde Anatomie für einen gesunden, leistungsfähigen Hund unerlässlich ist. Schon damals schmückten sich die Mächtigen und Reichen mit besonders schönen und guten Exemplaren und betrieben die Zucht mit großer Sorgfalt. Bastarde wurden getötet, ja man glaubte sogar bis in unsere Zeit, eine Hündin sei ein für alle Mal für die Zucht verloren, hatte sie einmal Welpen von einem unerwünschten Rüden. Bastarde waren minderwertig, weil sie eben nicht die Leistungen erbrachten, die eine darauf spezialisierte Zucht versprach. Doch es ist noch heute üblich, gezielte Kreuzungen vorzunehmen, um durch sorgfältige Partnerwahl bestimmte Eigenschaften zu ergänzen.

WOZU BRAUCHT MAN RASSEHUNDE?

Die gezielte Zucht auf bestimmte Eigenschaften und Merkmale machte den Hund zum unentbehrlichen Helfer des Menschen. Dadurch konnte man ziemlich sicher sein, dass ein Welpe die in ihn gesetzten Erwartungen eher erfüllte als irgendein aufgelesener Hund, dessen Vorfahren sich nicht für diese spezielle Aufgabe auszeichneten. Es ist nur logisch, dass man die Leistung eines wertvollen Hundes über seine Nachzucht erhalten wollte. Auch wenn man nichts über DNA und genetische Vorgänge im inneren des Zellkerns wusste, so hatten die Menschen ein geschultes Auge für das, was lebenstauglich war und dass man durch geschickte Partnerwahl gute Eigenschaften festigen konnte. Viele dieser Erfahrungen sind heute nicht etwa überholt, sondern können wissenschaftlich erklärt werden.
Nur über diese Spezialisierung konnten und können Hunde Überragendes im Dienste des Menschen leisten. Dem Menschen zu Dienste zu sein, das war stets das Schicksal der Hunde – auch heute noch, wenn auch die Aufgabenstellung meist eine andere ist, die leider dem Wesen des Hundes oftmals nur noch wenig entgegenkommt. Heute dient er uns hauptsächlich als Entertainer, Sozialpartner, Prestigeobjekt. Auch die Anpassung an diese neuen Anforderungen erfolgt über gezielte Zucht.

DIE ERFINDUNG DES MODERNEN RASSEHUNDES

Anfang des 19. Jahrhunderts begann eine gänzlich neue Entwicklung. Das Industriezeitalter erblühte. Großbritannien war mit seinen Kolonien und industrieller Vorrangstellung zur Weltmacht aufgestiegen, Adel und Bürgertum schwelgten im Wohlstand. Zeit und Geld erlaubten, sich den schönen Dingen des Lebens zu widmen. Dazu gehörte die Tierzucht.
Mit der wirtschaftlichen Entwicklung der Vereinigten Staaten von Amerika öffnete sich ein schier unerschöpflicher Markt, der Europa zu riesigem wirtschaftlichen Aufschwung verhalf. Industrieanlagen, aber auch Rinder für die Fleischversorgung der wachsenden städtischen Bevölkerung wurden in großen Mengen benötigt und Zuchttiere aus Großbritannien importiert. War ihre Herkunft bekannt, erfüllten sie die in Fleisch- oder Milchleistung gesetzten Erwartungen sicherer als irgendwelche Kühe vom Viehmarkt. Rinder, deren Ahnen anhand von Zuchtbüchern zurückzuverfolgen waren, ließen sich teurer vermarkten. Durch Inzucht verstärkte man die erwünschten Eigenschaften. Tiere aus bestimmten Zuchtbeständen bzw. Blutlinien wurden zur Kapitalanlage. Der Boom veränderte sogar das Landschaftsbild. Rinderzucht brachte mehr Geld als Getreide, Ackerland wurde in Grasland umgewandelt, die hecken- oder steinwallbegrenzten Weiden heißen auch heute noch „fields“ – Felder.

Da sich Hündinnen von mehreren Rüden befruchten lassen und Welpen verschiedener Väter in einem Wurf aufziehen können, führte man nicht beobachtete „Fehltritte“ auf die erste Fehlbedeckung zurück und hielt die Hündin für immer für wertlos.

Der Pudelpointer vereint Schnelligkeit und Jagdpassion des Pointers mit Intelligenz und Führigkeit des Pudels.

Der Jäger in Galizien importierte mit großem Aufwand und Kosten Griffon Vendeen zum Einkreuzen in seine Sabuesos.

Sieger der Wiener Hundeausstellung von 1884.

Die Landwirtschaft lag in Händen des Adels und wohlhabender Großgrundbesitzer, die alle auch begeisterte Jäger waren und viel Geld und Aufwand in die Zucht ihrer Jagdhunde steckten. In den USA ist die Jagd heute noch ein Volkssport. Damals kaufte man gute Jagdhunde in Großbritannien. Die Hundezucht versprach eine beachtliche Einnahmequelle zu werden. Ein Mr. Shirley, Großgrundbesitzer in Irland und England, rief seine Landsleute auf, doch auch die Hunde nach dem Vorbild der Rinder durch Eintrag in ein Zuchtbuch mit Eigennamen, einem Markenzeichen sozusagen, aufzuwerten. Er war 1873 Mitbegründer des Kennel Club, nach dessen Vorbild sich weltweit die gesamte Rassehundezucht entwickelte.
Zudem entsprach der Begriff der „reinen Rasse" dem Zeitgeist und wurde vom Menschen auf die Tiere übertragen.

ERSTE HUNDESCHAUEN

Briten waren schon immer wettbewerbsfreudig, und so blieb es nicht aus, dass die Herren – Hundezucht war reine Männersache – nicht nur um die bei der Jagd erfolgreichsten, sondern auch die schönsten Hunde wetteiferten. Solche Shows gibt es noch immer, wo neben Nutztieren alle möglichen Dinge von Marmelade über Blumen bis Gemüse bewertet werden, und Hunde runden das Bild ab. Aber so einfach war das nicht, denn wer sollte sagen, dass mein oder dein Hund „schöner" ist? Es war nicht nur eine Frage der Ehre, mit dem Sieger aus dem Ring zu gehen, sondern es ging um wertvolle Preise, Jagdgewehre zum Beispiel, und es entbrannten heftige Streits bis hin zu Handgreiflichkeiten. Eines war klar – man musste für jede Rasse ein Muster erstellen, anhand dessen sich die Richter orientieren sollten. So und nicht anders hatte ein Englischer Setter im Gegensatz zum Irischen auszusehen. Und schließlich behaupteten Besitzer, ihr Hund sei weder das eine noch das andere, sondern ein Gordon Setter, wie ihn der Duke of Gordon in Schottland züchtete...
Das Gremium der Mitglieder des Kennel Clubs (Kennel = Zwinger, Zuchtanlage) erarbeitete die Rassestandards der bis dahin bekannten Rassen. Das war der Beginn der Rassehundezucht. Immer neue Schläge kamen hinzu, Windhunde, Terrier, Schoßhunde, Doggen ebenso wie aus den Kolonien in aller Welt mitgebrachte, bis dahin unbekannte Hunde.

LIEBLINGE DER KÖNIGE

Das britische Königshaus galt schon immer als ausgesprochen hundenärrisch. Königin Victoria und ihr deutscher Gemahl Albert liebten Hunde über alles. Neben den ständigen Begleitern lebten viele in großen Zwingeranlagen auf Schloss Windsor und Sandringham, die die Queen persönlich überwachte. Seltene und besonders schöne Hunde waren standesgemäße Geschenke unter Königen, und da man um die Vorliebe wusste, bekam das Paar viele Hunde geschenkt. Der Prince of Wales war ein begeisterter Aussteller. Die enge Verbundenheit des britischen Königshauses mit dem europäischen Adel förderte das Ansehen der Rassehunde, und schon wenige Jahre nach der ersten Hundeschau 1859 in Newcastle, die nur Settern und Pointern vorbehalten war, fanden auch in Deutschland Ausstellungen statt und verbreiteten sich über ganz Europa.
War die Rassehundezucht bis dato ein Privileg des Adels und wohlhabenden Bürgertums, hatte nun ein Herr namens Charles Crufts die zündende Idee. Er schlug die vorgegebene Laufbahn als Juwelier in den Wind und stieg in die Hundekuchenbäckerei Spratts ein. Auf die Idee, Hundekuchen zu backen, war man durch eine Schiffsladung Schiffskekse gekommen, die abgestoßen werden musste und sich hervorragend als haltbares Hundefutter bewährte. Dies läutete das Zeitalter des Fertigfutters für Hunde ein. Zwar war den Reichen nichts für ihre Lieblinge zu teuer, aber die breite Bevölkerung dachte nicht daran, Hundekekse für ihre unbedeutenden Vierbeiner zu kaufen.

Der English Setter war die zweite international anerkannte Rasse und mit dem Pointer der populärste Jagdhund.

Hundeschauen waren Attraktionen anlässlich großer internationaler Industrieausstellungen, die Zuschauer anzogen, die Rassehunde wie Kuriositäten bestaunten. Der Rassehund war noch immer ein Prestigeobjekt der gehobenen Klasse. Crufts schwebte vor, über jedermann zugängliche Schönheitswettbewerbe Hunde so aufzuwerten, dass mehr Menschen Rassehunde hielten und mit seinen Keksen versorgten. Die Idee ging auf, er gründete die größte Rassehundeschau der Welt – die Crufts, die jedes Jahr im März in Birmingham stattfindet. Über 20.000 Hunde locken Tausende von Besuchern aus aller Welt an.

Hundehändler Arthur Seyfarth warb 1899 mit einem wertvollen Buch für seine Hunde.

RASSEHUNDE ALS PRESTIGEOBJEKT

Einen außergewöhnlichen Rassehund nur so zum Spaß zu halten, war höchster Luxus, und mit Rassehunden ließ sich gutes Geld verdienen. Nicht einzelne Züchter, sondern groß angelegte Hundehandlungen versorgten zahlungskräftige Kundschaft mit edlen Rassehunden. Kataloge in Buchform dienten der Orientierungshilfe und sind heute Sammlerstücke. Diese Hundehändler genossen hohes Ansehen, manchen verdanken wir den Erhalt einiger Rassen, deren Zucht sie sich verschrieben hatten. Sie sorgten dafür, dass immer wieder neue attraktive „Rassen" angeboten werden konnten. Auf diese Weise entstand der Leonberger, aber auch alteingesessene Hundeschläge wurden ins Programm aufgenommen. Der große Einschnitt kam mit dem Ersten Weltkrieg und der darauf folgenden Weltwirtschaftskrise. Trotzdem schmückten sich nach wie vor die Reichen dieser Welt mit Rassehunden. Scottish Terrier, Fox Terrier, Französische Bulldogge, Barsoi entzückten in den 1920er und 30er Jahren die Damenwelt. Der nächste Einbruch erfolgte durch den Zweiten Weltkrieg mit den schweren Nachkriegsjahren. Im Krieg wurde die Zucht für den Kriegsdienst geeigneter Hunde staatlich gefördert und Tausende von Hunden eingezogen. Wie die Züchter ihre Hunde über die Nachkriegshungerjahre hinwegretteten, ist mir ein Rätsel. Dennoch führten einige schon Ende der 1940er Jahre ihre Hundezucht weiter. Der Rassehund überlebte alle Krisen, wenn auch nicht gänzlich unbeschadet, und ist aus unserem Leben nicht mehr wegzudenken.

DER RASSEHUND HEUTE

Das Wirtschaftswunder nach dem Zweiten Weltkrieg veränderte unsere Lebensweise grundlegend. Freizeit nahm einen immer bedeutenderen Stellenwert ein, und für Millionen Menschen ist der Hund ein wichtiger Freizeitpartner. Nicht mehr Leistung ist gefragt, sondern Unterhaltungswert und hervorragende Eigenschaften als Sozialpartner in einer immer naturfremderen Welt.
Rassehunde wurden zu einem profitablen Verkaufsschlager. Berühmte Filmstars schmückten sich auf den Titelseiten der bunten Presse mit Pudel, Cocker Spaniel, Langhaardackel, und jede Dame von Welt wollte es ihnen gleichtun. Die wenigen nach dem Krieg noch aktiven

Ein showfertig frisierter black and tan (Neufarben) Kleinpudel.

Züchter konnten den rasch wachsenden Bedarf an Rassehunden nicht decken. Landwirte stellten nicht mehr rentable Betriebe auf Hunde-Massenproduktion um, in Bayern erlangte das „Dackeldorf Gergweis" Berühmtheit. Hundewelpen wurden in jedem Kaufhaus und per Versandkatalog angeboten.

HUNDE MIT „PAPIEREN"

Doch was macht einen Rassehund zum Rassehund? Sein Abstammungsnachweis, seine „Papiere".
Die deutschen Rassehundezüchter fanden sich nach dem Krieg über ihre Rassezuchtvereine im Verband für das Deutsche Hundewesen e.V. (VDH) zusammen und schufen ein Regelwerk als Grundlage für eine tierschutzorientierte Zucht reinrassiger Hunde. Voraussetzung für die Mitgliedschaft war und ist es heute noch, keine Welpen über den Handel zu vertreiben. Folglich hatten alle im Handel oder in Massenzuchten produzierten Welpen keine Ahnentafeln mit VDH-Stempel, die durch die Überprüfung der Zuchttiere und Zuchtstätten eine sorgfältige Zucht und Aufzucht gewährleisten sollten.
Da aber zu einem Rassehund „Papiere" gehören, entstanden Vereine, die ohne Grundlage eines Zuchtbuchs und Überprüfung der Angaben lediglich gegen eine Gebühr Ahnentafeln lieferten. Nun hatten auch alle nicht unter dem Dachverband gezüchteten Welpen „Papiere". Für den Laien ist bis heute der Unterschied nur schwer nachzuvollziehen.
Deutschland nimmt international eine Sonderstellung ein. Die Hundezucht war im Dritten Reich staatlich organisiert, die Organisation bei Kriegsende zerschlagen. Zunächst fanden sich Züchter in ihren alten Vereinen wieder und führten die Zuchtbücher weiter. Dieses Privileg wollten sie beim Zusammenschluss zum VDH nicht aufgeben. Die Zuchtverantwortlichkeit liegt in Deutschland bei den Rassezuchtvereinen, nicht beim Dachverband. Man hat sich lediglich auf ein Rahmenregelwerk verständigt. In allen anderen Ländern werden die Zuchtbücher zentral geführt und Papiere ausgestellt, die Zuchtvoraussetzungen sind minimal, und so spielen dort nicht dem Verband angehörende Züchter kaum eine Rolle. Im VDH gezüchtete Hunde können anhand von öffentlich zugänglichen Zuchtbüchern bis in die Anfänge der Rassereinzucht zurückverfolgt werden. Die Kenntnis um die Vorzüge

und Nachteile der Vorfahren ermöglicht es dem Züchter, eine sinnvolle Zuchtauswahl zu treffen. Leider ist es mir bis heute nicht gelungen, auch nur ein einziges Zuchtbuch eines nicht dem VDH angeschlossenen Zuchtverbandes einzusehen, geschweige denn zu erwerben. Es war mir nicht möglich, Ahnen weiter zurückzuverfolgen, als auf dem Papier selbst vermerkt waren. Inzwischen mag es unter diesen Vereinen und Verbänden kleinere Einheiten geben, die ihre Züchter genau so sorgfältig überprüfen wie ein VDH-Rassezuchtverein, aber auch sie können nur für die in ihrem Verein gezüchteten Hunde stehen, und da hört es nach wenigen Generationen auf.

HUNDEAUSSTELLUNGEN – JAHRMARKT DER EITELKEITEN

Früher hießen sie Zuchtschauen und galten der Beurteilung des Formwertes eines Hundes im Hinblick auf die Zuchtverwendung und boten dem Züchter Gelegenheit, seine Hunde mit anderen zu vergleichen und gute Vererber für weitere Zuchtpläne zu finden. Heute sind es reine Schönheitswettbewerbe, die auch zu den Voraussetzungen für eine Zuchtzulassung gehören können, aber der Zuchtwert eines Hundes sollte nicht allein von der subjektiven Beurteilung des äußeren Erscheinungsbildes

Ausstellungen – Hobby für Nichtzüchter und Qualitätskontrolle für Züchter.

eines Showrichters anhand weniger Minuten im Ausstellungsring abhängen dürfen. Die Rahmenzuchtordnung des VDH schreibt anstelle der Zuchtschauergebnisse eine gesonderte Zuchtzulassungsprüfung, einen Wesenstest und Gesundheitsuntersuchungen vor.
Waren einst wenige Zuchtschauen Highlights eines Züchters und die Beurteilung mit einem „Vorzüglich“ eine Ehre und Anlass zu großem Stolz, so finden heute an jedem Wochenende mehrere Shows statt und auch viele Nicht-Züchter reisen mit ihren Hunden von Show

Diese Championdogge präsentiert sich nicht nur auf der Ausstellung in stolzer Haltung.

Die Ahnentafel, auch Stammbaum oder Pedigree genannt, ist ein Auszug aus dem Zuchtbuch und dient der raschen Information über mehrere Generationen.

zu Show. Ein schönes Hobby unter Gleichgesinnten, aber der Wettbewerbscharakter, das Sammeln von Anwartschaften für Championtitel, die den Hund aus der Masse herausragen lassen, brachte auch Nachteile mit sich.
War bei den Zuchtschauen der Rassestandard das Maß aller Dinge, so wird seine Auslegung heute bei vielen Rassen so weit gestreckt, dass sie sich fast bis zur Unkenntlichkeit verändert haben, obwohl der Standard gleich geblieben ist. Nur ein Beispiel: Schwierig zu erhalten war noch nach dem Krieg die Stupsnase des Mopses. Die Konzentration der Züchter auf immer kurznasigere Hunde führte zur extremen Verkürzung des Nasenbeins und Verformung des ganzen Schädels mit schlimmen gesundheitlichen Folgen für den Hund. Die Natur möchte immer zurück zur Normalform, also muss man auf die der Natur am weitesten entfernten Merkmale züchterisch achten, sonst verliert der Hund den „Rassetyp“. Interessanterweise ist das Kopfskelett des Hundes züchterisch in wenigen Generationen durch Zuchtauswahl Schritt für Schritt leichter zu verformen als der Rest des Skeletts. Daher gibt es bei Hunden Schädelformen, wie sie nirgendwo in der Natur vorkommen.
Je ausgeprägter ein Hund ein solch begehrtes Merkmal zeigt, desto eher gewinnt er auf Schauen, desto mehr wird er zur Zucht eingesetzt. Die Richter tragen wesentlich dazu bei, dass Rassehunde gezüchtet werden, die aus tierschützerischem Aspekt nicht existieren dürften. Dazu zählen alle Hunde mit extrem verkürztem Nasenbein. Aber auch Rassen gehören dazu, denen man es nicht auf Anhieb ansieht, wie z.B. der Dalmatiner. Hier wird ein hoher Prozentsatz an tauben Welpen billigend in Kauf genommen, nur weil man gleichmäßig verteilte Punkte sehen möchte. Es ist eine Tatsache, dass Dalmatiner mit schwarzen Ohren und Flecken über den Augen dieses Problem aufgrund der Farbgenetik nicht haben, jedoch sind diese sog. Plattenhunde laut Standard zu disqualifizieren. Aber man darf nicht nur den Richtern Unfähigkeit und den Züchtern mangelndes Verständnis für das Wohlergehen ihrer Tiere vorwerfen. Der Käufer trägt die maßgebliche Verantwortung für das Wohl der Tiere. Es gibt auch bei den kritischen Rassen viele verantwortungsvolle Züchter, die zum Wohle der Rasse gegen den Strom schwimmen und oft genug auf Anerkennung im Showring verzichten.
Wer sich vor dem Kauf informiert, findet immer einen gesunden, bestens aufgezogenen Rassehund. Vielleicht nicht sofort und nicht um die Ecke – aber nur der kritische Käufer hat es in der Hand, uneinsichtige Züchter zum Umdenken oder Aufgeben zu zwingen, denn keiner kann sich sein Hobby Hundeshow und -zucht leisten, wenn er auf seinen Welpen sitzen bleibt! Zur Käuferverantwortung gehört der Verzicht, sich mit einem krank gezüchteten Hund zu schmücken nur weil die Rasse gerade „in“ ist!

Der Shar Pei Welpe wird als erwachsener Hund nur noch wenige Falten aufweisen.

Der Mopswelpe wird hoffentlich nie in seinem Leben Atemprobleme haben.

Dalmatiner – lebensfroh und intelligent – sein Gehör wurde als Welpe überprüft und für normal befunden.

RASSEHUNDE IN DER KRITIK

Dass man immer alles besser machen kann, ist eine Tatsache. Dass sich Menschen, egal in welchen Bereichen – Politik, Wirtschaft, Sport – im Eigeninteresse über Allgemeininteresse und sogar über die Gesundheit hinwegsetzen, liegt in der menschlichen Natur. Hunde zu züchten, macht nicht automatisch zu einem besseren Menschen.

Würden wir jedoch alles immer nur an Negativbeispielen messen, wäre die Welt nicht mehr lebenswert!

Ein Züchter ist nur so gut wie seine Moral, und es liegt am Käufer, den Züchter seines Vertrauens zu finden. Keinesfalls darf man aufgrund der zweifellos existierenden schwarzen Schafe die gesamte Rassehundezucht verdammen oder die Bedeutung des Rassehundes infrage stellen. Millionen glücklicher Besitzer eines Rassehundes möchten ihren besten Freund nicht missen!

MISCHLINGE SIND NICHT GESÜNDER

Wer mit seinem Hund eine Zeit in einem Wartezimmer einer Tierarztpraxis verbringt, wird schnell feststellen, dass da keineswegs mehrheitlich Rassehunde sitzen! Und von den Rassehunden ist der Anteil aus fragwürdigen Quellen stammender Tiere sehr hoch. Es gibt Tierärzte, die verdrehen die Augen, wenn man sie nach Rassehunden oder gesunden Rassen fragt, aber in der Regel fragen sie nicht nach der Herkunft eines kranken Tieres, sondern scheren alle über einen Kamm. Dass aber gerade die kostspielige Gesundheitsvorsorge der verantwortungsvollen Züchter eine sichere und lukrative Einnahmequelle für Tierärzte ist, scheinen sie dabei gerne zu übersehen.

Rasselose Streuner aus aller Herren Länder, denen eine gesunde Aufzucht nicht vergönnt war, sind sehr oft krank und bedürfen nicht selten lebenslanger Medikation.

Der Labradoodle – nur so gesund wie seine Eltern! Züchterische Sorgfalt und Verantwortung ist die Voraussetzung für gesunde Hunde.

ERBKRANKHEITEN

Dass sich Rassehundezüchter so intensiv mit dem Thema Gesundheit und Erbkrankheiten beschäftigten, bedeutet nicht, dass Rassehunde mehrheitlich krank sind, sondern dass die Züchter das Bestmögliche tun, um erbliche Probleme nicht überhand nehmen zu lassen. Die Erforschung von Erbkrankheiten beim Hund wird finanziert, weil Hund und Mensch viele Erbkrankheiten gemeinsam haben und man wichtige Erkenntnisse für die Humanmedizin gewinnen will. Aber auch Rassezuchtverbände investieren in Forschungsprojekte zum Wohl ihrer Hunde. Die Forschung kann nur mit Rassehunden arbeiten, weil das Erbgut sehr homogen ist, ganze Familien erfasst werden und leichter bestimmte Gene zu finden sind. Mit einem Zufallsmix ist das nicht möglich. Der Mischlingshund spielt deshalb in der Forschung keine Rolle. Das heißt aber nicht, dass Erbkrankheiten bei ihm nicht vorkommen.

Eine Langzeitstudie ergab, dass Mischlinge ebenfalls an allen bei Rassehunden bekannten Erbkrankheiten leiden, manchmal sogar in verstärktem Maße gegenüber den Rasseeltern. Ich habe einmal in einem Buch über Hunderassen recherchiert, in dem jeder Rasse eine Liste von Krankheitsdispositionen angefügt war, die ich für meine Rasse, die ich sehr gut kenne, nicht nachvollziehen konnte. Der Autor schickte mir freundlicherweise (Internet gab es noch nicht) seine Quellen. Dabei handelte es sich um viele uralte Arbeiten, um Fallbeispiele zu einzelnen Exemplaren und nur ganz wenige, die in einer erwähnenswerten Häufigkeit auftraten. Diese Arbeiten laufen bis heute wie rote Fäden durch alle, auch wissenschaftliche Publikationen. Selbst längst überholte oder gar widerlegte Arbeiten werden immer wieder als Fakt herangezogen. Seit dieser Erfahrung stehe ich Referenzen zu Erbkrankheiten sehr kritisch gegenüber.

Erbkrankheiten werden von den meisten Zuchtverantwortlichen sehr ernst genommen und teure Vorsorgemaßnahmen durch die Überprüfung von Zuchttieren eingefordert. Bei einem aus solchen Zuchten stammenden Hund kann man davon ausgehen, dass die Elterntiere die besten Voraussetzungen mitbringen, diese Krankheiten nicht bei ihren Nachkommen auftreten zu lassen.
Gehen Sie nicht davon aus, dass die Rassen absolut gesund sind, deren Zuchtvereine mit Problemen lieber nicht an die Öffentlichkeit treten! Man sollte die infrage kommenden Rassen gründlich recherchieren und eventuelle Probleme bei Verein und Züchter hinterfragen!

INZUCHT – SEGEN ODER FLUCH?

Als Mitte des 19. Jahrhunderts die Züchter aus einer bunten Vielfalt von Arbeitshunden einzelne Exemplare als besonders rassetypisch herausgriffen und durch Selektion auf bestimmte Merkmale ein Abheben von anderen Rassen erreichen wollten, ging das am schnellsten über Inzucht. Die Verpaarung eng verwandter Tiere verringert die genetische Vielfalt und erhöht die Wahrscheinlichkeit, dass erwünschte Eigenschaften bei den Nachkommen deutlicher hervortreten. Ebenso zeigen sich schneller unerwünschte Dinge, was für einen Züchter wiederum sehr aufschlussreich ist und bei künftiger Zuchtplanung berücksichtigt werden kann.
Tatsächlich bauen viele Rassen auf nur wenigen Gründertieren auf. Hinzu kommen die drastischen Einschnitte zweier Weltkriege, über die oftmals nur wenige Zuchttiere hinweggerettet werden konnten und ganze Familienzweige verschwanden. Auch durch den Einsatz populärer Deckrüden, deren erfolgreiche Nachkommen für viele Züchter begehrenswert sind, sehen wir heute tatsächlich bei manchen Rassen eine enge Verwandtschaft. Gab ein viel benutzter Deckrüde eine versteckte Erbkrankheit weiter, tritt sie zwangsläufig nach wenigen Generationen ans Licht und richtet in einer Population großen Schaden an. Enge Verwandtschaftszucht sollte nur ein Züchter betreiben, der persönlich einige Ahnengenerationen seiner

Inzucht

Inzucht muss jedoch nicht Degeneration bedeuten, wenn auf Merkmale wie Langlebigkeit, Robustheit, Fruchtbarkeit, Frohwüchsigkeit (Fitness) usw. selektiert wird. Ein Beispiel sind die weißen Chillingham-Rinder in England. Seit 1770 war die Herde der Inzucht überlassen. Dennoch hat sich über natürliche Auslese eine gesunde Herde erhalten.

Bearded Colliewelpen – eine Rasse im Glück, sie kann noch auf original Arbeitshunde zurückgreifen.

Hunde kennt und der die „Pechvögel" ebenso selbst behält wie die Champion-Anwärter. Die meisten Rassezuchtvereine erlauben engste Verwandtschaftszucht nicht mehr.

Das größte Problem der Rassezucht ist meiner Meinung nach, dass die bei jeder Zucht notwendige Auslese fehlt, da jeder Welpe Geld einbringt und das Töten eines Welpen moralisch nur im äußersten Notfall gerechtfertigt ist.

Bis zu einem neuen Tierschutzgesetz Anfang der 1970er Jahre durften einer Hündin innerhalb der Rassezucht nur sechs Welpen belassen werden. Da die Würfe meist größer waren, schauten die Züchter sehr genau hin, welche Welpen sie ausmerzten. Jeder Züchter hatte so seine Testverfahren, die ihm bei der Entscheidung halfen, nur die fittesten Welpen aufzuziehen. Die übrigen mussten leider getötet werden, oftmals gingen sie jedoch „ohne Papiere" an den Zuchtwarten vorbei und gelangten so nicht in die Zucht.

So grausam sich das anhört, aber Zucht ohne Auslese geht nicht. Bei Nutztieren ist das einfach, ein Huhn mit falschen Kammzacken, ein Kaninchen mit falscher Zeichnung wandert eben früher als ein Zuchttier in den Kochtopf. Hinzu kommt, dass die Zufütterung von Muttermilchersatz ermöglicht, Kümmerlinge mit der Hand aufzupäppeln. Ich habe nicht selten erlebt, dass das Züchterherz an so einem Kümmerling hing, der sich zu einem scheinbar gesunden Junghund entwickelte und von dem sich der Züchter nicht trennen mochte und sogar mit ihm züchtete. Erfahrene Züchter allerdings päppeln gar nicht erst, sofern der Welpe nicht außerordentlich hohe Vitalität zeigt und man ihm nur ein wenig auf die Sprünge helfen muss, denn es hat sich früher oder später immer gezeigt, dass Kümmerlinge einen Defekt hatten. Und wenn es nur ein Defizit im Immunhaushalt war – ein solcher Hund gehört nicht in die Zucht!

Doch nicht alle Züchter denken so langfristig, und auch hier ist wieder der kritische Käufer gefragt. Ein guter Züchter darf seinen Emotionen nicht erliegen. Er trägt eine hohe Verantwortung, und wir Käufer verlangen für unser Geld einen bis ins hohe Alter gesunden und lebensfrohen Hund.

Ich habe nichts dagegen Welpen aufzuziehen, die es alleine nicht schaffen, aber der Käufer sollte es wissen und vor allem vertraglich festgelegt werden, dass mit diesem Hund nicht gezüchtet werden darf.

Die Problematik ist bekannt. Viele Züchter vermeiden Inzucht und die Zucht mit häufig eingesetzten Rüden, lassen ihre Hunde auf bekannte Erbkrankheiten testen und beurteilen Zuchttiere und Nachzucht kritisch. Ein Züchter, der nicht ausdrücklich die dauerhafte Verbindung zum Welpenkäufer wünscht, kann auch sein Zuchtprogramm nicht überprüfen. Ein verantwortungsvoller Züchter wird nicht nur das Verlangte, sondern das Mögliche tun, weil er seine Rasse liebt und deren Bestand auf einer gesunden Basis erhalten möchte. Auch er wird von Rückschlägen nicht verschont bleiben, weil das bei Lebewesen so ist und auch die unerwünschten Merkmale im Erbgut zur Vielfalt beitragen und daher wichtig sind für das Überleben einer Art.

Deshalb ist ein „Herauszüchten" jeglicher unerwünschter Merkmale, vor allem wenn sie das Wohlbefinden des Hundes nicht beeinträchtigen, nicht erstrebenswert, weil damit auch wertvolle Erbanlagen verloren gehen. Der kluge Umgang mit dem Wissen, das uns die moderne Gentechnik bietet, trägt dazu bei, dass wir die Vorzüge eines Rassehundes auch in Zukunft genießen dürfen.

Allerdings muss ein Umdenken erfolgen und über die Einkreuzung fremder Rassen oder rasseloser Landschläge, wie man sie noch in Afrika oder Asien findet, zur Erweiterung der Genvielfalt nachgedacht werden.

Die Landrasse „AfriCanis" könnte vielleicht mancher Rasse Genvielfalt bieten.

Tatsächlich macht das Aussehen nur einen ganz geringen Prozentsatz des Erbgutes aus, und eine Einkreuzung ist schon nach wenigen Generationen nicht mehr zu sehen. Und sollte doch einmal ein nicht rassetypisches Merkmal auftreten, dann wird auch dieser Welpe, wie 90% aller Welpen, eine nette Familie finden und die Zucht in keiner Weise gefährden.
Unerlässlich ist ein zentral geführtes Experimentalzuchtbuch, in dem unter kontrollierten Bedingungen Auskreuzungsexperimente dokumentiert und die so entstandenen Hunde den Rassen zugeführt werden können.
Wir dürfen nicht vergessen, dass die meisten Rassen auf Kreuzungen zurückgehen und die Konzentration auf Reinrassigkeit erst Ende des 19. Jahrhunderts einsetzte und fast immer nur das Aussehen nach Standard berücksichtigte!
Leider sind viele Rassehundezüchter geistig im 19. Jahrhundert stecken geblieben und bekämpfen hartnäckig alle, die weiter denken. Das führte zur Schaffung neuer Rassen und fördert die Beliebtheit so genannter Designerdogs.

EINE MISCHUNG IST NUR SO GUT WIE IHRE ELTERN

Ich halte diese Designerdogs in erster Linie für einen lukrativen Verkaufsschlager, der gerade im Trend liegt. Zwei Rassen zu kreuzen, bedeutet nur etwaige Probleme beider Rassen in einen Topf zu werfen und nicht sie zu umgehen. Solche Kreuzungen machen nur Sinn, wenn die Elterntiere frei sind von bekannten erblichen Defekten. Selten spielt jedoch die Zucht gesunder Hunde die größte Rolle, sondern das Angebot möglichst attraktiver „Sondermodelle“. Wer sich nur von „Mischlinge sind gesünder“ leiten lässt und nicht kritisch an den Kauf herangeht, dem bleiben unangenehme Überraschungen nicht erspart. Billiger kann man teure Welpen nicht produzieren als eine Rassehündin von einem x-beliebigen Rasserüden decken zu lassen.
Mischungen nicht geeigneter Partner können jedoch zu ernsthaften Verhaltensproblemen führen. Nicht umsonst wurden bestimmte Eigenschaften in einzelnen Rassen gefestigt und unerwünschte reduziert. Man darf nicht davon ausgehen, dass sich nur die erwünschten Eigenschaften treffen. Ein Schäferhund-Husky-Mix mag zwar hübsche blaue Augen haben, aber einen unabhängigen Jäger mit dem Potential eines territorialen Schäferhundes braucht niemand!
Der kritische Käufer hat es in der Hand, die unbestrittenen Vorzüge eines Rassehundes zu genießen und vielleicht einmal selbst zu einem kritischen Züchter zu werden, dem das Wohl seiner Rasse am Herzen liegt und der andere Menschen mit einem für seine Rasse typischen, liebenswerten und gesunden Welpen erfreuen möchte.

Labradoodles aus ausgesuchten Elterntieren gezüchtet für die Arbeit als Servicehunde für Behinderte.

JAGDHUNDE

JAGDHUNDE SPIELEN IN DER KULTURELLEN ENTWICKLUNG DES MENSCHEN BIS HEUTE WELTWEIT EINE BEDEUTENDE ROLLE.

ALLESKÖNNER WOLF

WÖLFE BRINGEN VOM MÄUSEFANGEN BIS ZUR GROSSWILDJAGD ALLE VORAUSSETZUNGEN MIT, UM UNTER UNTERSCHIEDLICHSTEN BEDINGUNGEN ZU ÜBERLEBEN. JEDES RUDELMITGLIED NUTZT SEINE BEGABUNGEN.

Gibt es ausreichend Kleintiere, jagt jeder für sich alleine, aber an große Beutetiere wagt sich nur eine gut eingespielte Gruppe. Jeder Wolf hat Stärken und Schwächen, die jeweils nutzbringend eingesetzt werden. Ausfindigmachen einer frischen Spur, Verfolgung und Stellen bis zur tödlichen Attacke gehören zur erfolgreichen Jagd. Erst das Zusammenspiel der Gruppe über fein abgestimmte Kommunikation führt zum Erfolg – eine gute Voraussetzung für die gemeinsame Jagd von Mensch und Hund.

OHNE JAGDHUND KEINE WEITERENTWICKLUNG

Es mag etwas hoch gegriffen klingen, aber ohne die Hilfe von Hunden zur Beschaffung von Fleisch hätte sich der Mensch kulturell nicht wesentlich weiterentwickeln können. Die Umstellung vom reinen Pflanzen- und Früchteesser zum Jäger führte durch den Verzehr tierischen Eiweißes zu größerem Hirnvolumen mit Förderung der Intelligenz, weil eine erfolgreiche Jagd Kommunikation, Planung und Werkzeuge erforderte. Neueste Forschungsergebnisse belegen, dass die Fähigkeit, Fleisch verdauen zu können, hinter der erfolgreichen Evolution des Menschen und seiner globalen Verbreitung steht, nicht zuletzt weil Mütter ihre Kinder schneller abstillen und mehr Kinder aufziehen konnten.

Schließlich lernte der Mensch Tiere zu zähmen, um stets eine leicht erreichbare Eiweiß- und Rohstoffquelle (Milch, Wolle, Fleisch) verfügbar zu haben. Doch Jagdhunde wurden keineswegs überflüssig, denn Haustiere waren kostbarer Besitz und wurden nicht einfach aufgegessen, solange Wild ausreichend zur Verfügung stand. Auch als der Mensch vor rund 6 000 Jahren zum Ackerbauern wurde, blieb erjagtes Fleisch eine willkommene Nahrungsquelle.

Noch zu Beginn des modernen Industriezeitalters trugen Hunde mit erwilderten Kaninchen zum Lebensunterhalt der notleidenden Bevölkerung bei. Selbst in unmittelbarer Vergangenheit wurde in Notzeiten trotz strengstem Verbot auf Wild zurückgegriffen. Menschen und Jagd sind untrennbar miteinander verbunden, auch wenn wir heute in unserer Gesellschaft keine Notwendigkeit mehr darin sehen und die Jägerei als Elitesport umstritten ist. Wir dürfen aber nie vergessen, dass wir in unglaublich guten Zeiten leben und niemand weiß, wann wir wieder einmal auf unsere vierbeinigen Jagdgehilfen angewiesen sein werden!

Körpersprache ist bei Wölfen für das Funktionieren des Rudels unerlässlich.

ANGEPASSTE SPEZIALISTEN

Der Mensch schuf im Laufe der Jahrtausende durch intensive Zuchtauslese der angeborenen, erblichen Fähigkeiten den jeweiligen Jagdbedingungen angepasste Spezialisten. Dieser Prozess setzt sich bis in die Gegenwart fort, denn durch die Veränderung der Umwelt ändern sich die Jagdmöglichkeiten und Ansprüche an einen guten Jagdhund. Nach unserem Jagdgesetz ist zur Betreuung eines Reviers im Sinne des Tierschutzes die Haltung eines auf jagdliche Brauchbarkeit hin überprüften Jagdhundes Pflicht. Allerdings werden Jagdhunde in den letzten Jahren mehr und mehr zum Familienbegleiter, was Rassen in den Vordergrund rückt, die wir vor ein paar Jahren kaum zu Gesicht bekamen.

Mensch und Hund kommunizieren jeweils über eine eigene Körpersprache. Hunde lernen das menschliche Ausdrucksverhalten schnell und besser zu verstehen als wir das ihre.

Der Pointer verharrt in der Jagdsequenz des Anschleichens.

Weit überlegenes Wild erfolgreich jagen zu können, erfordert Schnelligkeit, Geschicklichkeit und Ausdauer. Der ganze Organismus ist darauf eingestellt. Wir reden hier nicht von einstündigen Spaziergängen, sondern von geistig und körperlich höchster Konzentration und Beanspruchung über viele Kilometer, Stunden, Tage! Bei einer normalen deutschen Drückjagd legen die Hunde in wenigen Stunden 30 Kilometer zurück.
Die Aussage, Hunde haben kein „Laufbedürfnis", sondern Kopfarbeit sei das wichtigste und ausgiebige Bewegung deshalb zweitrangig oder gar nicht notwendig, stimmt so nicht – ausgiebige Bewegung ja, stumpfsinniges neben dem Rad laufen nein. Dazwischen gibt es eine breite Palette an Beschäftigungsmöglichkeiten während einer Radtour, Jogger- oder Reitbegleitung, die dem Hund Spaß machen. Bewegung ist gesund.

JAGDHUNDE BEI NICHTJÄGERN

Jagdhunde genießen seit alters her ein besonderes Image, denn die Jagd war stets ein Privileg der Reichen und Mächtigen. Es sind nicht nur wunderschöne Hunde darunter, viele Menschen schätzen auch ihr sanftes Wesen und freundlichen Umgang mit Artgenossen. Viele Jagdhunde kommen über den Tierschutz aus dem Ausland und fallen in Hundeschulen und bei Verhaltensberatern auf, wenn die Besitzer mit dem Jagdverhalten nicht klarkommen. Inzwischen gibt es überall Kurse zum Anti-Jagd-Training, Ersatzbeschäftigungen usw. Doch warum nehme ich einen Jagdhund auf, wenn ich ihm nicht oder nur mit außerordentlicher Mühe gerecht werden kann und letztlich mit einem Hund ende, der sein Leben an der Schleppleine verbringen muss? Auf der anderen Seite sind manche Jagdhundrassen für hundesportliche Aufgaben gut geeignet. Die Kunst liegt darin, den geeigneten Hund zu finden.

Trainer-Tipp

Anti-Jagd-Training bedeutet nicht, dem Hund das Jagen abzugewöhnen, sondern ihm Jagderfolg unter der Führung des Menschen zu vermitteln. Ziel ist, dass der Hund möglichst kein Wild eigenständig verfolgt. Das ist zeitintensiv, muss Mensch und Hund Freude machen und in den Tagesablauf einfließen. Erfolg ist trotzdem nie garantiert, denn er bleibt ein Jagdhund!

Die Arbeit mit dem Futterbeutel (als Beute) ist eine Ersatzjagd, auf die sich viele Hunde einlassen.

Viele Jagdhunde lieben die Jagd an der Hetzangel. Bestimmt der Mensch die Spielregeln …

… und kontrolliert die Jagd, macht das nicht nur Spaß, sondern festigt die Stellung des Menschen.

Es ist für den erfahrenen Jagdhundausbilder schon nicht leicht, einen Hund zu zuverlässigem Gehorsam zu führen, ohne die für gute Leistung erforderliche Passion zu bremsen. Wie soll das ein Laie schaffen, der gar nicht weiß, was in seinem Hund vorgeht? Es ist ein schmaler Grat, auf dem man sich mit dem Jagdhund bewegt, und ein anstrengender alle Male.

JAGDHUNDE ÜBER DEN TIERSCHUTZ

Seit einigen Jahren gelangen viele Jagdhunde wie Bracken, Windhunde, Setter und Pointer und deren Mischlinge über den Tierschutz nach Deutschland. Importjagdhunde sind in südlichen Ländern Prestigeobjekte, die den Wohlstand des Jägers dokumentieren. Jagen kann dort praktisch jeder, es gibt keine der deutschen vergleichbare Ausbildung und Reglementierung. Wer es sich leisten kann, kauft einen fertigen Hund, aber richtig gearbeitet wird mit dem Hund kaum. Er soll jagen, und tut er das nicht so, wie erwartet, schafft man ihn auf die eine oder andere Weise ab. Oft wird weit mit dem Auto ins Jagdgelände gefahren, und ist ein Hund nicht rechtzeitig zurück, fährt man ohne ihn nach Hause. Die Hunde streunen bis zur Entkräftung. Mit etwas Glück werden sie aufgegriffen und dem Tierschutz übergeben. Nach Deutschland kommen dann Hunde, die aktiv gejagt haben, sich zeitweise möglicherweise selbst ernähren mussten, aber denen Gehorsam, Bindung und Beziehung zum Menschen fehlen. Sie lebten nie im Haus in der Familie, der Umgang war möglicherweise derb und sie kamen nur zur Jagd aus ihrem Zwinger. Versetzt man sie in unsere hektische Umwelt und ein häusliches Familienleben, sind sie oft vollkommen überfordert und verstört. Es kostet sehr viel Mühe, ihre Ängste zu überwinden. Auf der anderen Seite entfällt ihr bisheriger Lebensinhalt – das Jagen. Spielerische Beschäftigung ist für sie uninteressant und Leckerchen sind nur dann wirksam, wenn gerade nichts wichtiger ist. Mit diesen Hunden sind die meisten Menschen hoffnungslos überfordert, und die geniale Antwort eines Hundetrainers auf die Frage eines genervten Hundebesitzers, wie er seinem Hund das Jagen abgewöhnen könnte, war: „Warum haben Sie einen Jagdhund?"

Trainer-Tipp

Erfahrungsgemäß haben Jagdhundtypen aus dem Tierschutz oft mit Ängsten zu kämpfen. Das Grundvertrauen zum Menschen fehlt, sie haben nie gelernt, eine positive Beziehung zum Menschen aufzubauen. Unsere hektische Umwelt, die Nähe zu fremden Hunden und Menschen, Geräusche, denen sie nicht ausweichen können, können sie nervlich nicht verkraften. Es kann durch sorgfältige, geduldige Aufbauarbeit im Laufe der Jahre gelingen, den Hunden Sicherheit und ein gutes Leben zu geben. Es muss aber nicht klappen!
Gute Erfolge erzielt man mit Ersatzjagdarbeit, bei Augenjägern auch mit der Hetzangel, an der Schleppleine sowie mit „Therapietrails", d. h. auf die Probleme des Hundes abgestimmtes Mantrailing. Oft sind irgendwelche Ängste jedoch so tief verwurzelt, dass sie nicht therapierbar sind.

EIGENSTÄNDIGE JÄGER

DIESE JAGDHUNDE SUCHEN DAS WILD UND VERFOLGEN ES SELBSTSTÄNDIG AUF GROSSE DISTANZ ZUM JÄGER, TREIBEN ES IHM ZU ODER STELLEN ES. WIE SEIT URZEITEN FOLGT DER MENSCH ZU FUSS ODER ZU PFERD.

Er hofft dabei auf das Jagdglück der Hunde, um deren Beute für sich zu beanspruchen. Manche Hunde kümmern sich dabei nicht um den Jäger, er muss sehen, dass er Schritt hält, andere bringen ihm kleinere Beutetiere. Eines haben sie alle gemeinsam: Während der Jagd sind sie auf sich alleine gestellt und dürfen die Beute nie aus der Nase bzw. den Augen verlieren. Sie müssen sich vom Hundeführer lösen und zügig weit entfernen, um Wild zu finden.

Der Jäger nennt das Passion. Fehlt sie, sind sie unbrauchbar, denn das lernt ein Hund nicht, diesen Eifer muss er mitbringen. Aus diesem Grund eignen sich solche Hunde nur bedingt für unseren Lebensraum, weil wir sie nicht gefahrlos laufen lassen können und dürfen. Alle finden zum Ausgangspunkt zurück, ohne hervorragenden Orientierungssinn könnten sie nicht jagen. Aber in unserer zersiedelten und regulierten Welt lauern einfach zu viele Gefahren.

IMMER DER NASE NACH

Nasenorientierte Hunde verfolgen das Wild, sobald ein noch so geringer Duft Beute verrät. Die feine Hundenase unterscheidet zwischen alten und jungen Spuren und erkennt, ob sich die Verfolgung lohnt. Ist die Spur frisch, muss blitzschnell reagiert werden – keine Zeit, um ahnungslosen Menschen Bescheid zu geben oder gar um Erlaubnis zu fragen. Man hört nur noch die heulend-bellende Stimme des Hundes und wartet auf seine Rückkehr. Dem Jäger vermittelt dieses „Geläut", wo und wie nahe sich die Hunde vor welchem Wild befinden! Große Meuten, die zunächst ausschwärmen und weit versprengt suchen, finden auf diese Weise zusammen, um gemeinsam ein bestimmtes Stück zu verfolgen. Dabei verzetteln sich die Hunde nicht an kreuzenden Spuren. Die ganze Konzentration gilt diesem einen Tier.

AUGENBLICKLICHE REAKTION

Es gibt auch bei Windhunden immer wieder einzelne Exemplare, denen die Nähe zu ihrem Menschen wichtiger ist als ein mögliches Jagdvergnügen. Solche Hunde sind Ausnahmen von der Regel. Voraussetzen darf man das nicht. Auch wenn ein einzelner Hund nicht alleine loszieht, sobald mehrere Hunde zusammen sind (das gilt auch für andere Rassegruppen), braucht nur einer das Signal zu geben und ab geht die Post!

Straßenhunde in Bangkok vom Urtyp. In den entlegenen Dörfern gehen solche Hunde mit auf die Jagd.

HUNDE VOM URTYP

Diese Gruppe wurde von den Kynologen so benannt, weil diese Hunde der Urform des domestizierten Hundes in Aussehen und Verwendung am nächsten kommen. Auch bei den Hunden vom Urtyp gab es Anpassungen an die Lebensweise der Menschen, so dass wir sie unter den Jagd-, Hof-, Hüte- und Herdenschutzhunden finden. Die meisten gehören in die Gruppe der eigenständigen Jäger.

Der Galgo ist ein passionierter Augenjäger und heute noch in Spanien beliebter Jagdhund (Foto S. 46).

Meutehunde schwärmen aus. Stoßen sie auf eine frische Spur, wird sie von der gesamten Meute verfolgt.

In Asien, Australien und Afrika leben sie heute noch wie vor Jahrtausenden mit den Menschen in einer losen Beziehung. Sie werden versorgt, aber nicht gehegt und gepflegt. Die Straßenhunde in Bangkok wurden regelmäßig mit gekochtem Reis gefüttert. Sie vertilgen Essensreste und Abfälle und sorgen so für Sauberkeit, halten Ratten und Mäuse kurz. Auf dem Land gehen sie selbstverständlich mit den Männern auf die Jagd, wo sie alles aufstöbern, was sich erlegen und verwerten lässt. Bei den Hirtenvölkern Afrikas helfen sie außerdem beim Viehtreiben.

Sie führen ein weitgehend eigenständiges Leben in den Dörfern und lernen, sich nicht an Haustieren und Lebensmitteln zu vergreifen. Streuner, die das Wild vergrämen und nicht zur Hand sind, wenn man sie braucht, sind nutzlos und werden nicht gehalten. Manche sind zuverlässige Beschützer.

Unterordnung und Gehorsam wurden nie verlangt. Die Hunde sind heute noch sehr eigenständig und unabhängig und gehören nur in die Hand erfahrener Menschen, die Freude an der Beobachtung ursprünglichen, noch sehr komplexen Hundeverhaltens haben und keinen Wert auf einen jederzeit „funktionierenden" Hund legen.

NORDISCHE HUNDE

Sie sind typisch für die schneereichen Gebiete der Nordhalbkugel. Schon früh in der gemeinsamen Beziehung nutzte der Mensch als nomadisierender Jäger und Viehzüchter Hunde zum Lastenziehen: sei es bei den Wanderungen von Lagerplatz zu Lagerplatz oder zum Heimtransport der Jagdbeute. Je nach Lebensraum brauchte man einen wachsamen Hund, und wo frei grasende Haustierherden gehalten wurden, galt es diese zu treiben und zu schützen.

Ihre Beziehung zum Menschen war eine reine Nutzgemeinschaft. Wenn sich der Mensch intensiv mit dem Hund beschäftigte, dann nicht zum Zeitvertreib. Die Junghunde lernten durch Sehen und Nachahmen; der Trainingssaufwand war, wenn überhaupt, minimal. Wer sich nicht in die jeweiligen Lebensumstände einfügte und das Überleben der Gemeinschaft durch Alleingänge gefährdete, konnte nicht bleiben. Bindung an eine bestimmte Person war unerwünscht, denn der Hund musste mit jedem arbeiten, der ihn brauchte. Für jede Aufgabe einen Hund konnte sich niemand leisten. Die Spezialisierung vom vielseitig nutzbaren Hund in reine Jagd- oder Schlittenhunde erfolgte Hand in Hand mit der veränderten Lebensweise der Menschen.

Die afrikanischen Dorfhunde halten sich nahe beim Menschen auf und ignorieren andere Haustiere.

Der graue norwegische Elchhund jagt in den dichten Wäldern Skandinaviens.

Die Russisch-Europäische Laika jagt in den Weiten der russischen Wälder. Sie zeichnet sich auch in unseren Revieren beim Stöbern aus.

NORDISCHE JAGDHUNDE

Die nordischen Jagdhunde haben sich ihre Eigenständigkeit bis heute bewahrt, Rudelordnung ist für sie wichtig, aber Gehorsam ohne praktischen Sinn undenkbar. Ihr Arbeitsgebiet sind die undurchdringlichen Wälder Skandinaviens und Russlands. Sie sind hartnäckige Stöberer, die auf weite Distanz zum Jäger arbeiten und auf ihren Jagdzügen in unwegsamstem Gelände viele Kilometer zurücklegen. Dabei verlieren sie nie den Kontakt zum Jäger, sondern weisen ihm bellend den Weg zum gestellten Wild. Wir können diesen sehr eigenständigen Hunden in unserem Lebensraum keine angemessene Lebensweise ermöglichen. Nur gelegentlich findet man russische Laiki in Jägerhand.

Der Norsk Lundehund sucht Vogeleier.

SCHLITTENHUNDE

Sie ermöglichten erst den Inuit der Nordhalbkugel unserer Erde, im ewigen Eis zu überleben. Vor Schlitten gespannt, zogen sie als Rudel gemeinsam mit den Menschen auf die Jagd. Die Hunde spürten die Luftlöcher der Robben auf und die Jäger erlegten die Beute. Mensch und Hund lebten vom rohen Robbenfleisch und waren vom gemeinsamen Jagderfolg abhängig. Dabei verließ sich der Mensch ganz auf die scharfen Sinne der Hunde, die sicher übers Eis führten, gefährliche Spalten erkannten und sich nicht auf zu dünnes Eis wagten. Dabei legten sie lange Strecken zurück, und das Anspannen in der Fächerform hatte den Vorteil, Gewicht zu verteilen und eine Rudelstruktur innerhalb des Gespanns zu wahren. Natürlich hatte der Mensch das Sagen; er versorgte die Hunde und bestimmte, wann wo gejagt wurde, aber bei der Jagd vertraute der Mensch den Hunden und redete ihnen nicht rein. Leider sind die Tage der Schlittenhunde gezählt, zur Tollwutprävention wurden viele Hunde getötet, die Inuit in Siedlungen ihrer ursprünglichen Lebensweise

Schlittenhundrennen wurden einst in Deutschland eingeführt, um den Hunden eine artgerechte Beschäftigung zu bieten. Heute geht es meist nur noch um den Sieg, für den man schnelle Mischlinge züchtet.

beraubt und Motorschlitten sind heute die beliebtesten Transportmittel.

Schlittenhunde sind faszinierend, aber in unserer Umwelt fehl am Platz. Sie brauchen Lebensraum, um sich frei bewegen zu können und sind keinesfalls als Wohnungs- oder Stadthunde geeignet. Herkömmliche Erziehungsvorstellungen versagen bei diesen sehr eigenständigen, unabhängigen Hunden gänzlich, vielmehr muss man sich als Rudelchef bewähren und Anerkennung verdienen. Nur dann respektieren und folgen die Hunde, aber sie sind nur im Ausnahmefall für hundesportliche Aktivitäten geeignet, die schematischen Gehorsam fordern. Dennoch ist ihr großer Jagdeifer nicht zu bremsen.

Einen solchen Hund so zu halten, dass er sich wohlfühlt und ausleben kann, ist außerordentlich schwierig und aufwendig. Schlittenhunde hält man am besten zu mehreren auf ausbruchsicher umfriedetem, weitläufigem Gelände. Trotzdem muss man ihnen sehr viel Zeit für sportliche Aktionen widmen. 10 bis 30 Kilometer am Rad, Pferd oder Wagen sind übliche regelmäßige Trainingsdistanzen, um den Hund in Form zu halten. Schlitten- und Wagenrennen, aber auch Langstreckenläufe mit oder ohne Skier im Falle eines Einzelhundes machen Hunden und sportlichen Menschen viel Spaß. Ursprünglich wurden Schlittenhundrennen ausgerichtet, um den Hunden ein angemessenes Tätigkeitsfeld zu bieten. Inzwischen sind reinrassige Schlittenhunde bei den bedeutenden Rennen kaum noch anzutreffen, da Jagd- und sogar Windhundmischlinge schneller sind.

IDITAROD

Nachdem die USA 1867 Alaska von den Russen gekauft hatten, zog das dort entdeckte Gold Tausende von Menschen in das unerschlossene Land. Hundeschlitten, gezogen von einheimischen und aus Europa mitgebrachten Hunden, waren das übliche Transportmittel. Der Iditarod Trail war eine Schlittenroute für den Gütertransport. Sobald die Flüsse zugefroren waren, starteten die Frachttransporte mit Nahrungsmitteln, Post und Werkzeugen und legten 50 bis

70 Meilen am Tag zurück. Die Fahrt nach Nome dauerte drei Wochen. Um 1900 waren Hundeschlitten so häufig wie heute Autos. Flugzeuge läuteten um 1920 das Ende der Schlittenhundära ein. Doch gerade jetzt bewies sich die Überlegenheit der Hunde. Anfang 1925 bedrohte eine Diphtherieepidemie die Stadt Nome. Wegen des Wetters konnte kein Flugzeug starten und nur eine Staffel mit erfahrenen Hundeschlittenführern, den Mushern, konnte rechtzeitig das Serum herbeischaffen und Tausenden von Menschen das Leben retten. Seit 1973 wird das „Iditarod – das härteste Schlittenhunderennen der Welt" veranstaltet und hat sich zu einem kommerziellen Spektakel entwickelt, bei dem es um viel Geld und Ruhm geht und das trotz erheblicher Kosten Teams aus aller Welt anlockt. Allerdings winkten 2012 den ersten 30 Teams im Ziel insgesamt 550 000 Dollar Preisgeld.
Das Rennen verläuft über rund 1 800 Kilometer von Anchorage nach Nome. Die besten Gespanne schaffen das in gut acht Tagen. Der Gesundheitszustand der Hunde wird regelmäßig überprüft. Verfolgt man die Reportagen, kann man als Tierfreund nicht gutheißen, Hunden solche Strapazen zuzumuten und dies obendrein weltweit in den Medien zu verherrlichen. Schon gar nicht, wenn gezeigt wird, dass viele Hunde ihr sonstiges Leben einzeln kurz an Hütten angekettet verbringen müssen.

ALASKAN MALAMUTE

Der größte Schlittenhund ist nach einem Eskimostamm in Alaska benannt und der Lastenzieher unter den Schlittenhunden. Der Malamute kann sehr territorial sein.

Diese Siberian Huskys sind erfolgreiche Schlittenhunde und als gutes Team mit ihrem Musher gehorchen sie aufs Wort.

SIBERIAN HUSKY

Die Huskys, die russische Pelzhändler nach Alaska brachten, erregten durch ihre Schnelligkeit Aufsehen und brachte die Menschen auf die Idee, Rennen mit hohen Gewinnen auszurichten. Der hübsche Hund mit den blauen Augen war eine Zeit lang bei uns fast Modehund, bis sich die schwierige Haltung herumgesprochen hatte und viele Hunde im Tierheim landeten.

SAMOJEDE

Die ersten Exemplare der Hunde des nordrussischen Volksstamms der Samojeden wurden bei britischen Nordpol-Expeditionen eingesetzt und gelangten so nach England, wo man sich auf die Zucht der weißen Spitze spezialisierte. Der aufmerksame, lebhafte Hund steckt voller Tatendrang und ist Menschen herzlich zugetan.

Alaskan Malamutes brauchen viel Bewegung.

Der ewig lächelnde Samojede ist lebhaft, freundlich und immer auf der Jagd.

Oben links: Kinder und Welpen gehören überall auf der Welt zusammen. So werden Hunde auf den Menschen geprägt. Bei Welpen fürchtet man noch keine Krankheiten und scheut daher die körperliche Nähe nicht.

Oben rechts: Immer schon schmückten sich Menschen mit schönen und brauchbaren Hunden und präsentierten sie voller Stolz.

Links: Zwei wunderschöne Porträts.

Unten: Erwartungsvoll versammeln sich die Hunde in der Hoffnung auf einen Jagdausflug. In dieser Region sind die AfriCanis schlank und hochbeinig, fast windhundähnlich. Es kommen alle Farben und Abzeichen unserer Rassehunde vor.

AFRICANIS
ein Hund aus Südafrika

Seit 1998 widmet sich auf Initiative von Edith und Johan Gallant die Canis Society of Southern Africa der Erhaltung der ursprünglichen Hunde des südlichen Afrikas.

LANGE GESCHICHTE

Seit Jahrtausenden leben sie frei in und um Siedlungen, binden sich eng an Dorfbewohner, doch ist aus Angst vor Krankheiten Körperkontakt nur mit Welpen üblich.
In den ländlichen Siedlungen, den Homesteads, leben meist Rüden, da sie besser miteinander auskommen als Hündinnen. In einer Siedlung trifft man meist nur eine Hündin an, da nur die dominante Hündin Welpen hat und andere Hündinnen nicht so ohne Weiteres duldet. Mit den Rüden ziehen die Männer auf die Jagd. Generell vermeiden die Hunde Auseinandersetzungen, wenn sie die Möglichkeit des Ausweichens haben.
Der AfriCanis, der je nach Lebensraum windhund- oder herdenschutzhundähnlicher ist, besitzt ein ursprüngliches Sozialverhalten mit ausgeprägter, sehr feiner Körpersprache mittels Ohren, Augen, Lefzen, Rute und Nackenhaaren, womit er anderen Hunden seine Absichten mitteilt und bei korrekter Antwort angemessen reagiert und so sehr gut mit Artgenossen auskommt und sich anpasst. AfriCanis sind bei Hundebegegnungen nicht von sich aus aggressiv, weichen bei Bedrohung jedoch nicht aus. Leider haben viele moderne Rassen diese Fähigkeiten zur körpersprachlichen Kommunikation durch zu viel Haar, zu dunkle Augen, hängende Gesichtshaut usw. verloren.

ANPASSUNGSFÄHIG

Der AfriCanis ist nervlich stabil, jedoch neuen Situationen gegenüber vorsichtig. Bei der Jagd ist er flink und ausdauernd, setzt Augen und Nase ein, stöbert und hetzt. Er ist ein unterordnungsbereiter Hund, der aus eigenem Antrieb den Menschen folgt. Er passt sich schnell und problemlos einem Leben als Familienbegleiter in unserer Welt an. In eingezäuntem Gelände gehalten, zeigt er deutliches Territorialverhalten.

MÖGLICHKEITEN FÜR DIE RASSEHUNDEZUCHT

Der Genpool dieser ursprünglichen, ohne menschliches Zutun und Selektion geborenen Hunde könnte zur Auffrischung des Genpools der gesamten Rassehundezucht überlebenswichtig sein, doch die Rassehundlobby kann sich mit solch revolutionären Gedanken noch nicht anfreunden. Gallants waren vor ihrer Auswanderung sehr erfolgreiche Züchter von Riesenschnauzern und Johan Gallant Spezialrichter. Sie sind mit der Rassehundezucht in allen Bereichen bestens vertraut. Ein nicht beabsichtigter Wurf einer Riesenschnauzerhündin mit einem AfriCanis-Rüden brachte erstaunliche Welpen: Sie sahen aus wie echte Riesenschnauzer und waren prächtig in Verhalten und Instinkten. Ein Testwurf mit einem anderen Zuchtpaar zeigte die gleichen Ergebnisse. Offensichtlich sind unsere Rassehunde so reinerbig, dass Kreuzungen mit einem so ursprünglichen Genpool das Aussehen des Rassehundes anders als beim Kreuzen zweier Rassen kaum beeinflussen und die Genvielfalt trotzdem erweitern.

Der Basenji wurde als Rasse in England kultiviert. Er ist auch hier ein vorzüglicher Stöberhund.

Der Thai Ridgeback ist ein eleganter Hund mit besonderem Charme.

AFRIKANISCHE, ASIATISCHE, UND AUSTRALISCHE JAGDHUNDE VOM URTYP

BASENJI

Der kleine Stöberhund aus dem Kongo bellt nicht, sondern gibt jodelnde Laute von sich. Der elegante, saubere kleine Hund ist ein passionierter, harter Jäger, sehr intelligent und erfinderisch. Er lernt schnell, ist jedoch sehr unabhängig und eigenwillig.

THAI RIDGEBACK

Der typische Jagdhund im nördlichen Thailand lebt und jagt frei mit den Menschen. Der Stöberhund macht die Jäger auf Wild am Boden und in den Bäumen im dichten Urwald aufmerksam. Der Thai Ridgeback trägt einen Streifen gegen den Strich wachsenden Haares auf dem Rücken, den „Ridge". Er ist kein unterordnungsbereiter, sondern sehr eigenständiger Hausgenosse und braucht eine verständnisvolle, konsequente Führung. Kein Hund für Anfänger.

Der Chow Chow gilt als eigenwillige Persönlichkeit, die sich nur einer Person unterordnet. Charakteristisch ist die blaue Zunge.

CHOW CHOW

Uralter, in China belegter Hundetyp, den Seefahrer als Kuriosum nach Europa brachten. Der Chow Chow ist eine sehr eigenwillige Persönlichkeit, selbstständig, mit guter Jagdpassion ausgestattet und selbstbewusst. Er gilt als „Einmannhund", weil er sich in der Regel nur einer Person unterordnet, die er respektiert. Leider gehört er zu den übertypisiert gezüchteten Rassen mit zu kleinen, tiefliegenden Augen und eingerollten Augenlidern, zu dichtem Fell mit Hautproblemen und zu steiler, verletzungsanfälliger Hinterhand. In Deutschland geht man wieder auf den Normaltyp zurück.

SHAR PEI

Die alte, in China nahezu ausgerottete Rasse wurde in den USA Anfang der 1970er Jahre als „Faltenwunder" vermarktet. Der gesunde Shar Pei ist ein angenehmer Hausgenosse, Fremden gegenüber zurückhaltend, wachsam, aber nicht aggressiv. Die unnormale Faltenbildung beim erwachsenen Hund beruht auf einer Hormonstörung mit negativen Auswirkungen auf die Gesundheit des Hundes. Bei vielen Welpen muss die Haut über den Augen angenäht werden, um sie öffnen zu können. Der Shar Pei ist eines der übelsten Negativbeispiele für züchterischen Ehrgeiz ohne Rücksicht auf die Kreatur.

JAPANISCHE JAGDHUNDE

In Japan werden einige spitztypische Jagdhundrassen gezüchtet, die bestimmten Regionen zugeordnet werden. Außerhalb Japans weiter verbreitet sind nur der Akita Inu und der kleine Shiba Inu. Sie haben eine uralte Tradition und werden als Nationaldenkmal hoch geschätzt.

AKITA INU UND AMERICAN AKITA

Einst der Begleiter der Samurai, wurde der Akita als Jagdhund auf Bären und Antilopen sowie als Wach- und Schutzhund geschätzt. Er ist ein intelligenter, ruhiger, robuster, sehr starker Hund, passionierter Jäger und Beschützer. Er ist nicht unterordnungsbereit und duldet fremde Hunde nur ungern neben sich. Er braucht engen Familienanschluss, aber eine sehr konsequente Erziehung mit viel Verständnis für sein Wesen. Amerikanische Soldaten nahmen nach Kriegsende die ungewöhnlichen Hunde mit nach Hause und kreuzten sie mit allen möglichen Rassen. Dabei entwickelte sich ein schwerer Typ mit vielfältigen Farben und Zeichnung.

Der Shar Pei wurde als „Faltenwunder“ vermarktet. Mehr Falten sollte er nicht haben.

Die Japaner erkennen diese Hunde nicht als Akita Inu an und so wurde aus ihnen eine eigene Rasse, der „American Akita“. Im Wesen ist er dem Akita sehr ähnlich und kein einfacher Hausgenosse.

SHIBA INU

Er ist der Jagdhund auf kleines Wild und Vögel. Doch man trifft den kleinen Stöberer in Japan auch auf der Wildschwein- und Bärenjagd an. Heute ein beliebter Familienbegleiter

Eindrucksvoll und wunderschön, der Akita Inu Japans. Aber seine Persönlichkeit verlangt nach einem hundeerfahrenen Menschen.

Der Shiba Inu ist ein passionierter Jäger.

in aller Welt, ist er aber kein Hund für Anfänger. Niemals unterordnungsbereit, sehr aktiv, intelligent und selbstbewusst, muss man ihn zu nehmen wissen. Er ist sehr territorial und wachsam, und seine hohe Jagdpassion macht Freilauf schwierig.

DINGO

Der Dingo Australiens ist ein typischer asiatischer Jagdhund vom Urtyp, der vor etwa 7 000 Jahren mit den ersten Menschen den Kontinent besiedelte und dort wild und dennoch in Einklang mit den Menschen lebte. Dingos sind angepasste Lebenskünstler, die gelernt haben, mit der feindseligen Natur zu leben. Aus wild geborenen Dingowürfen aufgezogene Welpen lebten mit der Urbevölkerung, den Aborigines, wie ganz normale Hunde.
Erst mit dem Erscheinen der Europäer, die das Land vereinnahmten und den Einheimischen bis in die jüngste Vergangenheit unsere Vorstellung von Zivilisation aufzwängten, verlor der Dingo seine natürliche Lebensgrundlage, bediente sich an Schafen und wurde gnadenlos bekämpft. Dingozucht und -haltung ist streng reglementiert. Trotz groß angelegter Vergiftungsaktionen schaffte es der Dingo, die Verluste auszugleichen und zu überleben. Als größte Gefahr für den Erhalt des Dingos fürchtet man jedoch die Vermischung mit den Nachkommen europäischer Hunde.

CAROLINA DOG

Ein dem Dingo sehr ähnlicher Hund in Aussehen, Verhalten und Genetik ist der amerikanische Carolina Dog. Wissenschaftler stießen vor etwa 30 Jahren bei der Überprüfung der Entwicklung der Natur in seit Jahrzehnten wegen Atomverseuchung gesperrten Gebieten auf diese wild lebenden gelben Hunde. Genetische Studien zeigen, dass es sich um eine sehr alte, nicht eng mit unseren Rassehunden verwandte Hundegruppe handelt, die aus Asien mit Einwanderern über die Beringstraße kam. Inzwischen widmen sich Züchter dem Erhalt der Rasse. Carolina Dogs sind ihren Menschen sehr zugetan, sehr intelligent und lernfreudig, aber allem Fremden gegenüber misstrauisch und sehr territorial. Sie sind es gewohnt, für ihren Lebensunterhalt zu jagen und in dieser Hinsicht sehr selbstständig.

Der Dingo ist ein Beispiel für die Anpassungsfähigkeit und Überlebenskraft des Hundes.

Diese Carolina Dogs haben sich in Deutschland als gute Hausgenossen bewährt.

MEDITERRANE LAUFHUNDE

Rund um das Mittelmeer finden wir schlanke, hochläufige, schnelle Hunde mit auffallend großen Ohren, wie sie schon die Ägypter vor Jahrtausenden darstellten. Die großen Ohren dienen nicht nur der Wärmeregulierung, sondern damit „orten“ die Hunde Kaninchen unter der Erde und im Gebüsch. Sie arbeiten bei der Jagd mit allen Sinnen – Augen, Ohren und Nase. Sie stöbern, spüren Wild auf, hetzen und apportieren kleine Beutetiere.
Die meisten Podencos gibt es in drei Größen: die kurzbeinigen und mittleren für das Stöbern in dichtem Bewuchs und Heraustreiben der Kaninchen aus dem Bau, die großen für offenes Gelände. Diese Jagdhunde vom Urtyp werden heute noch in Süditalien, Spanien und Portugal häufig zur Jagd eingesetzt. Über den Tierschutz kommen viele nach Deutschland.

PODENGO PEQUENO

Auf dem besten Wege, eine Karriere als Familienhund außerhalb der Jagdszene einzuschlagen, ist der kleine portugiesische Podengo. Er ist ein freundlicher, robuster, anhänglicher Begleiter, der durchaus jagt, aber eine sehr innige Beziehung mit seinen Menschen eingeht und weniger selbstständig ist als die großen. Der kleine Portugiese wird deshalb auch in seiner Heimat sehr gerne in der Familie gehalten.

Der Cirneco dell Etna – beliebter Jagdhund in Sizilien.

Der kleine portugiesische Podengo.

Oben links: Das raue Haar des kleinen Podenco Andaluz schützt vor Verletzungen in Dornengestrüpp.

Oben rechts: Wer möchte dieses liebenswerte Hundegesicht nicht in sein Herz schließen und ihm ein schönes Leben gönnen?

Rechts: Sehr selten sind die kurzhaarigen Podengo Portugues Grande. Beliebter ist die robustere rauhaarige Variante. Diese Koppel jagt Wildschweine. Die Besitzer kennzeichnen ihre Hunde mit farbigen Halsbändern.

Unten: Diese Podencos auf der Kanareninsel Hierro fristen ihr Dasein weitab einer Siedlung in praller Sonne an kurzer Kette. Der Wassernapf ist längst umgekippt. Eine leere Blechtonne dient als Unterschlupf. Der Hund links ist offensichtlich ein Podenco-Deutsch-Kurzhaar-Mix.

TRADITIONELLE JÄGER *des Mittelmeerraums*

Podencos – portugiesisch Podengos – sind im ganzen Mittelmeerraum beliebte Jagdhunde. Ihr Körperbau ist perfekt an die jeweiligen Anforderungen von Klima, Terrain und Beute angepasst.

Diese traditionellen Jagdhunde werden ausschließlich in der Jagdsaison, dann aber mehrmals in der Woche, eingesetzt. Podencos gibt es in allen Größen und Varianten, angepasst an ihr Lebensumfeld und die jagdlichen Bedingungen. Diese Hunde sind außerordentlich robust und selbst in dichtem Dornengestrüpp und auf trockenem Gestein kaum verletzungsanfällig. Gejagt wird mit wenigen Hunden oder es tun sich mehrere Jäger zusammen. Die Hunde haben auf der Jagd nur ein gemeinsames Ziel, kooperieren sofort und Zeit für Streitigkeiten bleibt nicht. Die hochbeinigen Podencos zeichnen sich durch enormes Sprungvermögen aus und schnellen aus dem Stand meterhoch aus der Macchie auf die Kaninchen. Erwischt ein Hund ein Kaninchen, bringt er es meistens dem Jäger zurück, oftmals sogar unverletzt. Kaninchen laufen nicht weit, sondern suchen Deckung. Die Hunde stöbern nicht auf weite Distanz oder hetzten auf lange Strecken. Gehorsam wird vom Hund nicht erwartet. Bei Beginn der Jagd preschen sie sofort los, und ist die Jagd zu Ende, wissen sie das und kommen auf Ruf zurück, genießen Wasser und Futter und sind zufrieden. Die großen Podengos werden zur Wildschweinjagd eingesetzt. Den Jagdbezirken werden zwei oder drei Hunde zugeordnet, die sie systematisch durchkämmen und den Jägern das Wild zutreiben. Stellen sie ein Wildschwein, rufen sie mit Gebell die mitgeführten Dogo Argentinos oder ähnliche kraftvoll zupackende Hunde auf direktem Weg zur Hilfe heran, um das Wild festzuhalten, bis der Jäger da ist.
Ob ein Hund ein guter Jagdhund ist und bleiben darf, entscheidet sich in der ersten Saison. Hunde, die sich zu weit entfernen, die nicht in angemessener Zeit zurückkommen, die nicht kooperieren oder nicht eifrig genug jagen, müssen weg. Oftmals werden sie, ebenso wie ausgediente Hunde, dem Tierschutz übergeben. Das bedeutet, dass die über den Tierschutz vermittelten Hunde alle gejagt haben, und wenn ein Hund schon in seinem Element nicht funktioniert hat, was erwarten wir von ihm hier bei uns?

HUNDELEBEN

Das Schicksal der Jagdpodencos ist recht unterschiedlich: von gut genährt und versorgt bis hin zu armseligem Dasein, wenn sie außerhalb der Jagdsaison ihr Leben an kurzen Ketten, in Schrottautos, Hinterhöfen oder mit viel Glück in ordentlichen Zwingeranlagen verbringen. Hausgenossen sind sie nicht. Ich traf sie mitten im Gelände weit weg von Siedlungen in sengender Hitze ohne Futter bei umgeworfenem Wassertopf an. Diese unwürdige Haltung sowie das Entsorgen unbrauchbarer Hunde bereitet Tierschützern große Sorgen.
Ein behütetes Heim in Deutschland ist aus unserer menschlichen Sicht sicher erstrebenswert, aber nicht unumstritten. Wir reißen die Hunde aus ihrer eigenen Welt, in der sie niemals Familienmitglieder waren, aber einige Monate im Jahr ihre Leidenschaft ausleben konnten.
Ihre große Selbstständigkeit und dass sie sich über gelernten Gehorsam hinwegsetzen, sobald sie Wild entdecken, macht hierzulande ihre Haltung schwierig, da Freilauf kaum gewährt werden kann.
Hier müssen sie sich in ein Familienleben einfinden, die Segnungen unserer technisierten Umwelt mit Lärm und ungewohnten Situationen ertragen, was sie in ihrem simplen Lebensumfeld bisher nicht kannten. Und wir zwingen sie zu einem Leben an kurzer Leine. Es ist die tiefe Zuneigung, die sie ihren Menschen schenken, sobald sie Vertrauen gefasst haben, die sie ihren Besitzern so kostbar macht.

Foxhounds ertragen die umittelbare Nähe ihrer Meutegenossen, sind tolerant und respektieren ihren Herrn.

NASENORIENTIERTE TREIBJAGDHUNDE

MEUTEHUNDE

Meutehunde spielen in der Familienhundhaltung keine Rolle. Dennoch müssen wir auf sie eingehen, weil sie kulturgeschichtlich von Bedeutung sind und nur der Beagle als Familienhund sehr beliebt ist und oft falsch verstanden zum Problemhund wird.

DIE MEUTEJAGD

Sie war einst sehr beliebt und die Reichen Europas unterhielten große Jagdreviere, besaßen Hunderte von Hunden, züchteten eigene, erkennbare Schläge und wetteiferten mit den Nachbarn um die besseren und edleren Hunde. Der Adel Frankreichs betrieb diese Jagden vor der Revolution Ende des 18. Jahrhunderts bis zum Exzess, auch das russische Zarenhaus war berühmt für große Jagden mit Hunderten von Hunden. Während der Revolutionen wurden die Meuten der verhassten Adligen mit ihren Herren vernichtet. Nur wenige Exemplare überlebten bei der Landbevölkerung, die nun der Jagd frönen durfte.

Erst in der zweiten Hälfte des 20. Jahrhunderts keimte in Frankreich das Interesse an der Erhaltung der alten Meutehundrassen wieder auf. Die berittene Jagd, die so genannte Parforce-Jagd,

ist heute ein beliebter Sport, und die wunderschönen Hunde mit ihren historisch gekleideten Betreuern sind Glanzpunkte der zahlreichen in Frankreich außerordentlich beliebten jagdlichen Veranstaltungen.
In Großbritannien wurde 2005 das Verbot der Fuchsjagd zu Pferd mit Hundemeuten von Tierschützern durchgesetzt und vom Gesetzgeber neu reguliert.
In Deutschland ist die Hetzjagd mit Hunden seit 1934 verboten. Dennoch gibt es bei uns Hundemeuten. Sie verfolgen allerdings eine künstlich gelegte Spur, eine sogenannte Schleppe, und kein lebendes Wild. Da sich die Hunde auf die einmal aufgenommene Fährte festlegen und genau wissen, dass am Ende der Jagd leckere Beute in Form eines Rinderpansens, das sogenannte Curée, wartet, bleibt Wild bei Schleppjagden unbehelligt. Die Meuten werden durch Vereine finanziert und zu Schleppjagden eingeladen, jährliche Höhepunkte für Freizeitreiter. Die Reiter folgen entsprechend ihrem Können einer festgelegten, abgesicherten Strecke mit oder ohne kleinere Hindernisse und nicht wie einst bei der britischen Fuchsjagd querfeldein mit hoher Unfallgefahr für Mensch und Pferd.
In Deutschland werden Foxhound-, Beagle-, Harrier-, Anglo français- und eine Bluthundmeute geführt.
Für Meutehunde gilt das Motto: Je mehr, desto besser. Es können problemlos mehrere Meuten auf einer Jagd gemeinsam eingesetzt werden. Da um die 40 Hunde, früher waren es viel mehr, auf sehr engem Raum leben und transportiert werden, müssen sie Enge und Körperkontakt stressfrei ertragen. Außerdem sind sie hart im Nehmen und nicht schmerzempfindlich.

Fuchsjagd im Mittelalter.

Ein wichtiger Aspekt, der wesentlich zu friedlichem Miteinander mit anderen Hunden beiträgt, ist die Tatsache, dass Reviergrenzen für sie keine Rolle spielen, denn ihr Revier dehnt sich so weit aus, wie das Wild läuft. Eigenes Territorium zu verteidigen, kommt ihnen nicht in den Sinn. Deshalb sind sie als Wach- oder gar Schutzhunde gänzlich ungeeignet.
Die Meuten werden in aller Regel nach Geschlecht getrennt in kleinen Gruppen gehalten, in denen eine klare Rudelhierarchie herrscht. Bei der Jagd jedoch spielt sie keine Rolle.

Schleppjagden sind ein beliebtes Vergnügen für Reiter und Hunde – hier eine Beagle-Meute.

Oben und links: Welsh Hounds sind eine uralte Rasse und unentbehrlich für die Farmer in Wales, um den Fuchsbestand auf einem gesunden Niveau zu halten.

Unten: In diesem herrlichen Gelände schweifen die Hunde aus, bis man nur noch entfernt leise ihr Geläut wahrnimmt. Niemand weiß, wohin sie die Fuchsfährte führt.

FUCHSJAGD *in Großbritannien*

In den Schafzuchtgebieten ist die Bestandskontrolle der Füchse kein Sport, sondern existenziell für die Schaffarmer.

Aufgeforstete Flächen bieten Füchsen idealen Unterschlupf zur ungestörten Vermehrung. Sind Kaninchen knapp, dann sind die Füchse gezwungen, Lämmer ebenso wie seltene Bodenbrüter in ihren Speiseplan einzubeziehen. Nicht die Ausrottung, sondern ein gesunder Bestand ist Ziel der Farmer. Um dies zu gewährleisten, unterhalten sie Meuten, die nach Bedarf eingesetzt werden.
Tierschützer setzten nach jahrelangem Protest das Verbot der sportlichen Fuchsjagd zu Pferde durch. Danach wurden landesweit viele Jagdmeuten aufgelöst. Da Füchse keine natürlichen Feinde haben, müssen sie bejagt werden. Deshalb erlaubt das Gesetz mit Rücksicht auf die Schaffarmer unter bestimmten Voraussetzungen die Bejagung mit der Vorgabe, dass die Füchse erschossen werden, ehe die Hunde sie ergreifen können. Ich erlaube mir die Frage, was humaner ist: der unmittelbare Tod durch die Hunde oder angeschossen zu verenden?

LOS GEHT'S

Am Ausgangspunkt der Jagd preschen die Hunde davon und sind bald nur noch mit dem Fernglas auszumachen. Die Hounds schwärmen zunächst in dem riesigen Gebiet aus, bis einer die frische Fährte eines Fuchses lauthals meldet, auf dessen Verfolgung sich nun die ganze Meute konzentriert. Das Ende der Jagd verkünden Ruf und Jagdhorn und die Hunde kehren zum Ausgangspunkt zurück, wo zur Belohnung auf die zufriedenen, erschöpften Hunde satt zu fressen wartet.
Auf diesem Rückweg nutzen sie oft den bequemsten Weg wie eine Straße. Immer wieder kommt es vor, dass Touristen diese nassen, dreckigen, ausgepumpten Hunde – vermeintlich verwahrloste Streuner – einsammeln. So fand sich der beste Zuchtrüde einer Meute in Yorkshire frisch kastriert in einem Londoner Tierheim wieder!
Als Familienhunde vermittelt, dürfte man an solch einem Hund, der ein Leben in seiner Meute mit ausgiebigem Freilauf bei der Jagd gewohnt ist, wenig Freude haben. Grundsätzlich geben die Farmer keine Welpen an Familien ab und züchten nur so viele, wie sie zum Erhalt der Meuten brauchen.

ERNÄHRUNG DER MEUTEN

Halter französischer Meutehunde fütterten ausschließlich Schlachtabfälle, weil die Hunde mit industriell gefertigter Nahrung nicht die notwendige Kondition erreichten. Eine Fellhoundmeute in Yorkshire lebt seit 30 Jahren von Lammpansen, die Welsh Hounds bekommen Trockenfutter. Die Beagles einer deutschen Meute werden mit Trockenfutter und reichlich grünem Pansen ernährt.

Dem Charme eines Beaglewelpen kann man kaum widerstehen.

BEAGLE

Beagle lebten schon im 16. Jahrhundert am englischen Hof. Üblicherweise setzte man Beagles auf Hasen, kleine Exemplare auf Kaninchen an. Da sie mit ihren kurzen Beinen nicht so schnell waren, konnten die Jäger gut zu Fuß folgen und Gelände mit dichtem Bewuchs bejagen. Der Beagle verließ als einziger Meutehund im Zuge der Rassehundezucht Mitte des 19. Jahrhunderts sein ursprüngliches Aufgabengebiet und wurde zum Show- und Begleithund. Neben den sogenannten Showlinien mit dem Zuchtziel, dem Standard möglichst nahestehende Hunde zu züchten, produzieren riesige Laborhund-Zuchtbetriebe Beaglewelpen zu Tausenden als Versuchstiere für Industrie und Forschung. Tierschutzorganisationen widmen sich der Vermittlung nicht mehr benötigter Laborbeagles an geeignete Familien. Der Beagle ist das traurige Opfer seiner meutehundtypischen Eigenschaften. Seine hohe Toleranz von körperlicher Nähe erlaubt die Unterbringung vieler Hunde auf kleinstem Raum. Mit handlicher Größe, pflegeleichtem Fell, gesegnetem Appetit, Schmerzunempfindlichkeit und freundlichem Wesen bieten Beagles beste Voraussetzungen als Versuchstiere. Auch gibt es noch Beaglemeuten, die den Hunden das Leben bieten, für das sie einst erschaffen wurden und das noch immer im Kopf aller Beagle steckt.

Beagle sind die einzigen populären Familienhunde unter den Meutehunden.

BEAGLE IN DER FAMILIE

Der Beagle hat es in den USA zu großer Beliebtheit als Familienbegleiter gebracht, nicht zuletzt dank der Comicfigur Snoopy, dem Beagle der Peanuts. Er wird als großer Kinderfreund geschätzt, weil er so schnell nicht aus der Ruhe zu bringen ist und kaum Anlass sieht, ungehalten zu reagieren. Oftmals ist es angebracht, den Beagle vor den Kindern zu schützen. Hierzulande tritt man dem Beagle eher mit gemischten Gefühlen entgegen. Denn was für die Amerikaner keine Rolle spielt, hat für uns Priorität: Wir gehen mit unseren Hunden gerne in Feld und Wald spazieren, möchten ihnen Freilauf gönnen und dabei unseren Alltagsstress abbauen. In Ländern, wo Hunde nirgendwo frei laufen dürfen oder wo Spazierengehen in freier Natur nicht so einfach möglich ist, sind Hunde, die auf eigene Faust losziehen, kein Problem. Hier aber sind Beaglebesitzer bei vielen Hundetrainern nicht einmal als Einnahmequelle gerne gesehen, denn Beagle gelten als erziehungsresistent. Sie hören eben nicht, wenn sie eine Fährte, heiße Hündin oder Futter in der Nase haben. Und das ist fast immer und überall der Fall …

Beagle sind lernfähig, aber sie brauchen ihre Zeit und haben einen dicken Kopf, denn bei der Jagd zahlen sich Hartnäckigkeit und Ausdauer aus. Sie wurden nie darauf gezüchtet, gehorsam zu sein. Disziplin in der Meute ja, aber irgendwelche sinnlosen Kommandos auszuführen, geht bestenfalls für eine saftige Belohnung und nur dann, wenn das wahre Leben nicht ruft. Was ihnen nicht lohnend erscheint, interessiert sie nicht.

Auch wenn ein Beagle eine Begleithundprüfung besteht, bedeutet das nicht, dass er in freier Natur brav im unmittelbaren Einflussbereich bleibt! Der Beagle braucht als immer hungriger guter Futterverwerter viel Bewegung und lässt in freier Natur keine sich bietende Gelegenheit aus, seiner Jagdleidenschaft zu frönen. Beagle brauchen Gesellschaft und ständigen engen Kontakt zu ihrer Familie. Alleingelassen fällt ihnen in Frust und Stress viel Unfug ein!

Gute Einsatzmöglichkeiten gibt es für den Beagle überall dort, wo man eine hervorragende Nase zum Aufspüren braucht, sei es beim Zoll oder zu medizinischen Zwecken. Gerade in den letzten Jahren findet der Beagle mehr Verwendung im Jagdgebrauch zum Stöbern und bei der Nachsuche, wobei er sich durch Ausdauer und starken Arbeitswillen auszeichnet.

Trainer-Tipp

Beagle kann man gut im Mantrailing einsetzen. Sie suchen zuverlässig und ausdauernd. Weil sie nicht so schnell sind, kann man ihnen leicht folgen. Damit bietet man dem Hund eine Aufgabe, die seinen Bedürfnissen entgegenkommt. Mantrailing – das Suchen nach einem bestimmten Menschen – kann man überall, besonders in bebautem Gebiet, durchführen.

LEBEN IN DER MEUTE

Wesentliches Kriterium für Meutehunde ist nicht nur körperliche Fitness für ausdauernde Jagdpassion, sondern die Fähigkeit, sich in die Meute einzufügen. Um die 40 Hunde oder mehr müssen miteinander auskommen und ein gemeinsames Ziel verfolgen. Wer eigene Wege geht oder Streit sucht, ist fehl am Platz. In den

Beagle pflegen ein komplexes Sozialverhalten. An der „Beute" setzt sich der Stärkere (links) durch.

Foxhounds und Beagle bei der Schleppjagd – gemeinsam wird ein Ziel verfolgt.

Ruhezeiten leben die Hunde in Gruppen von um die fünf Hunde, in denen eine klare Hierarchie herrscht. Beim gemeinsamen Auslauf, Ausgängen und der Jagd werden sie zur Meute zusammengeführt und es gilt keine Rangordnung. Selbst fremde Meuten jagen friedlich miteinander, denn für den Meutehund gilt: Je mehr desto besser, und mit einem gemeinsamen Ziel vor der Nase ziehen alle an einem Strang. Gezüchtet wird nur für den Eigenbedarf. Welpen werden in den Familien der Mitglieder des Meutevereins aufgezogen und kommen danach auf das Gelände der Meute. Sie müssen sich an Pferde gewöhnen und dürfen nichts fürchten, was im Verlaufe einer Schleppjagd auftauchen könnte. Dazu gehört, weder Hunde von Spaziergängern noch Weidetiere zu beachten. Der Umgang mit den Welpen ist so intensiv, dass jeder Welpe auf seinen Namen hört und Pfleger und Master jeden Hund genau kennen.

Wird ein Junghund einer Gruppe zugestellt, muss er sich unterordnen. Niemand kann so konsequent auf den Punkt genau beim Verhalten des Welpen angemessen erzieherisch eingreifen wie ein guter Althund. Für alle Hunde ist jedoch der „Master of the Hounds“ der absolute Herr und Meister, den sie lieben, um dessen Zuneigung sie buhlen, den sie aber auch ernst nehmen und dem sie folgen, denn er bestimmt den Tagesablauf, ist Herr des Futters und führt zur Jagd an. Disziplin ist das oberste Gebot zu jeder Zeit, bei Ausgängen ins Gelände und beim Freilauf in der Zwingeranlage. Bei Schleppjagden erstaunt der enge Zusammenhalt der Meuten bei den Reitern, bis die Hunde auf ein Signal hin die Spur aufnehmen und davonstürmen dürfen. Alles, was an Gehorsam von diesen Hunden verlangt wird, ist die Disziplin in der Gruppe und das Beachten der Regeln bei der Jagd – genau das, worum es im Hundeleben wirklich geht!

Ab geht es über Stock und Stein über viele Kilometer, bis die Jagd abgeblasen wird und auf die Hunde die Belohnung wartet: das Curée – ein ganzer Rinderpansen. Jetzt lernt man die braven Beagle von einer anderen Seite kennen –

Grand Bleu de Gascogne – er wurde einst zur Wolfs- und Bärenjagd eingesetzt.

Basset Bleu de Gascogne – er jagt alleine oder in der Meute Hasen und Kaninchen.

es entbrennt ein heftiger Kampf um die Pansenfetzen, ohne dass es zu ernsthaften Raufereien kommt, die selbstverständlich nicht geduldet würden. Doch sieht man sehr gut, wie ein Blick genügt und ein Junghund sich an den Rand des Geschehens zurückzieht oder ein ergattertes Stück abtritt. Hin und wieder wird ein erwachsener Junghund in Familien abgegeben. Er hat gelernt sich unterzuordnen.
Bei konsequenter Weiterführung lebt er sich schnell in einer Familie ein, ist folgsam und kann auch bei Fuß gehen, was zu erreichen für Beaglebesitzer oft ein Problem zu sein scheint. Entfällt die strenge Auslese nach für eine Meute unerlässlichen Verhaltenskriterien, muss man sich nicht über erziehungsresistente Hunde wundern. Allerdings fehlt den Hundehaltern meist die Fähigkeit, die zeitnahe und angemessene Konsequenz anzuwenden, wie es Hunde unter sich tun, nicht zuletzt, weil wir viele feine Ausdrucksweisen gar nicht wahrnehmen.

FRANZÖSISCHE LAUFHUNDE

In Frankreich gibt es eine Vielzahl an Meutehundrassen, die ausschließlich für die Jagd gezüchtet werden und als reine Familienbegleiter keine Rolle spielen. Stellvertretend stellen wir den Bleu des Gascogne in drei Größen und die rauhaarige Variante, den Griffon Bleu de Gascogne, vor. Mit viel Einfühlungsvermögen und Sachverstand erzogen und geführt, finden wir den Griffon vereinzelt in deutschem Jagdeinsatz und im Rettungshundewesen.

BLOODHOUND, OTTERHOUND UND COONHOUND

Im Zuge des immer beliebter werdenden Mantrailings rücken Blood- und Otterhound ins Blickfeld. „Bluthunde“ galten bei der Verfolgung entlaufener Sklaven und Sträflinge als unfehlbar und sogar blutrünstig. Jedoch hat der Name nichts damit zu tun, sondern geht auf „reinblütig“ in der Abstammung zurück.

Petit Bleu de Gascogne – er wurde vor etwa 50 Jahren rückgezüchtet.

Griffon Bleu de Gascogne – die sehr seltene Variante des Petit wird zur Saujagd eingesetzt.

Mantrailing

Mantrailing ist das Verfolgen einer angewiesenen menschlichen Duftspur. Mantrailer werden von Behörden zum Finden vermisster Personen eingesetzt. Schon in Gesners Thier-Buch von 1669 wird der Bloodhound als Mantrailer „der den Dieben nachspühret“ beschrieben.

Der Otterhound ist dem Bloodhound, abgesehen vom rauen Fell, sehr ähnlich. Diese Hunde sind zwar sanftmütig, eher gesetzt, aber ausgesprochen eigensinnig und verfolgen nur ihre eigenen Interessen. Der Coonhound stammt aus Amerika und wurde zur Waschbärenjagd gezüchtet. Es gibt viele verschiedene Schläge, die auf Bluthund und französische Laufhunde zurückgehen.
Sie mögen für professionelle Mantrailer Vorzüge haben, aber als Familienbegleithunde sind sie nicht geeignet.

FRANZÖSISCHE BASSETS

Kurzbeinigkeit ist eine beim Hund nicht ungewöhnliche Mutation (Chondrodysplasie, siehe S. 70), die züchterisch aufgegriffen wurde, wenn sie sich als nützlich erwies. Die Bassets (basset = „niedrig am Boden“) Frankreichs jagen zu zweit oder in kleineren Meuten Hasen, Kaninchen, aber auch Fuchs, Reh und Wildschwein. Hasen hinterlassen nur schwach riechende Spuren und erfordern von den Hunden eine hervorragende Nase und höchste Konzentration bei der Verfolgung. Der Vorteil ihrer

Der Bloodhound oder St. Hubert führt seine Ahnenreihe bis ins frühe Mittelalter zurück. Seine Riechleistung gilt als die beste.

Petit Basset Griffon Vendéen – ein Gesichtchen zum Verlieben! Doch prüfe, wer sich ewig bindet…

kurzen Beine ist, dass sie den Hasen langsam vor sich hertreiben und der Jäger zu Fuß folgen und sicherer schießen kann. Weiterhin durchdringen die robusten Hunde besser als alle anderen dichtestes Dornengestrüpp. Sie sind deshalb ideal für schwieriges Gelände, in dem Mensch und Hund nur langsam vorankommen. Ihre Haltung als reine Familienbegleithunde ist nicht jedermanns Sache. An der Leine gehen ohne zu zerren stellt eine schier unüberwindliche erzieherischer Herausforderung dar, Freilauf ist unmöglich. Selbst eben mal kurz von der Leine ergreifen die eifrigen Jäger sofort ihre Chance. Selbst Welpen sind nur schwer zu beaufsichtigen. Bei einem Fototermin liefen sie in fremdem Gelände in alle Himmelsrichtungen davon und zeigten selbst bei Hausaufzucht kein Interesse an Menschen.
Sie hören alles, nur mit dem Folgen ist das so eine Sache und klappt bestenfalls, wenn nichts Wichtigeres im Wege steht. Wer damit nicht leben kann, darf sich nicht in einen solchen Hund verlieben.

BASSET HOUND

In den USA machte der Basset Hound durch die Werbung für Hush-Puppy-Schuhe Karriere, ein großer Hund auf kurzen Beinen, der durch die Kreuzung französischer Bassets mit dem Bloodhound entstand. Werden Basset Hounds

Der Otterhound wurde für die Otterjagd gezüchtet.

Basset Artésien Normand – ein sportlicher Basset.

Der Basset Hound entstammt der Kreuzung zwischen französischen Bassets und Bloodhound.

noch jagdlich geführt, zeichnen sie sich durch hervorragende Nase, Ausdauer und Durchsetzungsfähigkeit aus. Aus dem fähigen Spürhund wurde eine bewegungsunfähige Kreatur gezüchtet, die auf ihre Ohren tritt und deren Rüden mit den Genitalien fast über den Boden schleifen. Der Basset Hound ist eines der großen Negativbeispiele der modernen Rassehundezucht. Inzwischen wirken züchterische Bemühungen Extremen wie viel zu loser Haut, hängenden Augenlidern, zu schwerem Körperbau entgegen. Auch der Basset Hound ist nicht auf Kooperation mit dem Menschen gezüchtet; es bedeutet ihm nichts, seinem Menschen zu gefallen, sondern er macht sein Ding und verfolgt selbstbewusst und hartnäckig seine Interessen.

Chondrodysplasie

Ähnlich wie beim Menschen führt ein Gendefekt zu einer verfrühten Verknöcherung der Wachstumsfugen in den langen Knochen der Läufe noch während der Embryonalentwicklung. Dieser Defekt ist sehr alt, denn schon vor Jahrtausenden gab es in Ägypten kurzläufige Hunde. Da solche Tiere ansonsten nicht beeinträchtigt waren, machte sich der Mensch die Kurzbeinigkeit, beispielsweise bei Jagd- und Treibhunden, zunutze, so dass sie bis heute in der Rassehundezucht weitergeführt wurde.

In Frankreich beliebter Familienhund – der Basset Fauve de Bretagne.

BRACKEN

Schon in der Antike finden wir neben den Windhunden Darstellungen von schweren, hängeohrigen Jagdhunden, die zum Aufspüren des Wildes eingesetzt wurden. Vor einer Jagd suchte man mit sogenannten Leithunden das zu jagende Stück, um die Meute rasch auf die richtige Fährte zu bringen. Die klassische Brackenjagd ist ein weiträumiges Stöbern und Zutreiben des Wildes vor die Flinte. Diese Jagdweise ist in Deutschland mit kleinen, von Straßen durchzogenen Revieren kaum noch durchführbar. Dafür gibt es zahlreiche Brackenrassen auf dem Balkan, wo noch weite Flächen zur Verfügung

Die Finnenbracke ist in ihrer Heimat sehr beliebt.

Eine Rarität – die Westfälische Dachsbracke.

stehen. Auch in Spanien und Italien wird mit Bracken gejagt.
Die Bracken Skandinaviens sind größer und über ihre Heimat hinaus kaum bekannt.
Die Bracke jagt von Hause aus Hasen und treibt sie in weitem Bogen zum Ausgangsort zurück, wo sich die Jäger platziert haben. Man setzt Bracken ebenso zur Reh- und Wildschweinjagd ein, weil sie zuverlässig finden und das Wild aus der Deckung drücken, im Falle von Sauen eher in sicherem Abstand bleiben als Terrier. Bracken eignen sich hervorragend zur Nachsuche. Darunter versteht man das Verfolgen der Blutspur von verletztem Wild (angeschossen oder angefahren), damit es rasch erlöst werden kann. Bracken sind sehr eigenständige Hunde, die sich weit vom Jäger entfernen müssen. Abrufen lassen sie sich nur am Ende der Jagd, wenn sie kein Wild verfolgen. Bei einer normalen Drückjagd laufen sie in unseren Revieren zwei bis drei Stunden über 30 Kilometer. Im Jagdgebrauch sind die Hunde von Anfang Oktober bis Ende Januar wenigstens einmal in der Woche unterwegs. Was sie im Sommer aufgespeckt haben, nehmen sie in der Jagdsaison trotz energiereicher Ernährung wieder ab. Damit kommt der Körper bestens klar, und jagdlich genutzte Hunde werden im Regelfall bei bester Gesundheit sehr alt.
Bracken sind sehr sozialverträgliche, liebevolle Hausgenossen und werden deshalb gerne von Jägern gehalten, bei denen der Hund Familienanschluss haben soll.

SCHWEIZERISCHE LAUFHUNDE

Von den schweizerischen Laufhunden werden nur die dreifarbigen Berner in Deutschland gezüchtet. Aufgrund veränderter Jagdbedingungen können sie in ihrer Heimat kaum mehr eingesetzt werden und alle Schläge sind daher sehr selten geworden.

WÄLDERDACKEL

Für den Jagdgebrauch werden einige nicht offiziell anerkannte Brackenrassen gezüchtet und gekreuzt. Im Wälderdackel wird die alte Schwarzwaldbracke wiederbelebt, dem Dackel in seiner Ursprungsform sehr ähnlich. Ein liebenswerter Haus- und Hofhund, der sich vielseitig jagdlich einsetzen lässt.

In Schweden wird die bei uns sehr seltene Westfälische Dachsbracke unter dem Namen Drever gezüchtet, wo sie ein sehr beliebter Familienbegleiter ist.

SCHWEISSHUNDE

Ihre Vorfahren spürten ursprünglich vor der Jagd das lebende Wild für die Jagdgesellschaft auf. Heute nutzt man sie zur Nachsuche verletzter Tiere. Schweißhunde sind Spezialisten, die ausschließlich für diese schwierige Arbeit eingesetzt werden.
Als reine Familienbegleiter spielen sie keine Rolle, obwohl der Bayerische Gebirgsschweißhund wegen seines netten Wesens immer öfter auch in Nichtjägerhand anzutreffen und als Mantrailer zu finden ist. Er wurde aus dem schweren Hannoverschen Schweißhund für die Arbeit im Hochgebirge gezüchtet.

[a]

[a] DEUTSCHE BRACKE Sie jagt spurlaut, ist ein feinnasiger Saufinder bei Drückjagden, erstklassig für die Nachsuche und kann apportieren. Sie ist angenehm in der Familie zu halten, sollte aber unbedingt jagdlich geführt werden.

[b] BRANDLBRACKE Sie ist ein leichtführiger, sehr beliebter Schweißhund im Gebirge, aber auch ein guter Stöberhund und lernt auch zu apportieren.

[c] SLOVENSKY KOPOV Er ist ein couragierter, harter, wendiger und intelligenter Jagdhund für die Wildschweinjagd. Bemerkenswert ist sein guter Orientierungssinn. Für den aktiven Jäger ist er auch ein guter Familienbegleiter.

[b]

[c]

[d] GONCZY POLSKI Dieser kräftige Hund ist in seiner Heimat sehr beliebt. Der hervorragende Saupacker und Schweißhund ist intelligent und leichtführig.

[e] SEGUGIO ITALIANO Sie ist Italiens beliebteste Bracke mit sanftem Wesen und in schwierigstem Gelände ein schneller, ausdauernd einzeln oder in der Meute jagender Hund auf Hase und Wildschwein.

[f] JURALAUFHUND Er ist in seiner Heimat mangels geeignetem Revier zwar selten, aber umso beliebter in ganz Südeuropa, da er ausdauernd und sicher spurlaut selbst in unzugänglichem felsigem Gelände sucht.

[d]

[e]

[f]

[g] BERNER NIEDERLAUFHUND Er jagt spur- und fährtenlaut selbstständig und sicher in schwierigem Gelände. In der Familie ist er ein ruhiger, freundlicher Hund.

[h] ISTRIANER BRACKE Sie ist bestens geeignet für das steinige, dornige Karstgebiet ihrer Heimat. Der hervorragende Jäger auf Hase und Fuchs geht sehr gut auf Schweiß. Sie ist ein sanfter, ruhiger Hund.

[i] WÄLDERDACKEL Er war einst der Jagdhund der Schwarzwälder Bauern und kommt dem Urtyp des Dackels sehr nahe. Der spurlaut jagende Hund ist sehr führerbezogen und wird zum Stöbern, zur Baujagd und Nachsuche eingesetzt.

[j] HANNOVERSCHER SCHWEISSHUND Der kräftige Hund stammt von den alten Leithunden ab, die vor der Jagd das Wild aufspüren sollten. Heute ist er ein Spezialist für die Nachsuche verletzten Wildes.

[k] BAYERISCHER GEBIRGSSCHWEISSHUND Der ruhige, leicht führige Jagdhund ist ein Spezialist für die Nachsuche von verletztem Schalenwild im Hochgebirge.

[l] ALPENLÄNDISCHE DACHSBRACKE Die kurzbeinige Bracke ist ein anspruchsloser, wetterharter, ruhiger Hund für die laute Jagd auf Hase und Fuchs und ein hervorragender Schweißhund auf alles Schalenwild.

Brackenmixe aus Griechenland – verkauft als Labradormixe, die angeblich nicht jagen sollten.

Bracken-Herdenschützer-Kreuzung aus Nordgriechenland für die Wildschweinjagd.

BRACKEN IN NICHTJÄGERHAND

Bracken kommen häufig über den Tierschutz zu uns und bereiten ihren Besitzern oft Sorgen, weil sie jede Chance ergreifen, sich selbstständig zu machen. Das liegt ihnen nun mal im Blut und das soll auch so sein, denn wäre diese Eigenschaft nicht angeboren, könnte man sie ihnen nicht beibringen. Sie zeichnen sich durch hervorragenden Orientierungssinn aus, und wenn die Bracke entwischt, sollte man unbedingt ausharren: sie kommt zurück, vorausgesetzt sie überlebt den Ausflug. Vor allem, wenn sie in ihrer Heimat das Jagen kennengelernt hat, hat man hier kaum eine Chance, sie auf etwas anderes umzupolen. Ein Leben an der Schleppleine ist ihr gewiss. Selbst ausge-

Auf jedem Bauernhof leben Jagdhunde, selbst ein reinrassiger Irish Setter ist dabei.

Dieser reinrassige Hellenikos Ichnilaitis hat wenigstens eine eigene Hütte direkt am Haus.

bildete Bracken in Jägerhand werden immer angeleint, wenn sie nicht jagen sollen. Schon die Welpen sind nicht an Menschen interessiert und entfernen sich aus deren Einflussbereich. Bracken sind sensibel und vertragen keine harte Erziehung, sonst entziehen sie sich gänzlich dem Einfluss ihrer Menschen. Bei Tierschutzhunden darf man keinerlei Prägung und Sozialisierung voraussetzen. Die Hunde sollen jagen, auf freundlichen Kontakt mit dem Hund oder Gehorsam legt niemand Wert. Nicht umsonst hat sich keine Brackenrasse – außer dem Dackel – als reiner Familienbegleithund bewährt.

HELLENIKOS ICHNILAITIS

Stellvertretend für die Bracken Ungarns, Bulgariens, Rumäniens und des ehemaligen jugoslawischen Raums, die für den Laien kaum zu unterscheiden sind, stellen wir die griechische Bracke vor.

Die Jagd gehört zum Alltag griechischer Männer, vor allem der Landbevölkerung, und diese Gekkas sind auf jedem Bauernhof zu finden. Man scheut keine Kosten für den Import ausländischer Brackenrassen, die man einkreuzt. Die Hunde leben nicht im Haus und ihre Haltung lässt oft zu wünschen übrig, was Tierschützer auf den Plan ruft. Sie jagen mit großer Ausdauer Hase und Wildschwein in dem trockenen, dornigen und steinigen Gelände. Um ihren Weg verfolgen zu können, tragen sie kleine Messingglocken um den Hals. Wie alle Bracken, ist auch diese sehr unabhängig, nicht am Menschen orientiert und ein hoch passionierter Jäger.

SICHTJÄGER WINDHUNDE

Die Welt der Windhunde ist die offene Landschaft, wo sie flüchtiges Wild verfolgen, stellen und fangen. Sie verlassen sich dabei auf ihre Augen, denen nicht die geringste Bewegung bis in weite Ferne entgeht.

Windhunde nahmen stets eine Sonderstellung ein. Schon unter den ältesten Darstellungen von Hunden finden wir schlanke Windhundtypen. Die Ägypter und alle antiken Völker liebten die edlen Jäger und ließen sich mit ihnen porträtieren. Heute noch gehen Beduinen und asiatische Nomadenvölker mit ihnen auf die Jagd. Der Windhund ist der einzige Hund, den die Muslime nicht als unrein ansehen und in ihrer Nähe dulden.

Der Windhund hatte stets eine ganz besondere Beziehung zu seinen Menschen und übt bis heute in seiner anmutigen Schönheit der Bewegungen und vornehmen Zurückhaltung einen ganz besonderen Reiz auf seine Menschen aus. Wer einmal in seinen Bann geraten ist, kommt nie mehr davon los.

Der Windhundfreund sollte über ein ausreichend großes, sicher eingezäuntes Grundstück verfügen, das für gemeinsames Spiel zur Verfügung steht. Körperbau, Kreislauf und Stoffwechsel

Der Blick des Afghanischen Windhundes schweift stets in die Ferne.

sind auf Höchstleistung und rasche Regeneration nach der Hatz ausgerichtet. Ein Windhund braucht für eine gesunde Verfassung körperliche Auslastung. Geeignete Möglichkeiten sind Traben am Rad, Joggen und freier Lauf im Galopp, Bahnrennen und Coursings.
Windhunde sind keine Energieverschwender und setzen all ihre Kraft konzentriert bei der Jagd ein. Sie sind daher im Haus und unterwegs ruhig und unauffällig. Allerdings unter der Voraussetzung, dass sie ihre Energie ausleben können, auch wenn sie so gar nicht auf Action aus zu sein scheinen und sich auf der Couch ausgesprochen wohlfühlen. Mehrmals in der Woche sollten sie sich auspowern können, sonst ist irgendwann ihre Geduld zu Ende und sie suchen sich ein Ventil. Tägliche ausgiebige Spaziergänge bei jedem Wetter sind selbstverständlich.
Windhunde sind intelligent und erfinderisch, wenn es um ihre Interessen geht. Da gemeinsame Aufgabenlösung mit dem Menschen nie gefordert wurde, gehören sie nicht zu den Hunden, die jeden Wunsch von den Augen ablesen und unbedingt ständig etwas gemeinsam tun wollen. Aber mit Liebe und Konsequenz lernen sie alles: bei Fuß gehen, Sitz und Platz. Doch erwarten sie einen freundlichen Umgangston; Zwang und Druck führen zu Nichtachtung und der Hund bricht die Beziehung ab. Vielmehr tut er seinem Menschen gerne diesen oder jenen Gefallen, aber doch in Grenzen. Der Whippet ist aufgrund seiner Historie eine Ausnahme. Dennoch brauchen auch die scheinbar so distanzierten Charaktere unbedingt engen Familienanschluss. Fremden gewinnen Windhunde in aller Regel nichts ab und scheinen einfach durch sie hindurch zu blicken. Man muss sich ihre Zuneigung verdienen. Manche sind durchaus wachsam und können im Ernstfall verteidigungsbereit sein. Aggressive Hunde sind sehr selten und nicht normal. Je nach Persönlichkeit mit stark territorialer Veranlagung, können sie fremden Hunden im eigenen Revier gegenüber unduldsam sein.

Mit dem Coursing wird die natürliche Hasenjagd nachempfunden. Zwei Hunde laufen hinter der im Zickzackkurs gezogenen Attrappe her. Gewertet werden Geschicklichkeit und Schnelligkeit. Ein sehr schöner Sport für Windhunde.

FREILAUF UND WINDHUNDSPIEL

Freilauf ist problematisch. Windhunde beobachten das Umfeld und starten sofort durch, wenn sich etwas bewegt. Dafür wurden sie seit Jahrtausenden gelobt und belohnt. Man darf nie vergessen, wie schnell sich ein Windhund weit entfernt, da bleibt nicht einmal Zeit, die Lippen zum Pfiff zu spitzen! Selbst dort, wo nicht mit Wild zu rechnen ist, muss die Entfernung zur nächsten Straße sehr weit sein. Auslaufmöglichkeiten mit geringer Chance auf Wild zu treffen, abseits von Straßen, lassen sich meist finden, auch wenn man dazu mit dem Auto fahren muss. In jedem Fall müssen diese

Der Tazy jagt heute noch in den unendlichen Steppen Usbekistans.

Höchstes Windhundglück – Whippets toben am Strand.

Möglichkeiten vor der Anschaffung abgeklärt werden, denn ein Leben an der Leine ist für keinen Hund eine Freude und schon gar nicht für den Windhund!
Windhunde haben ein ganz eigenes Spielverhalten. Sie lieben Rennspiele, bei denen abwechselnd der eine oder andere den „Hasen" spielt und man sich gegenseitig hetzt. Tun sie das mit anderen Rassen, kann es zu bösen Überraschungen kommen. Je nach Persönlichkeit strafen Nicht-Windhunde das in ihren Augen ungebührliche Verhalten des schnelleren Hundes ab oder verfallen in Beutefangverhalten. Nach anfänglich spielerisch wirkendem Rennen schneiden sie die Kreise, die der Windhund zu drehen beginnt, ab und attackieren mit oft üblen Verletzungen. Auf der anderen Seite kann eine Gruppe von Windhunden während

Spielen ist Training fürs Leben: Die drei Whippets üben die Hasenjagd – sie coursen!

Die Azawakh-Hündin und ihre Whippetgefährten laufen um die Wetter. Windhunde verstehen einander gut.

eines als Rennspiel begonnenen Tobens kleinere Hunde als Beute betrachten und hetzen. Als Windhundbesitzer muss man auf angemessene Spielpartner achten und darf nicht zulassen, dass Spiel in Ernst umschlägt!

DIE WINDHUNDE AFRIKAS, DES VORDEREN ORIENTS UND ASIENS

Ihre Verbreitung dehnt sich von Nordafrika über die arabische Halbinsel und die Türkei bis nach Indien aus. In den weiten Steppen und steinigen oder sandigen Wüsten kann nur der Hetzhund flüchtiges Wild jagen. In diesen weitgehend islamischen Ländern besteht zwischen den Windhunden und ihren Besitzern eine ganz besondere Beziehung. Sie werden als unentbehrlich für den Lebensunterhalt hoch geschätzt, mit großer Sorgfalt rein gezüchtet und jeder Beduine kennt den Stammbaum seiner Hunde auswendig. Windhund, Pferd, Falke und Kamel symbolisieren Wohlstand und Adel. Trotz einer sehr tiefen Beziehung zwischen den Hunden und ihrer Familie gilt besonders in muslimischen Familien Aufdringlichkeit als schlechtes Benehmen und wird ebenso wenig wie aggressives Verhalten geduldet. Eine gewisse Distanziertheit ist diesen Hunden eigen. Gehorsam beschränkt sich auf gegenseitigen Respekt. Sie sind noch sehr ursprünglich im Rudelverhalten und folgen, wenn sich der Mensch als guter Führer erweist, dem der Hund volles Vertrauen schenkt.

Ob Tasi, Saluki, Sloughi oder Afghane – man kann von einem seit vielen Jahrhunderten gezüchteten Rassetyp ausgehen, der sich in heißen, kargen Steppengebieten, steinigen Wüsten und Hochgebirge am besten bewährte und über Handelswege, Eroberungen und Wanderungen der Nomaden so weit verbreitet wurde. Die Einteilung in Rassen, wie wir sie kennen, erfolgte erst in Europa.

Nach Auflösung der Sowjetunion wuchs das nationale Interesse an einheimischen Hunderassen, so dass zum Beispiel Kasachstan die Anerkennung seines Tasis vorantreibt.

2012 sollte der Standard für den türkischen Sultani Tazisi fertiggestellt werden und der Saluki Anatoliens als zweite türkische Rasse neben dem Kangal vor dem Vergessen bewahrt werden, denn mit den alten Traditionen verschwinden auch die Hunde.

SALUKI, TAZY ODER TASI

Der Name Saluki bietet Raum für Interpretation. Die einen führen ihn auf eine Stadt namens Saluq in Südarabien zurück, andere bevorzugen eine Ableitung von Seleukia. Seleukos war ein Feldherr von Alexander dem Großen und Gründer eines eigenen Reiches. Zweifellos gehörten Windhunde zu seinem Hof und man verband sie mit dem Ort ihrer Herkunft. Die Araber bezeichnen ihre Windhunde als Saluki. Im Arabischen gibt es viele Deutungen für den Begriff, wie „salaqa“ niederwerfen, zerfetzen, „saliqa“ Instinkt, Veranlagung oder „saluk“ wohlerzogen, wohlgezüchtet. Im übrigen Lebensraum ist der Name Tazy oder Tasi weit verbreitet. Der Wortstamm „tas“ im Persischen weist auf hetzen, jagen, überfallen hin. Im 7. Jahrhundert eroberten die Araber Persien und man nannte sie dort „Tasi“. Auch bei diesen Aktionen waren die Windhunde nicht weit, und es liegt nahe, dass man sie nach ihren Herren benannte.

MODERNE RASSEHUNDE

Schon im Mittelalter waren Salukis kostbare Mitbringsel der Reisenden der Seidenstraße und dienten den Kreuzrittern bei ihrer Rückkehr als Beweis, wirklich im Orient gewesen zu sein. Mit der Ausdehnung westlicher Einflüsse nach Osten gelangten hin und wieder ungewöhnliche Hunde nach Europa, die auf Schauen präsentiert und als exotische Accessoires geschätzt wurden. Erstmals wird im Jahr 1840 von einem persischen Windhund in England berichtet. Allerdings konnten die Briten mit diesen Windhunden nicht viel anfangen, hatte doch ein ganz anderer Windhundtyp auf der Insel eine jahrhundertealte Tradition und es gab kein Jagdwild für Langstreckenläufer. Erst Ende des 19. Jahrhunderts bauten Liebhaber mit Importen aus den unterschiedlichsten Regionen Zuchten auf und erstellten Rassestandards für Saluki und Afghanen.
Inzwischen nehmen Saluki und Afghane einen exklusiven Platz bei Windhundliebhabern in der ganzen Welt ein. Da insbesondere der Saluki zu den wenigen Rassen gehört, die in ihrer Heimat in getrennten Populationen gezüchtet werden, dürften weitere Hunde den Weg aus der Tradition in die Moderne und damit ins Überleben finden. Nur wenige Rassen haben die Chance, auf einen so breit gefächerten Genpool zurückgreifen zu können.
Die nordafrikanischen Windhunde gelangten über Frankreich nach Europa und wurden erst im 20. Jahrhundert verbreitet.

Beduinen & Nomaden

Beduinen – von arabisch „badawi“, nicht sesshaft. Die mit ihren Herden wandernden Wüstenbewohner der syrischen Wüste, arabischen Halbinsel, des Sinai, Negev und Teilen der Sahara bezeichnen sich selbst als „arab“.
Nomaden – von altgriechisch nomás, mit den Herden ziehend. Oberbegriff, unter dem sich die Beduinen und Berber (Tuareg) ebenso finden wie die Hirtenvölker Asiens, die Aborigines Australiens und die Indianer Amerikas.

Salukis jagen beim Coursing im Team die Hasenattrappe.

DAS GESCHENK ALLAHS

der Saluki Arabiens

Ein altes arabisches Sprichwort sagt über den Saluki: „Ein Geschenk Allahs, zu unserem Nutzen und zu unserer Freude gegeben."

AUF DER JAGD

Der Saluki versorgte einst die Familien mit Fleisch und genoss daher höchste Wertschätzung. Die Herden waren für die tägliche Eigenversorgung viel zu kostbar. Zu seinen Aufgaben gehörte auch, die Haustiere vor Füchsen, Wölfen, Hyänen und Dieben zu beschützen. Ein wachsamer Hund war den Beduinen sehr wichtig. Bei der Jagd mit Falken spähte der Vogel die Beute aus, verfolgte sie und zeigte sie dem Saluki an, der, mit einem Hörzeichen losgeschickt, kilometerweit geradewegs auf sie zulief. Der Hund arbeitet vollkommen eigenständig, aber er tötet die Beute nicht. Kleine Beute wie Kaninchen bringt er seinem Herrn. Fängt er eine Gazelle, stellt er sich über sie, bis der Jäger sie abholt. Gazellen können „nur" etwa vier Kilometer weit flüchten, während der Saluki am Tag acht bis zehn Kilometer zurücklegen kann. So ist es möglich, an einem Tag mehrere Gazellen zu erbeuten. Als Belohnung winken dem Hund Datteln, fängt er ein Kaninchen, gehört ihm der Kopf.
Im arabischen Raum ist zum Schutz der Wildtiere die Jagd verboten. Salukis werden trotzdem gerne gehalten, da sie ein Teil der alten Traditionen sind. Keiner der Salukibesitzer, die ich antraf, würde aus Spaß für die Hunde lebende Tiere jagen lassen. Sie lehnen Hunderennen hinter einer freigelassenen Gazelle ab, auch wenn sie aus dem fahrenden Auto heraus eingefangen wird, ehe die Hunde sie erreichen. Weil es hier um Sieg und Schnelligkeit geht, kann das Einkreuzen von Greyhounds nicht ausgeschlossen werden.

GRENZENLOS FREI

Es ist ein wundervolles Erlebnis, die Hunde in der Wüste frei laufen zu sehen. Aus dem Auto heraus toben sie sich voller Freude aus und kehren in großem Bogen zurück. Niemand kommt auf die Idee, sie könnten weglaufen. Aber Straßen sind fern und es lauert keine Gefahr. So sieht man mit Freude den Hund verschwinden, der nach wenigen Minuten glücklich herantrabt. Sein Blick schweift stets in die Ferne und er startet augenblicklich durch, wenn eine Hatz Erfolg verspricht. Kann man den Hunden keine Aufmerksamkeit schenken, werden sie angebunden.

SORGFÄLTIGE ZUCHT

Die Salukis wurden mit großer Sorgfalt und nur für den Eigenbedarf gezüchtet, niemals wurden sie verkauft, sondern höchstens als wertvolle Geschenke überreicht. Zuchtauslese galt einem guten, kraftvollen Körperbau mit feinen Knochen und der Schnelligkeit. Die Haut sollte dünn und glatt sein, was die Schnelligkeit förderte. Starke Knochen und dicke Haut galten als Fehler.
Salukis sind oft kurzhaarig. Die Pfoten werden mit Henna eingerieben, das hält die Ballen geschmeidig und kühlt. Gelegentlich sieht man abgeschnittene Ohren. Der Legende nach gab man ihnen die Ohren zu fressen, um sie mutiger zu machen. Ob lang- oder kurzhaarig (hadab oder hass), bleibt der persönlichen Vorliebe vorbehalten, wobei die Erfahrung langjähriger Salukihalter darauf hinweist, dass der kurzhaarige außerordentlich intelligent, personenbezogen und durchsetzungsfähig ist.
Die Ernährung der Windhunde entspricht der Ernährung der Beduinen. Dort gibt es kein Hundefutter und vom erjagten Wild oder dem Schlachttier wird praktisch alles verwertet. Wo Fleisch für den Menschen rar ist, wird es sicher nicht an die Hunde verfüttert. Traditionell ist die Gastfreundschaft von großer Bedeutung und es wird immer so viel Essen zubereitet, dass Gäste mitessen könnten. Was übrig bleibt, bekommen die Hunde, bleibt nichts übrig, gehen sie leer aus. Die traditionelle Kost besteht aus Reis mit Kräutern, Gemüse, Ölen, darin etwas gekochtes Fleisch mit Knochen. Auch Datteln fressen die Hunde gern.

DER SALUKI – WOHLERZOGEN

Salukis darf man bei den Arabern keinesfalls als Hunde bezeichnen, und wehe mir rutschte das Wort „Hündin" heraus. Sie sind die einzigen „Hunde", die in der Nähe des Menschen geduldet werden und die man berührt. Besonders die Kinder haben ein inniges Verhältnis zu ihnen. Die Hunde werden liebevoll versorgt und in kalter Nacht zugedeckt. Bei den Beduinen leben die Hunde mit im Zelt oder Haus. Dennoch wird Distanz zum Hund gewahrt. Anspringen oder Lecken wird nicht geduldet. Die vornehme Zurückhaltung, die diese Hunde auszeichnet, hat sich im Laufe der Jahrhunderte entwickelt. Nie wurden den Hunden irgendwelche Gehorsamsübungen abverlangt. Die Beziehung beruht auf gegenseitigem Respekt. Totale Unterordnung und Abhängigkeit passen nicht zu einem Hund, der selbstständig jagen soll.

Dieses Verhalten ist angeboren, niemand macht sich Mühe mit Erziehung nach unserer Vorstellung. Ein Hund, der nicht folgt, taugt nicht und hat keinen Platz an der Seite des Mannes! Man brüllt keine Befehle, sondern geht mit den Hunden mit leisen Worten und Gesten um. Das alles entspricht sehr wohl dem Verhalten der Hunde untereinander, es herrscht eine klare Autorität mit klaren Grenzen, die dem Hund das Leben leicht machen. „Was machen Sie mit einem Hund, der nicht gehorcht?", fragte ich einen Salukikenner. Er lächelte und antwortete: „Ich rede nicht mit ihm!" Nicht beachtet zu werden ist eine schwere Strafe und die Lektion ist schnell gelernt und sitzt tief. Setzt sich ein Hund darüber hinweg, wird er nicht gehalten.

Afghanische Windhunde sind bezaubernd schön und majestätisch.

Trainer-Tipp

Windhunde erzieht man mit ruhiger Bestimmtheit, Konsequenz und gezielt eingesetzter Ignoranz. Auf Stimme, Gemütsverfassung und Körpersprache gehen sie sehr gut ein, mit derbem, lauten Umgang und körperlichen Korrekturen erreicht man nur Vertrauensverlust und Nichtachtung, jedoch keinen Gehorsam.

AFGHANISCHER WINDHUND

In seiner Heimat wird er Thasi genannt und kam von kaum bis reich behaart vor. Die längere Behaarung trägt den kälteren Bergregionen seiner Heimat Rechnung. Das üppige, fließende Haarkleid, das wir heute so bewundern, sucht man bei den Ursprungshunden vergeblich. Auch sind die Unterschiede zwischen Renn- und Showlinien riesig und bei den Rennhunden findet man noch kurz behaarte Pfoten, wie bei den ersten Mitbringseln und beim kirgisischen Tajgan. Mit ihm jagt man heute noch zu Pferde mit Adlern Steinwild, Schakale und Wölfe. Seine Wolfsschärfe wird wettbewerbsmäßig überprüft und dem Besitzer des mutigsten Hundes winken wertvolle Preise wie ein Geländewagen! Berichten eines Reisenden nach Afghanistan vor dem Krieg zufolge waren die Hunde der Hirten scheu und verschwanden beim Auftauchen von Fremden; die Schutzfunktion oblag Herdenschutzhunden. Die Ausbildung des Jagdhundes beschränkte sich auf ein Folgen bei Fuß und das Heranführen an Enten und Ziegen mit dem Ziel, die Beute zu fassen, aber nicht anzufressen und kleinere Tiere zu apportieren. Mehr verlangte man nicht, weil der Hund sich während des Jagens sowieso nicht mehr beeinflussen ließ. Es dauerte oft Stunden, bis die Jäger endlich den Langstreckenhetzer einholten, der bei seiner Beute verharrte. Eine enge Beziehung zu seinen Menschen sollte der Hund nicht aufbauen, da er mit jedem gleichermaßen gut und sicher jagen musste.

Leider wissen wir momentan wenig über den derzeitigen Stand der Rasse in dem kriegsgebeutelten Land.

Tajgane jagen heute noch im Hochgebirge Kirgisistans Wölfe und Schakale. Ihr Fell schützt vor extremen Temperaturen.

Briten brachten unterschiedliche Typen aus der Region mit und begannen um 1920 die Zucht. Der Afghane ist mit seinem üppigen seidigen Haar sehr pflegeintensiv. Besonders beim Junghund verfilzt das Fell schnell. Vor ein paar Jahren befand er sich auf der Schwelle zum Modehund, doch es sprach sich schnell herum, dass dieser Hund viel, viel Arbeit macht und nie ein Mitläufer in der Familie ist, sondern wie ein weiteres Familienmitglied volle Aufmerksamkeit beansprucht. Der Afghane ist ein stolzer, niemals um Zuneigung heischender Hund, der einen verständnisvollen Besitzer braucht.

AFRIKANISCHE WINDHUNDE

SLOUGHI

Der Windhund der Berber dürfte eine Übergangsform des Tazi und des Windhundes der südlichen Sahara sein. Saluki und Sloughi ist das gleiche Wort in unterschiedlichen Dialekten. Der Sloughi genießt bei den Beduinen Nordafrikas die gleiche Wertschätzung wie der Saluki im restlichen Verbreitungsgebiet. Der Sloughi wurde am marokkanischen Hof gezüchtet und die Zuchthoheit vom marokkanischen Hundezuchtverband übernommen. Die Beduinen wurden mit Geldpreisen ermutigt, ihre Hunde auszustellen, um einen Überblick über die Zuchtpopulation zu erhalten, und jährliche Sloughitreffen wurden zur Attraktion. Inzwischen hat sich der Sloughi in der ganzen Welt etabliert und der Bestand dürfte gesichert sein. In Deutschland erblühte eine international erfolgreiche und richtungweisende Zucht aufgrund eines „Findelkindes", das engagierte Windhundfreunde auf die Spur der Sloughis führte.
Mit Verständnis und Liebe erzogen, ist der Sloughi ein angenehmer, zärtlicher Familienbegleiter. Er wählt seine Freunde aus und kann Fremden gegenüber misstrauisch und durchaus verteidigungsbereit sein.

Der Sloughi – Windhund der Berber Nordafrikas.

AZAWAKH

Der Windhund der Tuareg ist Jagdgehilfe und Wächter der Herden und Zelte. Einzelne Exemplare kamen mit Diplomaten und Reisenden nach Europa und wurden zunächst mit dem Sloughi in einen Topf geworfen. Wie bei allen aus ihrer Heimat mitgebrachten Hunden erhob sich erst bei uns die Frage der Rassezugehörigkeit nach einem Standard, der nicht aus den Herkunftsländern stammte. Denn die Funktion bestimmte das grundsätzliche Aussehen der Hunde, feinere Unterschiede ergaben sich aus der Isolation bestimmter Zuchtpopulationen oder den Vorlieben ihrer Züchter. Die wenigen Azawakhs, wie sie später nach dem Wadi Asauak, wo die typischsten Hunde herkamen, genannt wurden, fielen zunächst in den Augen der Sloughiliebhaber unangenehm auf. Schließlich spezialisierten sich Züchter auf deutsche Initiative hin auf die Zucht des Hundes der Tuareg, studierten die Herkunft der Tiere und verließen sich auf Augenzeugenberichte, denn es ist schon lange nicht mehr möglich, in diesen Gebieten als Europäer sicher zu reisen. Mit viel Engagement der Züchter, das letztlich zur Trennung der Sloughis und Azawakhs führte, konnte sich dieser bezaubernde Windhund bei uns etablieren, auch wenn er immer eine seltene Rasse bleiben wird.
Der Azawakh ist ein Hund für ganz spezielle Kenner und nicht einfach zu halten. Die Mentalität des freiheitsliebenden Hundes und seines Herrn müssen zusammenpassen, um beide glücklich zu machen. Das gelingt nur bei Kenntnis von Hundeverhalten und entsprechendem Umgang mit dem Hund, denn ein Versagen seines Partners vergisst und vergibt er nicht so schnell. Von ursprünglicher Wildheit, lebhaft und aufmerksam, bleibt er auch gegenüber bekannten Menschen reserviert, ist aber liebenswürdig und sanft zu jenen, denen er seine Zuneigung schenkt.

ÜBERGANGSFORMEN IN OSTEUROPA

Hier bieten weite Landschaften ideale Jagdmöglichkeiten für Hetzhunde. Ursprünglich auf die Windhunde der aus dem Osten vordringenden Reitervölker zurückgehend, wurden sie durch die Verbindungen zum westlichen Adel mit Greyhound gekreuzt, dies umso mehr, als das Jagen mit Windhunden verboten wurde und sich die Aktivitäten der Windhundbesitzer auf Bahnrennen mit hohen Wettgewinnen verlegten. Erst nach dem zweiten Weltkrieg keimte das Interesse an den einheimischen Windhunden Polens und Ungarns wieder auf und man besann sich auf die ursprünglichen Typen.
Sie sind ruhige Hausgenossen, die sich eng an ihre Bezugsperson anschließen und bei liebevoller Erziehung folgsam sind. Unter ihnen finden wir auch wachsame, durchaus verteidigungsbereite Hunde, die nicht immer freundlich gegenüber fremden Hunden eingestellt sind.

CHART POLSKI

Er geht auf die Windhunde der Kosaken zurück, die eine enge Beziehung zu ihren Hunden eingingen und einen wachsamen, verteidigungsbereiten Hund schätzten. In den Weiten des einst großen Reiches jagte der Adel zu Pferd meist

Der stolze Azawakh ist der Windhund der Tuareg in der südlichen Sahara.

Der Hortaya Borzaya, der Steppenwindhund aus dem Süden Russlands, ist hierzulande ein seltener Gast.

Chart Polski – erst vor wenigen Jahrzehnten wiederentdeckt.

Magyar Agar – der ungarische Windhund, einst ein robuster Jäger der ungarischen Steppe.

in Zweierkoppeln Hase, Fuchs, Reh, Trappe und sogar Wölfe. Nach dem Verbot der Jagd und der Haltung von Windhunden 1946 galt die Rasse als ausgestorben. Sie wurde Anfang der 1970er Jahre bei der Landbevölkerung wiederentdeckt, wo die Hunde im Geheimen lebten und in schlechten Zeiten durch Wildern den kargen Lebensunterhalt aufbesserten.

MAGYAR AGAR

Auch in Ungarn folgten Reiter zwei bis drei Hunden bei der Hasenjagd. Etwa 50 Meter vor dem Hasen wurde die Koppel gelöst und die Hunde trieben sich in Teamarbeit, bei der sie sich in der Führung abwechselten, gegenseitig den Hasen zu. Als gut abgerichtet galt der Windhund, der ruhig neben dem Reiter lief, aufs Wort gehorchte und bei dem getöteten Hasen auf seinen Herrn wartete, ohne ihn anzutasten.

BARSOI

Er wird erstmals im 11. Jahrhundert erwähnt und war zu Beginn der Zarenherrschaft im 16. Jahrhundert bis zu deren Ende 1917 der Lieblingshund der russischen Oberschicht. Hetzjagden auf Hasen, Füchse und Wölfe mit vielen Barsois und großen Brackenmeuten waren prunkvolle Veranstaltungen unvorstellbaren Ausmaßes. Ganze Eisenbahnwaggons brachten Gäste und Tross zu den Jagdschlössern. Kein Wunder, dass die Hunde beim Volk ebenso verhasst waren wie ihre Herren und die meisten bei der Revolution gnadenlos umgebracht wurden. Doch durch die enge Verbindung des Zarenhauses mit dem hundefreundlichen europäischen Adel gelangten die russischen Windhunde in alle Welt, wurden in den 1920er Jahren zum Modehund und die Rasse konnte trotz des Abschlachtens der Jagdbarsois in ihrer Heimat überleben.
Der Barsoi ist mit einer Schulterhöhe von bis zu 85 Zentimetern ein großer, sehr kraftvoller Hund. Er ist sehr intelligent und hinter dem künstlichen Hasen herzulaufen nicht unbedingt sein Ding. Sein Wesen zeichnet sich durch vornehme Zurückhaltung Fremden gegenüber aus. Seiner Familie ist er ein sanfter, stiller, sensibler Freund, der sich leicht erziehen lässt, aber keine Grobheiten verträgt. Er bellt wenig, ist aber verteidigungsbereit und fremden Hunden gegenüber oftmals unduldsam. Provoziert ist der Barsoi ein kompromissloser Gegner von enormer Kraft und Wendigkeit, den man nicht zurückzuhalten imstande ist. Der Barsoi trifft gerne eigene Entscheidungen und ist kein einfach zu haltender Hausgenosse!

Der russische Windhund oder Barsoi, einst prächtiger Gefährte des Adels und Modehund, ist ein anspruchsvoller Begleithund.

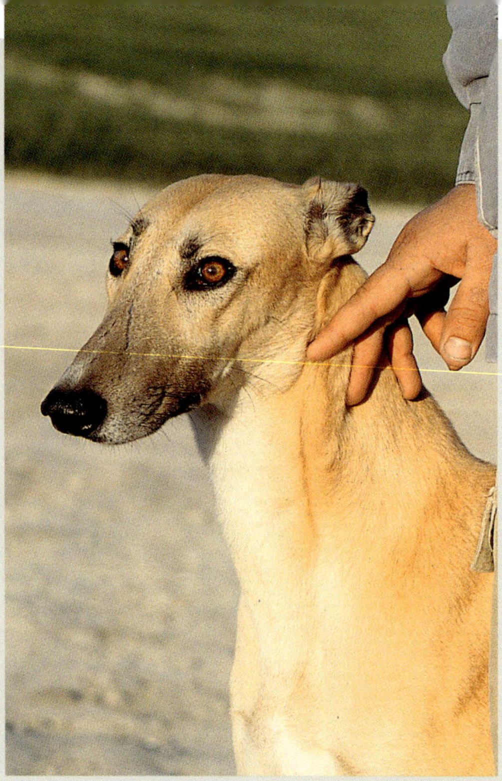

Oben: Die Hündin blickt über das Land, doch sie verlässt ihr Rudel nicht.

Oben rechts: Die zärtliche Berührung drückt die tiefe Zuneigung zwischen Hund und Herrn aus.

Rechts: Kaum springt der Hase auf, hetzen ihm die Hunde nach.

Unten: Auf der Jagd herrscht Disziplin: Die Hunde bleiben so lange hinter dem Jäger, bis er mit der Stange einen Hasen auftreibt.

DER WINDHUND *Zyperns*

Auf Zypern wird seit einigen Jahren der einheimische Windhund als Rasse kultiviert. Wir besuchten eine Familie, die, so lange ihr Erinnerungsvermögen reicht, Windhunde besaß.

Immer nur ein oder zwei, mehr konnte man nicht ernähren, aber sie sorgten für einen gelegentlichen Hasenbraten. Mit der türkischen Besetzung und der Vertreibung der Griechen aus dem nördlichen Teil der Insel mussten sie ihre Hunde zurücklassen, doch kümmerten sich türkische Nachbarn, mit denen man schon immer freundschaftlich zusammenlebte, um sie und führten sie auf abenteuerlichen Wegen ihren Besitzern zu. Ohne die Jagdbeute der Hunde hätte die Familie in den schweren Anfangsjahren nicht überleben können und somit gilt heute noch den Hunden größte Wertschätzung und Dankbarkeit. Trotzdem sind sie keine Haushunde, werden aber geliebt und gepflegt. Zu jagen gibt es schon lange kaum noch etwas, da alles abgeschossen wird, was vor die Flinte kommt. Uns wurde als ganz besondere Köstlichkeit ein Hase serviert, den die Hunde am Vorabend gefangen hatten.

Als wir gemeinsam auf Hasenjagd gingen, fingen die Hunde zwar keinen Hasen, worüber ich nicht traurig war, aber es war aufschlussreich zu erleben, wie eine solche Jagd abläuft. In unübersichtlichem Gelände nutzt man Pointer zum Auffinden und Auftreiben der Hasen und der Windhund übernimmt die Hatz. In flachem Gelände kennt man die Sassen der Hasen. Der Jäger geht vor den Hunden her, die ihm in dicht geschlossenem Pulk folgen, und stochert mit der Stange einen Hasen aus seinem sicheren Versteck. Die Hunde fangen den Hasen, bringen ihn zurück oder warten ab, bis der Jäger ihn einsammelt. Für die Hunde ist es in Ordnung, die Beute abzutreten, ohne sie anzutasten. Bei einer Hasenjagd legen diese Hunde fünf bis sechs Kilometer zurück. Die optimale Anzahl sind drei Hunde, zwei bedrängen den Hasen von der Seite, der dritte packt von vorne zu. Jagen mehr Hunde, prallen sie am Hasen aufeinander und es kann zu Verletzungen und Streitigkeiten kommen.

Dieses Verhalten sagt sehr viel über die Mensch-Hund-Beziehung aus: Der Mensch spielt für sie bei der gemeinsamen erfolgreichen Jagd eine wichtige Rolle. Deshalb kann man nicht wirklich von einem eigenständigen Jäger sprechen, da er eng mit dem Menschen zusammenarbeitet. Darin liegt der große Unterschied zu Langstreckenläufern, die in weiter Entfernung selbstständig agieren müssen. Als wir die Hunde auf dem Feld laufen ließen, tobten sie sich zunächst aus und hatten dann überhaupt keine Neigung, sich irgendwohin zu entfernen. Sicher hätten sie keinen Hasen weglaufen lassen, aber sie haben sich auch nicht alleine auf den Weg gemacht, so lange wir uns ausgiebig unterhielten. Mit uns Fremden nahmen die Hunde keinen Kontakt auf. Sie leben ganz in der Beziehung zu ihren Menschen.

Wer viele Hunde hält – man leistet sich als Vollblutjäger Bretonische Epagneuls, Pointer und Deutsch Kurzhaar – greift auf übliches Trockenfutter zurück. Die Windhunde allerdings würden damit zu fett und hielten sich nicht in Jagdkondition. Viel gesünder und leistungsfähiger seien sie mit der traditionellen Kost aus selbst gebackenem Brot, in einer Pfanne mit Olivenöl angeröstet, und einem darauf aufgeschlagenen Ei. Fleisch bekommen sie niemals. Sie sollen nicht auf den Geschmack und die Idee kommen, ihre Jagdbeute aufzufressen. Im Übrigen gibt es keine Fleischreste für den Hund – selbst der Kopf des Hasen blickte mich aus dem Schmortopf an! Ein anderer Züchter berichtete, dass er seine Hunde mit gekochten Schlachtabfällen und den Resten aus einer Bäckerei füttert. Die meisten Gebäcke dort sind allerdings nicht süß, sondern Teigtaschen mit Ziegenkäse, Spinat und dergleichen, also durchaus eine Hundekost mit Kohlenhydraten, Eiweiß und Gemüse. Die Hunde waren selbst in hohem Alter in bester Verfassung.

WESTLICHE WINDHUNDE

Europa war mit seinem ursprünglich bewaldeten, dichten Bewuchs kein ideales Jagdgelände für Augenjäger. Erst mit der Rodung der Wälder wurden Flächen für die Hetzjagd mit Windhunden frei, die schon die Kelten mitbrachten und die mit den Völkern aus dem Osten einwanderten. Etrusker, Griechen, Römer liebten Windhunde, ließen sie in Stein meißeln und beschrieben sie in Büchern.

Im Mittelalter, ehe man auf Entfernung treffsichere Feuerwaffen kannte, war die Hetzjagd mit Falke und Pferd angesagt und in ganz Europa lebten an den Adelshöfen Windhunde. Religiöse Vorbehalte gegen Hunde gab es nicht. Das heißt nicht, dass jeder Hof- oder Jagdhund Zutritt zur guten Stube gehabt hätte, aber außergewöhnliche Hunde an der Seite ihrer wohlhabenden und einflussreichen Herren waren es seit Jahrhunderten wert, auf Gemälden verewigt zu werden. Der Windhund galt als edel und treu, ganz seinem Herrn und niemandem sonst ergeben. Dass der Hund seinen Herrn auf Schritt und Tritt begleitete, war nicht ungewöhnlich und die Jagd mit Windhunden stets ein Privileg. Die Hunde durften ihrer Jagdleidenschaft ohne Einschränkung frönen, und wer dem Windhund Schaden zufügte, wurde hart bestraft.

Die westlichen Windhunde jagen nicht alleine auf sich gestellt, sondern gemeinsam mit den Menschen auf kürzeren Distanzen. Im Gegensatz zu den östlichen Langstreckenläufern sind sie Sprinter. Ihr Stoffwechsel ermöglicht, volle Kraft sofort umzusetzen und nach kurzen Verschnaufpausen wieder starten zu können. Aus diesem Grund schätzt ein Hund sehr schnell ein, in welcher Entfernung zum gesichteten Wild er noch eine Chance hat, und startet nur dann durch. Der erfahrene Hund rennt nicht bei der kleinsten Bewegung am Horizont auf und davon.

Mit etwas Glück, Umsicht und guter Erziehung kann man einen Einzelhund durchaus frei laufen lassen. Natürlich bleibt er ein Windhund, und springt vor ihm Wild auf, wird er es verfolgen. Aber er sucht es nicht, und da kann man es mit einem Windhund viel leichter haben als mit einem Nasenjäger, denn dessen Anreiz bleibt uns verborgen und der Hund verschwindet im Gebüsch, während wir aus unserer erhöhten Perspektive, selbst „Augenjäger", das Wild oft vor ihm sehen und den Hund ablenken können. Vorausgesetzt, dass man seinen Blick schult und vor dem Hund schweifen lässt! Ständige Aufmerksamkeit ist bei jedem Spaziergang unerlässlich.

Diese Hunde sind wunderbare Hausgenossen, anschmiegsam, zärtlich, niemals aufdringlich und laut. Bei ausreichender Bewegung sind sie im Haus ruhig und stets unauffällige Begleiter, wo immer der Weg hinführt. Sie folgen auf leise Worte und sind fremden Menschen und Hunden gegenüber meist reserviert, was von Laien manchmal als Ängstlichkeit ausgelegt wird. Ihr in sich gekehrtes Wesen wirkt auf Außenstehende eher langweilig. Generell stehen die westlichen Windhunde in engerer Beziehung zu ihren Menschen, suchen die körperliche Nähe und sind eher bereit, auf die Wünsche ihrer Besitzer einzugehen als die östlichen.

Der spanische Windhund oder Galgo wird heute noch viel zur Jagd eingesetzt.

GALGO

Der spanische Windhund hetzt heute noch in Andalusien und Kastilien Hasen und bewacht die Bauernhöfe. Für professionelle Windhundrennen kreuzte man Greyhounds ein. Heute werden Bahnrennen kaum noch durchgeführt. Vielmehr kommen Hunderte von ausgedienten, oftmals grausam misshandelten Jagdgalgos über den Tierschutz nach Deutschland. Und obwohl hier nur vereinzelt gezüchtet, dürfte er der am häufigsten gehaltene Windhund in Deutschland sein. Galgos erweisen sich als sanfte, ruhige, sehr personengebundene, Fremden gegenüber unnahbare Begleiter, die sich erstaunlich gut in ihr neues Leben einfügen und

Friedrich der Große und seine Windspiele

Friedrich der Große (24.1.1712 – 17.8.1786) liebte seine Windspiele über alles. Ihre Gräber bekamen in Potsdam auf der Terrasse von Sanssouci einen Ehrenplatz mit Blick auf Schloss und Park. Obwohl er verfügt hatte, bei seinen Hunden ewige Ruhe zu finden, gab sein Neffe dem Wunsch nicht statt. Erst am 17. August 1991 wurde er mit seinen geliebten Vierbeinern vereint.

Das zierliche Windspiel ist eine starke Hundepersönlichkeit.

sehr sozialverträglich sind. Da es sich meist um Hunde handelt, die aktiv gejagt haben, ist Freilauf auch bei uns problematisch. Reinrassige Galgos gibt es in Glatt- und Rauhaar.

ITALIENISCHES WINDSPIEL

Als Windspiel bezeichnete man einst alle Windhunde, heute ist damit der kleinste Windhund gemeint, der nur 38 Zentimeter hoch wird. Kleine Exemplare für die Kaninchenjagd gab es schon in der Antike und seither waren sie die Lieblinge der Könige und feinen Damen Europas. Berühmt wurden sie durch ihren größten Fan, Friedrich den Großen, König von Preußen. Doch von der Größe her und da sie aus England importiert wurden, könnten es genausogut Whippets gewesen sein. Das Italienische Windspiel, das mit angezogenem Pfötchen so zerbrechlich wirkt und stets zu frieren scheint, ist bei natürlicher Aufzucht erstaunlich robust und ein engagierter Jagd- und Rennhund, der viel Bewegung braucht. Fremden gegenüber verhält es sich meist zurückhaltend. Bei liebevoller, aber konsequenter Erziehung kann man es frei laufen lassen, da es sehr an seiner Bezugsperson hängt und sich ungern selbstständig macht. Der kleine Bursche besitzt eine starke Persönlichkeit, ist sehr lebhaft, geht über Tische und Bänke. Er ist für Familien mit kleineren Kindern weniger geeignet.

Die so zerbrechlich wirkenden Windspiele sind passionierte Rennhunde.

GREYHOUND

Der klassische Windhund schlechthin ist mit bis zu 70 km/h im Sprint der schnellste Hund überhaupt.
Vermutlich kamen seine Vorfahren mit den Kelten auf die britischen Inseln. Das Wort „grey" bedeutet Hund. Der Name kann aber auch ein Hinweis auf die antiken Windhunde von „greecehound" – griechischer Hund sein. Greyhounds waren die Lieblinge ihrer adligen und vermögenden Herren und genossen selbst Menschen gegenüber eine Sonderstellung, wurden gehegt und gepflegt. Das Hasencoursing, bei dem zwei Greyhounds zur Hasenjagd angesetzt wurden, war noch bis ins 19. Jahrhundert ein beliebter Sport. Später wurden bei Windhundrennen hinter dem künstlichen Hasen stattliche Summen verwettet und sie sind in Großbritannien heute noch ein Millionengeschäft. Der Greyhound wurde zum Profitobjekt, das gnadenlos „entsorgt" wird, wenn er keine Leistung bringt. Tierschutzorganisationen bemühen sich um die Vermittlung ausgedienter Renngreys, die sich sehr gut in ein Familienleben einfügen und zärtliche, unauffällige Hausgenossen sind. Da sie Wild nicht suchen und sich ungern von ihren Menschen entfernen, kann man sie durchaus auch frei laufen lassen. Natürlich bleiben sie im Herzen Hetzhunde und verfolgen, was vor ihren Augen davonläuft.
Renngreys und sogenannte Show-Greys werden separat gezüchtet, wobei letztere in ihrer Heimat aufgrund der geringen Welpeneintragungen als vom Aussterben bedroht gelten. Allerdings scheint niemand die riesige Population von Rennhunden für die Greyhoundzucht in Betracht zu ziehen, weil die kleineren und athletischeren Hunde auf Ausstellungen keinen Blumentopf gewinnen könnten.
Für unsere Bahnrennen mit relativ engen Kurven sind die Show-Greys oftmals zu schwer und verletzungsgefährdet.

WHIPPET

Der beliebteste Windhund weltweit ist der Whippet. Er nimmt eine Sonderstellung ein, weil er als Familienbegleiter enorme Vorzüge hat. Das kommt nicht von ungefähr, denn er war nie das Hobby reicher Leute, sondern der Fleischerwerber des fahrenden Volkes und der bettelarmen Bergarbeiter im Norden Englands. Er war der nächtliche Wilderer, der die Familie mit einem Hasen- oder Kaninchenbraten versorgte. Klein und handlich lebte er still im Verborgenen, teilte die engen Behausungen und bot im Bett willkommene Wärme. Dieses Privileg hat sich offenbar vererbt: Heute noch zieht jeder Whippet es vor, dicht an seinen Menschen geschmiegt im Bett unter der Decke zu schlafen, und ich habe bisher noch keinen erlebt, der das seinem Whippet nicht früher oder später erlaubt hätte.

Greyhounds gehören zu den schnellsten Säugetieren überhaupt. Sie sind ihren Menschen innig zugetan und angenehme Begleiter.

Zwei rassetypische Champions – der Greyhound und sein kleiner Vetter Whippet.

Kann man sicher sein, dass kein Wild auftaucht, dürfen gut erzogene und ihren Menschen verbundene Greys und Whippets frei laufen.

Windhundrennen

Die enge Bindung des Whippets an seine Menschen ist charakteristisch. Bei den ersten Bahnrennen, die im 19. Jahrhundert durchgeführt wurden, ließ man Whippets nicht etwa einem künstlichen Hasen nachlaufen, sondern zurück zu ihren Besitzern, die mit Tüchern wedelnd im Ziel standen. Whippets lieben dieses Spiel heute noch.

Dieser alte Stich aus dem 19. Jahrhundert zeigt ein Whippetrennen.

Whippets gehören zum Familienleben, sind anschmiegsam, aber nicht aufdringlich und bellen nur ausnahmsweise. Manche sind recht territorial und bewachen Haus und Hof, können im Ernstfall auch verteidigen.
Kleine Greyhounds gab es schon in der Antike und der Whippet ist kein Kreuzungsprodukt, wie oft behauptet wird, was nicht heißt, dass nicht hin und wieder Terrier eingekreuzt wurden, um die Hasenschärfe zu fördern und sie insgesamt robuster zu machen. Leider ist der rauhaarige Whippet ausgestorben, langhaarige Whippets sind meiner Meinung nach auf die Einkreuzung mit Sheltie zurückzuführen, da sie im Gegensatz zum kurzhaarigen Whippet mit diesem genetische Defekte teilen.
Whippets sind sehr intelligent, im Hause ruhig und unauffällig. Draußen entfalten sie so richtig ihr Temperament. Sie brauchen die Möglichkeit sich auszulaufen, sie spielen gerne und eignen sich für viele hundesportliche Aktivitäten wie

Whippets lieben Beutespiele und apportieren gerne. Gute Freunde streiten nicht ums Hasenfell.

Der schottische Hirschhund war einst engster Freund und ganzer Stolz schottischer Clanchefs.

Frisbee und Agility, sie suchen und apportieren, lieben Coursing oder Bahnrennen. Wer Windhundrennen als Sport betreiben will, sollte aus einer darauf ausgerichteten Zucht kaufen. Wer das nicht will und lieber entspannt mit seinem Hund spazieren geht, sollte eine Zucht wählen, wo man auf Rennerfolge keinen Wert legt. Whippets sind typische Sichtjäger, sie suchen kein Wild, allerdings verfolgen sie das, was sie sehen, lernen aber, wann es sich nicht mehr lohnt, und viele Einzelhunde haben keine Lust zu jagen, wenn ihr Mensch nicht mitrennt. Sie lassen sich gut mit Spielzeug oder Futterbeutel ablenken. Voraussetzung ist, dass man immer die Augen vor dem Hund hat und vor allem den jungen Hund die positive Erfahrung einer Hatz nicht machen lässt. Der Whippet ist ein Hund, mit dem man alles machen kann, der immer bescheiden ist und seinen Menschen eng verbunden. Allerdings muss man diese Anhänglichkeit auch mögen und ihr Rechnung tragen. Whippets lassen sich hervorragend zu mehreren halten, aber dann bildet sich rasch eine Jagdgesellschaft, die nicht mehr so leicht zu kontrollieren ist.

DEERHOUND

Der schottische Hirschhund ist ein Aristokrat feinsten Adels und vermutlich der reinste Nachkomme der alten Keltenwindhunde. Schottische Clans züchteten ihn mit größter Sorgfalt für die Wolfs- und Großwildjagd im Hochland. Die Hunde sind dem rauen Klima und unwegsamen Gelände bestens angepasst. Mit der Vernichtung des Clanwesens 1746 drohte auch das Ende der Deerhounds, hätte nicht der Dichter Sir Walter Scott (1771–1832) alles Schottische in romantisches Licht gerückt und zeitgenössische Maler, dem Trend folgend, Szenen aus dem schottischen Hochland mit Deerhounds geschaffen, die den Weg in die Salons englischer Schlösser und Londoner Stadtwohnungen fanden. Queen Victoria liebte Deerhounds, dennoch blieb dieser raue Hund mit sanfter Seele bis heute wenigen Liebhabern vorbehalten. Der Deerhound ist seinen Menschen innig verbunden ohne aufdringlich zu sein und lässt sich mit leiser Stimme führen.

IRISH WOLFHOUND

Schon die Römer berichteten von riesigen Hunden der Iren, die zur Wolfs- und Elchjagd eingesetzt wurden. Sie begleiteten Stammesfürsten und Könige. Im 19. Jh. war der irische Wolfshund praktisch ausgestorben und wurde mithilfe von Deerhound, Dogge, Barsoi und anderer Großrassen zurückgezüchtet. Zu den Windhunden kann man den schweren Hund kaum noch rechnen.
Der Wolfhound ist sehr anspruchsvoll in Aufzucht und Haltung. Zunächst ist seine Herkunft kritisch zu prüfen, denn eine hervorragende Aufzucht muss schon beim Züchter gewährleistet sein. Der Junghund muss angemessen bewegt werden, um früh eine gute Muskulatur zu entwickeln, ohne ihn durch stereotype Bewegungen zu überlasten. Der sensible Riese braucht engen Familienanschluss und Lebensraum. Er muss bei seiner Kraft und Größe sanftmütig und verträglich mit Mensch und Tier sein. Er schlägt an, ist aber kein Schutzhund. Er eignet sich nicht für Hunderennen. Die Pflege des rauen Fells ist einfach.
Leider haben Wolfhounds keine hohe Lebenserwartung. Die Aussage einer Züchterin stimmte mich sehr nachdenklich: „Wir wissen das, wir genießen die Zeit, die uns bleibt. Eine lange, beschwerliche Altersphase bleibt diesen Hunden erspart. Sie sterben meist sehr rasch an Herzversagen oder Krebs.“

Irische Wolfshunde, die sanften Riesen, sind angenehme Begleiter. Sie brauchen ihrer Größe angemessenen Lebensraum.

LURCHER

Eine sehr lange Tradition hat in Großbritannien der als Familienbegleiter beliebte Lurcher, Zweckkreuzung zwischen Hütehunden oder Terrier und Windhunden, meist Greyhound, Whippet oder Deerhound. Lurcher bewahren das angenehme Wesen und elegante Aussehen des Windhundes. Obwohl sie nicht reinrassig sind, werden Ausstellungen und Coursings abgehalten.
Die Kreuzung mit Windhunden sollte die Hütehunde schneller machen. So profitierte der Kurzhaar Collie vom Greyhound, der Bearded Collie vom Deerhound, die windhundtypischeren Exemplare dienten der Kaninchenjagd, und heute noch werden Lurcher zur Fuchsjagd eingesetzt. Die Terrier treiben die Füchse aus dem Bau, wo die Lurcher warten und die Verfolgung aufnehmen.

Gehilfen des Farmers: Terrier, Lurcher und Sheepdog warten auf die Fahrt zur Weide.

JAGDHUNDE UNTER FÜHREREINFLUSS

DIESE HUNDE ARBEITEN ENG MIT DEM JÄGER UNTER KONTROLLIERTEN BEDINGUNGEN ZUSAMMEN. DESHALB FINDEN WIR UNTER IHNEN DIE MEISTEN JAGDHUNDE, DIE AUCH ALS REINE FAMILIENBEGLEITER GEHALTEN WERDEN.

JAGDHUNDE VOR DEM SCHUSS – STÖBER- UND VORSTEHHUNDE

Sie arbeiten dem Jäger zu, damit er zum Schuss kommt. Stöbern und Vorstehen sind angeborene Jagdtechniken, die alle Hunde mehr oder weniger beherrschen. Meine Collies waren exzellente Vorsteher vor Rebhuhn und Fasan, mein Whippet vor Mäusen. Selbst das Fixieren von Schafen, das der Border Collie zeigt, ist Vorstehen. Auch Augenjäger können stöbern – mein Whippet durchstöbert unsere Wildhecke nach Nachbarskatzen, Igeln usw.

Der Mensch nutzte das Verhalten, zeigte es ihm doch seinen Sinnen verborgenes Wild an, und züchtete auf diese Aufgaben spezialisierte Rassen. Manche der Stöber- und Vorstehhunde eignen sich hervorragend für alle Aufgaben, die eine gute Nase erfordern – vom Rettungshund über den Mantrailer bis hin zum Schimmelpilzfinder und Krebsschnüffler. Vorausgesetzt man bekommt sie als Welpe aus einer Zucht, in der die jagdliche Verwendung nicht im Vordergrund steht und schon die Prägung beim Züchter in die gewünschte Richtung führt.
Hunde jagen gemeinsam mit dem Menschen, denn er ist es, der im Jagdgebrauch die Jagd

beginnt, kontrolliert und die Beute erlegt. Es lohnt sich für den Hund zu kooperieren. Diesen Lohn, das Ausleben seiner natürlichen Veranlagung, das das Glückshormon Serotonin freisetzt, bekommt er als Familienbegleiter nur, wenn es ihm gelingt sich selbstständig zu machen, und er bemerkt schnell, dass sein Zweibeiner so gar keine Ahnung von dem hat, was da draußen im wirklichen Leben abgeht. Es bringt dem Jagdhund also nichts, mit einem Besitzer zu kooperieren, der aus Hundesicht so gar nichts begreift. Der Hund genießt zwar sein warmes Plätzchen, den vollen Futternapf und die Streicheleinheiten zu Hause, aber da sein Mensch nicht mitjagt, zieht er bei jeder sich bietenden Gelegenheit in Eigenregie los.

Trainer-Tipp

Hier muss der Mensch den unbequemen Weg des erfahrenen Jagdbegleiters gehen, unter Kontrolle und zu seinen Bedingungen Beute jagen, die er bestimmt. Nur dann hat er eine Chance, von seinem Hund ernst genommen zu werden und eigenständige Unternehmungen werden somit kontrollierbar.

DIE ALTEN VOGELHUNDE

Schon im Mittelalter nutzte man Hunde für die Vogeljagd. Am Boden lebende Vögel wie Rebhuhn und Fasan sehen ihr Heil zunächst nicht in der Flucht, sondern sie ducken sich in der Hoffnung, nicht entdeckt zu werden. Erst wenn der Hund gefährlich nahe kommt, fliegen die Feldhühner auf. An der Haltung des Hundes erkennt der Jäger, wie weit er sich von welchem Wild entfernt befindet.

Ehe es im 15. Jahrhundert Flinten gab, warf man Netze über Vögel und Hunde und sammelte die Tiere ein. Das erforderte eine vertrauensvolle Zusammenarbeit zwischen Mensch und Hund auf geringe Distanz, soweit es die Vögel zuließen. Später beim Gebrauch von Flinten musste sich der Hund unter dem Schuss wegducken, „unter der Flinte“ jagen, denn er sollte ja nicht getroffen werden. Damals schoss man nicht auf fliegende, sondern auf die am Boden sitzenden Vögel. Passion, Disziplin und Unterordnung in der Kooperation mit dem Jäger machten einen guten Vogelhund aus.

Wir unterscheiden zwischen den kleineren Stöberhunden, die Hecken und höheren Bewuchs absuchen, und den großen, schnellen Vorstehhunden für die Arbeit im offenen Feld. In Italien und Spanien wurden die besten Waffen gefertigt und Flugwild gab es in Hülle und Fülle.Von dort aus verbreiteten sich die Vogelhunde in ganz Europa.

Der English Springer Spaniel liebt sein Bällchen, besonders zum Toben am Strand.

Jagd mit Vogelhunden – die Netze wurden über die Vögel und den Hund gezogen.

In Großbritannien entstanden im 17. und 18. Jahrhundert zahlreiche Rassen für spezielle Aufgaben. Die wohlhabenden Großgrundbesitzer konnten sich große Zwingeranlagen mit Personal leisten und zogen mit mehreren Hunden zur Jagd.
Mit Beginn der modernen Rassehundezucht trennten sich Vorsteher, Stöberhunde und Retriever in Schönheits- und Leistungszuchten, die sich erheblich unterscheiden. In Deutschland bevorzugt man einen formschönen Hund, der arbeiten kann. Allerdings darf das Potenzial für die jagdliche Arbeit nie aus den Augen verloren werden, denn neben der Jagdpassion müssen Unterordnungs- und Kooperationsbereitschaft züchterisch gefördert werden, ohne die eine erfolgreiche Jagd nicht möglich ist. Dies kommt wiederum dem Familienhund zugute. Hunde aus jagdlichen Linien sind arbeitseifriger und fordernder und als reine Familienhunde nur bedingt geeignet.

Beschäftigung für Jagdhunde

Beschäftigung ja – Dauerbespaßung nein! Kein noch so beanspruchter Jagdhund jagt das ganze Jahr über jeden Tag. Auch der Hund braucht seine Schonzeiten. Heute Agility, morgen Dummytraining, übermorgen Mantrailing – das führt zu einem überdrehten Hund, was leider viele Besitzer und manche unerfahrenen Hundetrainer glauben lässt, der Hund habe noch immer nicht genug „Kopfarbeit", schließlich gibt es ja noch das Longieren ... Ebenso wichtig wie Kopfarbeit ist eine ausgewogene ausdauernde Bewegung für die gesamte körperliche Fitness, am besten am Rad, Pferd, Walken oder Jogging.

Die Working Springers durchstöbern mit viel Elan und Ausdauer den dichten Bewuchs. Sie sind mit Leidenschaft bei ihrer Arbeit.

STÖBERHUNDE

Fachlich ausgedrückt jagen sie auf kurze Distanzen zwischen 20 und 40 Metern „unter der Flinte". Ihre Aufgabe ist es, das Wild, meistens Vögel, aus dichtem Bewuchs zu treiben. Sie müssen sich abstoppen lassen und „will to please" – die Bereitschaft es recht zu machen – mitbringen sowie eine enge Beziehung mit dem Menschen eingehen. Es ist daher nicht verwunderlich, dass der klassische Stöberhund – der Spaniel – zu den beliebtesten Hunderassen in Nichtjägerhand gehört.
Ihr liebenswertes, verträgliches, sanftes Wesen und die enge Bindung an ihre Menschen machen sie zu angenehmen Familienbegleitern, aber sie verleugnen ihr Jagdhunderbe nicht. Den Spaniels liegt es im Blut, an keinem Gestrüpp vorbeizugehen ohne eine „Nase hineinzuwerfen". Spaniels werden von klein an liebevoll konsequent an ihre Aufgaben herangeführt, damit sie freudig und zuverlässig arbeiten. Dazu gehört, ihren ausgeprägten Finderwillen in Bahnen zu lenken und ihnen die Möglichkeit zu bieten, gemeinsam mit ihren Menschen etwas zu tun. Sie lernen schnell und lassen sich gut über Futter und Spiel motivieren.
Der Spaniel ist kein Hund für Stubenhocker, Wetter ist für ihn kein Thema. Der ausdauernde Läufer ist nicht zufrieden mit einer Runde um den Block. Ein nicht ausgelasteter Hund,

English Springer beim Training zur Pilzsuche. Zielstrebig arbeitet er sich zu dem Glas mit Pilzduft vor.

mit dem man nur spazieren geht, kann seinen Menschen als Partner einfach nicht ernst nehmen und tut, was ihm wichtig erscheint: Er verschwindet im Gebüsch! Zwar entfernt er sich nicht weit, aber den Hund aus den Augen zu verlieren, versetzt jeden Hundebesitzer in Panik und bedeutet Stress, außerdem kann es nicht angehen, dass ein Hund unkontrolliert im Wald herumstöbert.
Wer sich einen Spaniel ins Haus holt, kann seine wunderbaren Eigenschaften nur genießen, wenn er Aufgaben findet, die beiden Spaß machen und dem Hund signalisieren: Alles was Mensch mit mir tut ist klasse, wozu soll ich mich dann alleine auf die Socken machen? Aber Vorsicht! Es kostet sehr viel Zeit und Liebe zum Aufenthalt in der Natur.

FINDERWILLEN

Alle Spaniels verstehen mit Madonnenblick Herzen zu erweichen und sich durchzusetzen, wenn es um Essbares geht. Stets hungrig und gute Futterverwerter, sind sie leicht mit Futter zu motivieren, fressen aber auch jeden Mist am Wegesrand. Dieser Finderwillen – Beute finden und fressen – ist die Motivation des Jagdhundes und keine Unart, die man so ohne Weiteres abtrainieren kann. Es lohnt sich, mit höchster Aufmerksamkeit und Konsequenz schon beim Welpen dafür zu sorgen, dass er nichts aufnimmt, da immer Vergiftungsgefahr droht!

Trainer-Tipp

Spaniels lieben das Suchen, so dass man ihnen mit kurzen Trails und lohnenswertem Abschluss viel Freude bereitet. Da sie nicht auf weite Distanz angelegt und nicht zu schnell sind, lässt sich das auf jedem Spaziergang einrichten.

Die verschiedenen Spaniels vor der Zeit der Rassehundezucht 1801. Illustration von Sydenham Edwards aus dem ersten englischen Hundebuch.

English Cocker Spaniel.

English Springer Spaniel.

ENGLISH COCKER SPANIEL

Ursprünglich für die Jagd auf Waldschnepfe (= woodcock) gezüchtet, ist er im Jagdgebrauch vielseitig einzusetzen und ein verspielter, lebhafter Hausgenosse. Er ist intelligent, verschmust und immer zu Ausflügen bereit. Beliebt sind Cocker auch als Suchhunde für Drogen usw. Bei schier unersättlichem Appetit (bei manchen Hunden fehlt tatsächlich das Sättigungsgefühl) ist auf schlanke Linie zu achten.

ENGLISH SPRINGER SPANIEL

Er verkörpert den ursprünglichsten Spanieltyp, stöbert weitläufig, drückt das Wild heraus und apportiert nach dem Schuss. In der Familie freundlich und ausgeglichen, liebt er viel Bewegung und Beschäftigung im Freien, ohne ein workaholic zu sein. Er zeigt ausgeprägten „will to please“ und eignet sich für viele hundesportliche Aufgaben, besonders wenn dabei Nasenarbeit gefragt ist.

Field Spaniel.

Deutscher Wachtelhund.

American Cocker Spaniels – seit langem reine Familienbegleiter – haben ein welpenhaftes Aussehen bewahrt.

Der rot-weiße **Welsh Springer Spaniel** aus Wales, ist kleiner als sein englischer Vetter und ein ebenso netter Familienbegleiter.

DEUTSCHER WACHTELHUND

Die einzige deutsche Stöberhundrasse ist besonders geeignet für Wald- und Wasserreviere und ein reiner Jagdgebrauchshund.

AMERICAN COCKER SPANIEL

In den USA wurde dieser kleinere Typ mit kindlichem Gesicht aus dem englischen Cocker herausgezüchtet. Er wird hierzulande nicht im Jagdgebrauch geführt, sondern ist ein zärlicher, fröhlicher, sanftmütiger Familienbegleiter. Sein Jagdeifer hält sich bei liebevoll konsequenter Erziehung in Grenzen, aber nach Fressbarem stöbern geht immer!
Leider ist er mit übertrieben langem und feinem Haarkleid sehr pflegeintensiv.

KOOIKERHONDJE

Dieser kleine weißbunte niederländische Spaniel sollte am bewachsenen Ufer auffällig stöbern und mit seiner buschigen Rute wedelnd Wildenten in Entenfanganlagen, die Kojen, locken. Er erfreut sich wachsender Beliebtheit, da er sich sehr eng an seine Menschen anschließt und nicht mit der Passion der Jagdspaniels beuteorientiert selbstständig jagt. Seit dem Wiederaufbau der Rasse wird das Kooiker gezielt als Familienbegleiter gezüchtet.

NOVA SCOTIA DUCK TOLLING RETRIEVER

Obwohl er als Retriever bezeichnet wird, ist er von seiner Aufgabenstellung her eher ein Stöberhund, der aber eigentlich am Wild selbst kein Interesse zeigen soll. Seine Vorfahren wurden an der wasserwildreichen Küste Neuschottlands schon von den Indianern zum Heranlocken der von Natur aus neugierigen Enten genutzt. Die eigentliche Aufgabe des Tollers – des Enten anlockenden Hundes – ist es, durch

Kooikerhondje – er lockte einst Wildenten in Fangstationen.

Nova Scotia Duck Tolling Retriever lieben Wasser.

auffälliges Benehmen am Ufer das neugierige Federvieh nahe genug zum Schuss heranzulocken. Der Toller geht auf Stöberhunde und collietypische Hütehunde europäischer Siedler zurück, die Intelligenz, Kooperationsbereitschaft und Spielfreude einbrachten. Wer nur eine Alternative zum Golden Retriever sucht, wird sich über einen sehr viel lebhafteren, arbeitsfreudigen Hund wundern. Wer das nicht mag, darf keinen Toller kaufen! Er will laufen, spielen, arbeiten und ist besonders als junger Hund recht anstrengend! Wer einen sportlichen Hund sucht, findet in ihm einen vielseitig einsetzbaren Gefährten.

VORSTEHHUNDE

Ihre große Stunde schlug mit der Entwicklung guter Jagdflinten. Nun war es möglich, schneller weite, offene Flächen zu bejagen, wie sie durch die Rodung der Wälder entstanden waren.
Im unwegsamen Gelände bei heißem trockenem Klima wie in Spanien und Italien braucht der Hund eine besonders feine Nase und muss sorgfältig und nicht zu schnell arbeiten. Hier finden wir schwere Vorstehhunde, von denen der Spinone und der Bracco Italiano auch außerhalb ihrer Heimat bekannt wurden. Sie gelten als die Vorfahren aller Vorstehhunde.
In Großbritannien züchtete man den modernen, sportlichen Pointer (to point = anzeigen) aus diesen alten Rassen vermutlich mit einem Schuss Greyhoundblut, da bei gemäßigtem Klima und weiten offenen Flächen ein schneller Hund erwünscht war. Mit seiner enormen Ausdauer, Schnelligkeit und eleganten Vorstehpose beeindruckte er die Jägerschaft europaweit, und die alten einheimischen Rassen gerieten ins Hintertreffen. Aus den alten langhaarigen Vogelhunden gingen die Setter hervor.
Im deutschen Jagdgebrauch sind diese Feldspezialisten nur selten einzusetzen, aber in Südeuropa umso beliebter. Von dort gelangen Setter, Pointer und deren Mixe über den Tierschutz nach Deutschland. Mit diesen Hunden aus jagdlich geführter Zucht, mit Jagderfahrung und ohne konsequente Ausbildung, fühlen sich ahnungslose Besitzer meist überfordert. Bei Pointern und Settern gibt es Arbeits- und

Der Toller tobt am Ufer herum und lockt neugierige Enten an.

Showlinien. Letztere nur für die Hundeschau gezüchteten Hunde werden seit Generationen als Begleithunde ohne Jagdausübung gehalten und sind etwas weniger anspruchsvoll als die aktiven Jagdhunde. In Deutschland schätzt man den schönen, rassetypischen Jagdgebrauchshund, der ein guter Familienbegleiter ist und jagdlich mehr kann als nur Vorstehen. Die deutschen Vorstehhunde sind keine Feldspezialisten, sondern – angepasst an deutsche Revierverhältnisse – für alle Aufgaben vor und nach dem Schuss geeignet.
Klassische Vorsteher sollen sich schnell weit entfernen und dennoch lenkbar sein. Viele Hundebesitzer glauben, ihre Hunde hauten ab, sobald sie abgeleint sind, und verzweifeln. Natürlich besteht die Gefahr, dass der Hund dabei auf Wild stößt und hetzt. Die Hunde brauchen diesen Freiraum, und so ist Distanzkontrolle der Trainingsschwerpunkt. Das bedeutet viel Arbeit mit jemandem, der sich auskennt. Jagdhunde sind nun mal nicht geeignet für bequeme Menschen.

FIELD TRIALS

In Großbritannien heißt die Jagd „Sport" und ist bis heute das Hobby der besser betuchten Bevölkerung. Große Brachflächen in den höheren Regionen der Insel, den „moors", und weitläufige, mit Hecken umfriedete Felder bieten Federwild idealen Lebensraum. Sehr beliebt sind Field Trials, bei denen es um Championtitel geht. Hierzu wird jedoch kein Vogel geschossen, sondern es genügt, wenn der Hund anzeigt.

Der schwere Bracco Italiano sucht sorgfältig und zielstrebig, nicht schnell.

Bei den Trials sucht der Hund unter Anweisung ein zugewiesenes Areal ab. Dabei muss er sich schnell und weit entfernen, aber an den Grenzen abpfeifen und in die entgegengesetzte Richtung schicken lassen. So arbeitet er das Gelände in rasendem Galopp Meter für Meter ab, muss dabei Duftinformation verarbeiten und sofort verharren, wenn er Federwild riecht, bis ihn der Hundeführer auf Kommando vorziehen lässt und der Vogel auffliegt.
Ein weiteres Betätigungsfeld und beliebtes Training für die Trials ist der Vogelschutz. Mithilfe der Hunde können die Bestände der Bodenbrüter schonend überprüft werden.

In rasendem Galopp sucht der English Setter das Feld ab.

Oben: Der Hund wird in die Richtung eingewiesen, in die er davonrast. Auf Pfiff und Handzeichen muss er eine andere Richtung einschlagen.

Ganz link: Bei den Trials muss ein Hund schnell sein.

Links: Margaret Ward: Im Feld sollen die Pointer nach vorne drängen.

Unten: Aus der starren Vorstehhaltung muss der Hund mit Kommando freigegeben werden.

FELDSPEZIALISTEN
So werden sie ausgebildet

Margaret Ward, eine der ersten erfolgreichen Frauen im Trialsport, gewährt uns Einblicke in die Ausbildung ihrer Hunde.

DER BEGINN

Sie berichtet: „Das Training beginnt an der Wurfkiste mit Tonbändern, um die Welpen an Schussgeräusche zu gewöhnen. Mit acht Wochen kennen sie ‚Sit' und ‚No', werden ans Autofahren gewöhnt, dürfen keine Schnürsenkel ankauen usw.

Sagt eine Hundemutter ‚No', meint sie es auch, und so muss die Erziehung weitergehen. Warten ist eine wichtige Übung: Warten, bis ich durch die Tür bin, warten auf das Futter. Ausbildung wie Bei-Fuß-Gehen fängt erst mit einem halben Jahr an. Nach den Impfungen führe ich die Welpen auf die Felder. Ich setze mich bequem hin, lasse sie herumschnüffeln und losrennen. Kommen sie zurück, werden sie gestreichelt und laufen wieder los. Kommt ein Hund zurück, muss er bestätigt werden, kurzer Kontakt genügt. Denn wird er ignoriert, kommt er nicht wieder.

Zwischendurch gehe ich seitlich zum Wind los, die Welpen laufen natürlicherweise vor. Ich drehe mich mit der Schulter in eine andere Richtung, die Welpen laufen vor, dann Schulterdrehung in eine andere Richtung, die Welpen gehen wieder vor und lernen so das Einweisen. Nach zwei- oder dreimal setze ich mich wieder hin und lasse ihnen ihren Spaß. Welpen müssen ihre Kindheit genießen dürfen; erlaubt man das nicht, gehen sie später ihre eigenen Wege oder werden depressiv.

In der Küche erfolgt der nächste Schritt mit etwa einem halben Jahr. Absitzen mit ‚warte', ich werfe Futter weg und fordere mit ‚ksksks' zum Suchen auf. Die Welpen sollen richtig gierig sein, doch vor allem müssen sie lernen, sich in Geduld zu üben. Ist das Futter aufgegessen, heißt es ‚alles weg' und Ende des Spiels. Damit sie nicht unkontrolliert herumrennen und nicht nahe genug zum Anleinen herankommen – insbesondere Setter haben diese Angewohnheit –, baue ich Spannung auf, lasse alle weglaufen und toben, pfeife sie zurück und lasse sie wieder loslaufen. Sie lieben dieses Spiel, Spannung aufbauen, rennen lassen, Pfiff. Auf diese Weise achten die Hunde auf mich und nicht ich auf sie."

VORAUSSETZUNGEN

Angeboren sind die Gier loszurennen, Führigkeit, eine gute, aber nicht zu gute Nase und mäßige Intelligenz. Ein zu intelligenter Hund arbeitet zu selbstständig. Wichtig sind körperliche Fitness und robuste Pfoten. Außerdem soll der Hund von sich aus vorgehen wollen, dieses Selbstverstrauen braucht er. Im Feld soll der Hund in seinem Drang nach vorne an der Leine ziehen und nicht bei Fuß gehen. Die Hunde müssen sich selbst im Eifer der Jagd stets unter Kontrolle befinden, sich lenken und stoppen lassen. Wittern sie Beute, erstarren sie im Anschleichschritt, bis sie aufgefordert werden, weiter zu ziehen oder gar herausgehoben werden. Es ist die Kunst des Ausbilders, die Perfektion des schnellen Jagens bei zuverlässigem Gehorsam zu erreichen.

Die Braque St. Germain ist ein eleganter Vorstehhund.

Sydenham Edwards Pointerdarstellung von 1803. Man beachte den rauhaarigen Hund links.

FRANZÖSISCHE VORSTEHHUNDE

Die alten französischen Rassen wurden erst in den letzten Jahren wieder belebt. Sie sind sehr angenehme Begleiter, temperamentvolle Vorsteher, aber nicht überdreht und leichtführig. Von den sehr attraktiven langhaarigen Vorstehhunden, den Epagneul, ist hier nur der kleinste aller Vorstehhunde, der **Epagneul Breton**, bekannt. In Frankreich ist er ein sehr beliebter Familienbegleiter, insbesondere wenn jagdliches Interesse besteht.

Die kurzhaarigen Vorsteher sind bei uns so gut wie nicht anzutreffen. Gezüchtet und jagdlich geführt werden in Deutschland nur vereinzelt die elegante **Braque St. Germain** und die **Braque Français**.

Der Epagneul Breton ist der kleinste Vorstehhund und findet auch bei uns im Jagdgebrauch immer mehr Freunde.

ENGLISH POINTER

Freundlicher, umgänglicher, sauberer, im Haus ruhiger Hund, aber er muss laufen, sobald er freigelassen wird. Er entwickelt ein enormes Temperament mit unerschöpflichem Laufhunger. Leider ist das Zerren an der Leine für viele ein erzieherisch schwer zu lösendes Problem, denn vom Pointer wird erwartet, dass er nach vorne strebt. Bekommt er die Möglichkeit sich auszupowern, lernt er natürlich in bestimmten Situationen bei Fuß zu gehen. Pointer und deren Mischlinge werden häufig über den Tierschutz vermittelt.

SETTER

Die Nachfahren der mittelalterlichen langhaarigen Vogelhunde sind freundlich, sanft, verträglich, brauchen aber eine liebevoll konsequente Erziehung. Auch wenn sie nicht aus jagdlicher Zucht stammen, sind sie typische, temperamentvolle Vorsteher, die in weiten Kreisen loslaufen und Wild suchen. Sie brauchen viel Bewegung und für sie lohnende Beschäftigung.

UNGARISCHE VORSTEHHUNDE

In den letzten Jahren regelrecht zum Modehund erkoren wurde der **Vizsla** aus Ungarn, der kurz- und rauhaarig gezüchtet wird. Auch er ist ein klassischer Vorsteher, schnell und besonders fähig, in trockenem Klima ausdauernd zu suchen. Der bei liebevoll-konsequenter Erziehung leichtführige, verträgliche Hund ist angenehm in der Familie zu halten, vorausgesetzt man bietet ihm Auslauf und Beschäftigung.

[a] ENGLISH POINTER Er ist der klassische Vorstehhund und überall dort populär, wo es noch weite Flächen zu bejagen gibt. In Deutschland ist das leider kaum noch der Fall.

[b] ENGLISH SETTER Er ist der beliebteste jagdlich geführte Setter bei Feldarbeit und Trials.

[c] ROTER IRISH SETTER Er wird als angenehmer Familienbegleiter auch ohne jagdlichen Einsatz geschätzt.

[d] IRISH RED AND WHITE SETTER Er wurde erst vor kurzem züchterisch gefördert und gewinnt rasch Freunde, auch als sportlicher Familienbegleiter.

[e] GORDON SETTER Der aus Schottland stammende Setter ist der schwerste und ruhigste seiner Familie.

Pointer, English und Irish Setter werden in separaten Show- und Arbeitslinien gezüchtet, die sich auch im Aussehen stark unterscheiden, da es beim Arbeitshund nicht auf Schönheit ankommt. Bei Hunden aus Showzucht kann die Jagdpassion weniger stark ausgeprägt sein.

Der kurzhaarige Magyar Vizsla ist auf dem besten Wege zum Modehund.

Der rauhaarige Vizsla wird gerne jagdlich geführt.

Für alle Aufgaben, die eine gute Nase voraussetzen, eignet sich der Vizsla. Bei enger Bindung an seinen Menschen, gutem Gehorsam und körperlicher sowie geistiger Auslastung ist die Neigung, selbstständig zu jagen, recht gut zu zügeln.
Der kurzhaarige Vizsla ist ein sensibler, sehr temperamentvoller Hund, der eine liebevolle und gelassene, souveräne Führungsperson braucht.
Magyar Vizslas sind sehr gute Beobachter und werden bei Menschen, deren Körpersprache nicht eindeutig ist, sondern etwas anderes ausdrückt als die Kommandos einfordern, verunsichert.

ITALIENISCHE VORSTEHHUNDE

Der rauhaarige **Spinone** und der kurzhaarige **Bracco Italiano** sind geschaffen für trockenes, steiniges Gelände mit dichtem, dornigen Bewuchs, wo sich Geruchsspuren nur schwer halten. Mit hervorragender Nase und großem Durchsetzungsvermögen arbeiten sie in weit ausgreifendem Trab verhältnismäßig langsam, aber umso gründlicher und ausdauernder. Die Feldspezialisten sind sensibel und sanftmütig und eignen sich hervorragend für alles, wozu man eine gute Nase braucht, zum Beispiel auch zum Mantrailing. Unterordnungsbereit und leicht zu erziehen, sind sie zudem gute Familienhunde.

Der freundliche, ruhige und zielstrebig arbeitende Spinone Italiano eignet sich für alle Nasenarbeiten.

NACH DEM SCHUSS – RETRIEVER UND SCHWEISS-HUNDE

Diese Jagdhunde kommen nur zum Einsatz, um geschossenes Wild zu apportieren oder angeschossene Tiere zu finden. Sie sollen sich während der Jagd ruhig verhalten und Retriever das Wild unverzüglich finden und unversehrt bringen. Schweißhunde (Schweiß = Blut) folgen immer der Blutspur, nicht frischen Fährten.

Will to please

„Will to please" – englisch „Willen zu gefallen". Die Hunde haben Freude daran, für gut gemachte Aufgaben gelobt zu werden, und erfüllen so gerne an sie gestellte Anforderungen. Dies ist eine angeborene, kindliche Eigenschaft, die züchterisch gefestigt wurde und immer wieder bei der Zuchtauswahl beachtet werden muss, soll sie nicht verloren gehen.

RETRIEVER

Beute, Welpen, Gegenstände im Fang zu tragen ist – außer im Magen – die einzige Transportmöglichkeit und jedem Hund angeboren. Alle Welpen zeigen es, bei vielen Rassen muss es früh gefestigt werden, sonst verliert sich die Bereitschaft, etwas heranzubringen und abzugeben. Spezialisten auf dem Gebiet sind die Apportierhunde, die Retriever (englisch to retrieve = zurückbringen). Sie haben sich ihre kindliche Leidenschaft bewahrt, alles aufzunehmen und im Fang herumzuschleppen. Auch der „will to please", freundliches Kontaktaufnehmen mit Fremden, geringe Bereitschaft, Revier und Ressourcen zu verteidigen, sprechen für Hunde, die niemals so richtig erwachsen werden. Aufgabe der Retriever ist das Heranbringen von geschossenem Haar- und Federwild. Das heißt, dass er an der Jagd selbst nicht beteiligt ist und ich ihn daher nicht zu den „jagenden Hunden" zähle. Er muss geduldig und unerschütterlich neben dem Jäger ausharren und darf nur auf Kommando losgehen. Entweder hat er gesehen, wo das Stück gefallen ist und sucht es, oder er wird vom Jäger eingewiesen und schlägt zielstrebig die vorgegebene Richtung ein. Er muss sich weit außer Sicht entfernen und darf sich nicht durch äußere Einflüsse ablenken lassen und dabei Dornengestrüpp ebenso wenig scheuen wie eiskaltes Wasser. Das setzt einen kontrolliert arbeitenden Hund voraus, der sich durch einen starken „will to please" auszeichnet und gerne für seinen Menschen arbeitet, für den Lob nach Abtreten der Beute höchste Belohnung ist. Wir brauchen hierfür einen robusten, nicht zu sensiblen, schmerzunempfindlichen Hund. Dafür muss man Ungestüm und eine

Gegenstände oder Wild aus dem Wasser zu apportieren ist die große Leidenschaft des Labradors.

Kein Labrador geht an einem Gewässer vorüber!

gewisse Grobmotorik eines derben Hundes in Kauf nehmen.

Die Entscheidung für einen Retriever verspricht ein stressfreies Leben mit einem netten, sozialverträglichen Hund. Doch so einfach ist das leider nicht. Kein Hund erzieht sich von selbst und auch Retriever sind Jagdhunde, die züchterisch auf die letzte Sequenz des Jagens, das Transportieren der erlegten Beute zurück ins Lager, spezialisiert wurden, doch die vorangehenden Sequenzen keinesfalls vergessen haben. Unerzogen und sich selbst überlassen, gehen sie sehr wohl eigene Wege! Wie alle Modehunde werden auch sie oft nur des Geldes wegen vermehrt und man darf die erwünschten und rassetypischen Eigenschaften bei kommerziellen Zuchten ohne sorgfältige Auswahl der Elterntiere nicht voraussetzen. Billige, voreilige Käufe führen oft zu großer Enttäuschung.

LABRADOR RETRIEVER

Labrador Retriever entwickelten sich in den letzten Jahrzehnten weltweit zu den beliebtesten Familienbegleithunden. Ihre Vorfahren kamen mit englischen Fischern von der kanadischen Insel Labrador nach England, nachdem die großen, imposanten Neufundländer dort nicht mehr anzutreffen waren. Das Wesen der ersten Exemplare wird als nicht sehr freundlich beschrieben, doch die Leidenschaft für das Apportieren aus dem Wasser machte Jäger aufmerksam, die sich der Weiterzucht annahmen. Heute sind aggressive Exemplare die Ausnahme. Doch fallen immer wieder unerzogene Rüden auf, die fremde Rüden anpöbeln und ihre Besitzer gänzlich ignorieren. Gelegentlich anzutreffendes Territorialverhalten ist ein Erbe ihrer Herkunft, denn zu ihren Vorfahren gehören

Kraftvoll, athletisch soll der Labrador sein, keinesfalls dick und behäbig.

Temperamentvoll und agil ist dieser Rüde.

Herdenschützer, die portugiesische Fischer zum Schutz der Schiffe und des Fangs mit nach Labrador nahmen.
Der sehr ähnliche **Cão de Castro Laboreiro**, benannt nach seinem Heimatort, schützt heute noch im Norden Portugals die Herden vor Wölfen.
Einige Blindenführhundschulen züchten ihre Labradorwelpen selbst, um das erwünschte Wesen züchterisch festigen zu können.

GOLDEN RETRIEVER

Im ausgehenden 19. Jh. züchtete Lord Tweedmouth in Schottland aus einem gelben Labrador Retriever, Irish Setter und dem heute ausgestorbenen Tweed Water Spaniel einen blonden, langhaarigen Apportierhund mit „weichem Maul“ und ausgeprägtem „will to please“.
Der Golden ist im Regelfalle sanftmütig, ausgeglichen, aber nicht langweilig, in der Jugend zuweilen ungestüm und temperamentvoll. Er nimmt so schnell nichts krumm und bereitet so dem Anfänger in Sachen Hund keine größeren Probleme. Er ist ein Allwetterhund, der sich gerne in der Natur aufhält und Bewegung sowie gemeinsamer Arbeit mit seinen Menschen liebt. Für kurze Spaziergänge und faules Herumliegen ist er nicht geschaffen, obwohl er sich oftmals in diese Rolle fügen muss.
Sowohl Golden als auch Labrador Retriever aus guter Zucht mit ausgeglichenem Wesen, Freude am Lernen und Arbeiten mit dem Menschen eignen sich für vielerlei Aufgaben, besonders im Bereich der Servicehunde als Blindenführhunde oder Assistenzhunde für Behinderte, als Therapiehunde und alles, wofür eine gute Nase gebraucht wird. Geschätzt wird ihre Toleranz gegenüber Mensch und Tier. Sie können einen Knuff vertragen und nehmen so schnell nichts übel.

„Weiches Maul“ bedeutet, dass der Hund seine Beute so sanft greift, dass er selbst einen zarten Vogel unverletzt aufnimmt und bringt.

Die Farbe der Golden Retriever reicht von tiefem Gold bis fast Weiß.

Eine wunderschöne Golden-Retriever-Hündin vom Showtyp.

Man unterscheidet zwischen Arbeits- und Showlinien, die recht unterschiedlich aussehen. Die Arbeitslinien sind agiler, arbeitsfreudiger und fordernder sowie leichter und funktioneller im Körperbau als die Showlinien.
Ein wichtiger Schwerpunkt in der Zucht von Arbeitshunden ist, den „will to please“ zu erhalten, was ihn veranlasst, unter Kontrolle für seinen Menschen zu arbeiten und die Beute abzutreten. Wird dieses Zuchtziel vernachlässigt, begegnen wir aufdringlichen Hunden, die hemmungslos Fremden Spielzeug abnehmen oder die Jackentaschen kontrollieren und ziemlich erziehungsresistent auch professionellen Hundetrainern Kopfzerbrechen bereiten. Bei sorgfältiger Zuchtauslese für die jeweilige Eignung und mit der entsprechenden Ausbildung sind Labrador und Golden Retriever ausgesprochen vielseitig vom Blindenführhund bis zum Lawinenhund, als Therapie- und Behindertenassistenzhunde, als Spürhunde beim Zoll und vieles mehr einzusetzen.

FLAT COATED RETRIEVER

Der einst in England beliebteste Retriever geht auf Neufundländer, Labrador, Setter und Collie zurück. Der elegante Hund ist lebhaft, arbeitsfreudig und nur für aktive Menschen geeignet,

Diese dunkle Golden Retriever-Hündin verkörpert den Arbeitstyp.

Dieser Goldi-Welpe zeigt schon seine hervorragende Apportierveranlagung.

Flat Coated Retriever lieben das Element Wasser.

Der Flat Coated Retriever freut sich auf neue Aufgaben.

die gerne mit ihrem Hund arbeiten wollen. Die sensiblen Hunde brauchen Menschen mit guten Führungsqualitäten, auf die sie sich verlassen können.

CHESAPEAKE BAY RETRIEVER

Ganz anders als die Briten ist der Nordamerikaner – der in den USA gezüchtete, große kräftige Chesapeake Bay Retriever. An der Ostküste Nordamerikas rasten zahllose Wasservögel auf ihren Zügen, ein El Dorado für Jäger.
Die frühen Siedler führten in der unwirtlichen Wildnis ein hartes und gefährliches Leben. Sie brauchten einen robusten, vielseitig einsetzbaren Hund, der nicht nur im Wald und am Wasser jagen sollte, sondern Haus und Hof beschützte. Das erforderte einen selbstbewussten, sehr territorialen Hund, dessen „will to please" nur ein souveräner und für ihn akzeptabler Besitzer genießen darf. Er ist kein Hund für Anfänger, braucht eine konsequente Erziehung und klare Führung.
Der Chesapeake Bay Retriever besitzt einen ausgeprägten Hang zum Stöbern und arbeitet bei der Entenjagd im Winter unermüdlich im eiskalten Wasser. Sein fettiges, leicht gewelltes, isolierendes Haarkleid bietet ihm ausreichend Schutz.

Der Chesapeake Bay Retriever war einst ein vielseitiger Farmershund, der neben dem Jagdeinsatz Haus und Hof bewachen sollte.

Der Cão de Agua Português war der unentbehrliche Helfer der Fischer. Auswanderer nahmen ihn mit in die USA, wo er bekannt wurde.

WASSERHUNDE

Gelockte, pudelähnliche Hunde finden wir an den Küsten Irlands, Großbritanniens, Frankreichs, Portugals, Spaniens, Italiens und den Niederlanden. Zu Beginn und Ende des Winters rasten Millionen von Zugvögeln an den Küsten und in den angrenzenden Marschlandschaften. Einst waren diese Vögel wichtiger Bestandteil der Ernährung der Bevölkerung und die Wasserhunde wertvolle Helfer.

Ihr gelocktes Fell schließt Luft ein und schützt so vor dem Auskühlen im Wasser, aber auch vor Verletzungen an scharfem Schilf. Sie stöberten im Wasser im Schilf die Vögel auf, fanden angeschossene Tiere, die Deckung suchten, und

Der Perro de Agua Español ist ein nützlicher Bauernhund, der mit auf die Jagd geht.

Mit der eigenwilligen Persönlichkeit des Irish Water Spaniels muss man umgehen können.

brachten die Beute an Land. Die zotteligen Hunde waren Bauernhunde, die neben dem Stöbern in den Uferregionen am Hof weitere Aufgaben wahrnahmen, hüteten und wachten. Auch der Pudel (Seite 276) entwickelte sich aus diesen Hunden, wurde aber schon sehr früh als reiner Familienbegleiter gehalten, während die anderen Arbeitshunde blieben, von denen manche erst vor wenigen Jahren den Weg in die Rassehundezucht fanden.
Manche sind eigenständig und territorial und bleiben Kennern vorbehalten, wie der Irish Water Spaniel, der Curly Coated Retriever und der Wetterhoun. Dafür sind andere auf dem besten Wege, beliebte Familienbegleiter zu werden.

CÃO DE AGUA PORTUGUÊS

Der portugiesische Wasserhund machte eigentlich Karriere in den USA, wohin ihn auswandernde Portugiesen mitgenommen hatten. International in die Schlagzeilen geriet er als Hausgenosse der Obamas im Weißen Haus.
Der Cão de Agua war einst der Hund der Fischer, der schwimmend Nachrichten zwischen den Booten übermittelte und Netze einholen half. Er ist intelligent, sehr menschbezogen, arbeitsfreudig, freundlich und vielseitig einzusetzen. Er liebt das Wasser und apportiert zuverlässig. Schon die Fischer schnitten das Haar an den Hinterbeinen für bessere Bewegungsfreiheit kurz. Die Schur hat Tradition und ist keine Modeerscheinung.

PERRO DE AGUA ESPAÑOL

Dieser charmante Lockenkopf ist seit Jahrhunderten der Haus- und Hofhund der Bauern und Fischer Andalusiens. Ausgesprochen vielseitig hütet er Schafe, treibt Rinder, Schweine und Ziegen, bewacht Haus und Hof. Bei der Jagd zeichnete er sich durch eifriges Stöbern, große Wasserfreude und Apportierfreude aus. Den Fischern half er beim Netzeinholen, Schiffsleinen über Wasser zu bringen und nach verlorenen Gegenständen zu tauchen. In den letzten Jahren seit seiner Rasseanerkennung gewinnt der vielseitig einsetzbare, gelehrige, intelligente und führige Hund immer mehr Freunde.

CURLY COATED RETRIEVER

Der Curly ist mit seinen kurzen Locken ein echter Wasserhund, der stöbert und apportiert. Er besitzt einen ausgeprägten Schutztrieb und wurde von Jagdaufsehern zum Schutz gegen Wilddiebe eingesetzt. Der unabhängige, eigenwillige Hund stellt hohe Anforderungen an die Erziehung und ist kein Hund für Anfänger.

IRISH WATER SPANIEL

Der passionierte, robuste Jagdhund eignet sich besonders für die Arbeit in sumpfigem Gelände. Er kann vorstehen, stöbert und apportiert. Man sagt von ihm, er vereine die Intelligenz des Pudels mit der guten Nase des Setters und der Jagdpassion der Spaniels. Ein sehr eigenständiger, selbstsicherer Hund, der sich nur dem unterordnet, den er akzeptiert.

BARBET

Der französische Wasserhund gilt als Ahnherr der Pudel. Er stöbert, sucht ruhig und apportiert aus Leidenschaft, insbesondere aus dem Wasser. Ein freundlicher, sensibler, leichtführiger Naturbursche für den Jagdgebrauch und angenehmer Haus- und Familienhund.

Der französische Barbet gilt als Urform des Pudels und ist ein angenehmer Familienbegleiter.

Curly Coated Retriever wurden einst im Jagdschutz eingesetzt und sind nicht so leichtführig, wie der Begriff Retriever manche erwarten lässt.

Mit Leidenschaft sucht der Lagotto an den Eichen nach Trüffeln, seinen Fund zeigt er durch Scharren an.

LAGOTTO ROMAGNOLO

Seit er 1995 als Rasse anerkannt wurde, hat sich der charmante Hund rasant verbreitet. Im Mittelalter schätzte man ihn in den Lagunen von Ravenna bei der Wasservogeljagd. Nach Trockenlegung der Sümpfe überlebte er auf den Bauernhöfen und machte sich als Trüffelsuchhund in der Romagna nützlich. Sein Fell schützt ihn bei der Arbeit in der nasskalten Jahreszeit und er ist gehorsamer und umgänglicher als Trüffelschweine, die ihre Fundstücke am liebsten selbst verspeisen. Jagt der Lagotto Trüffel, konzentriert er sich im Wald ganz auf diese Beute und lässt sich nicht von Wild ablenken. Er ist lebhaft, gelehrig und arbeitsfreudig. Ausgelastet ist der freundliche, anhängliche, fröhliche Hund auch für Anfänger gut zu handhaben und ein unermüdlicher Begleiter in allen Lebenslagen. Das kurz geschnittene Lockenfell haart nicht und ist pflegeleicht.

Der Lagotto hat eine Karriere als Familienbegleiter vor sich.

Trüffelsuchhunde

Die Ausbildung zum Trüffelsuchhund ist nicht schwierig. Wer nun glaubt, mit wertvollen Trüffeln sein Taschengeld aufbessern zu können, irrt. Trüffelsuche ist dort, wo die teuren Delikatessen wachsen, eine ernste Angelegenheit und „Hobbyschnüffler" sind nicht gern gesehen. In Deutschland stehen Trüffel unter Naturschutz und dürfen nicht geerntet werden. Für Lagotti gibt es inzwischen internationale Meisterschaften in der Trüffelsuche und man kann inzwischen mit dem Pilzmyzel versehene Bäumchen für den eigenen Garten kaufen. Doch die Hunde können genauso gut lernen, Edelpilze zu suchen. Das ist eine spannende und nützliche Beschäftigung für Mensch und Hund.

JAGDHUNDE VOR UND NACH DEM SCHUSS

Für kleinere Reviere mit viel Wald braucht man einen vielseitig einsetzbaren Hund. Die deutschen Vorstehhunde sind die Alleskönner unter den Jagdhunden. Sie stehen vor, stöbern, apportieren und suchen. Sie sind ausschließlich für die Jägerhand bestimmt und leider – insbesondere der schöne Weimaraner – immer häufiger als Familienbegleiter anzutreffen, was durchaus problematisch sein kann. Die ausgesprochen robusten, durchsetzungsfähigen Hunde brauchen eine konsequente Führung und müssen ihre Passion ausleben. Dazu gehört, die sehr ausdauernden, leistungsfähigen Hunde, die viele Kilometer ohne zu ermüden zurücklegen können, körperlich auszulasten.
Eines unterscheidet sie wesentlich von den ausländischen Vorstehhunden: In der Vergangenheit waren die deutschen Vorstehhunde unerlässlich im Personenschutz. Beim Weimaraner wurde die Mannschärfe noch bis vor wenigen Jahren gefordert und zur Zuchtzulassung überprüft.

JAGDHUNDE IM PERSONENSCHUTZ

Beamtete Jagdaufseher betreuen die großen Staatsforste. Es gehört zu ihren Aufgaben, Wilderei zu bekämpfen. In Notzeiten, bis in die Mitte des 20. Jahrhunderts, bediente sich die hungernde Bevölkerung bei großem Risiko an den reichen Wildbeständen, die nur dem Vergnügen der Reichen und Politiker vorbehalten waren. Wilderei wurde streng bestraft, und oft war die Begegnung von Aufseher und Wilderer eine Frage von Leben und Tod.
Der Jagdgebrauchshund – das gilt besonders für den Deutsch Drahthaar, Weimaraner und auch für den Deutsch Kurzhaar – musste seinem Herrn bei dieser Arbeit zur Seite stehen. Ein zuverlässiger Beschützer kann aber nur ein Hund mit ausgeprägtem, angeborenem Territorialverhalten sein, der Besitz verteidigt. Er braucht Selbstvertrauen, um nach vorne zu gehen und Gefahr aktiv entgegenzutreten.
Die Ausbildung der Jagdhunde war hart. Sie lebten in aller Regel nicht in der Familie, und die Beziehung zum Menschen beschränkte sich darauf, den Hund zur Arbeit aus dem Zwinger zu holen. Da der Hund aber seine Anlagen

Trainer-Tipp

Jagdhunde sind keine Energieverschwender, die täglich „körperlich und geistig" ausgelastet sein müssen. Auch im Jagdgebrauch werden sie nicht täglich gefordert. Sie müssen jedoch zwei oder drei Mal in der Woche intensiv arbeiten und ausgiebig bewegt werden.

Der Deutsch Drahthaar ist ein harter Jagdgebrauchshund, der sich nicht als Familienbegleiter eignet.

Pointereinkreuzung in schwere alte deutsche Vorstehhunde ergab den eleganten, schnellen Deutsch Kurzhaar.

ausleben durfte, klare Grenzen gesetzt und Anweisungen bekam, respektierte er seinen Herrn, gehorchte und verteidigte ihn, war ein guter Teamplayer und treuer, zuverlässiger Kamerad. Heute leben die Hunde in der Familie, aber die über Jahrhunderte geförderte Veranlagung kann man nicht einfach so auslöschen. Sie sind nur Hunde für Kenner, die damit umgehen und ihnen regelmäßig sinnvolle Arbeit bieten können, und das ist nicht automatisch jedem Revier- oder Jagdscheininhaber in die Wiege gelegt. Diese Hunde scheinen bis zum Alter von zwei

Der Weimaraner wird wegen seines attraktiven Aussehens schon als Modehund vermarktet und oft leichtfertig gekauft.

bis drei Jahren vollkommen problemlos und nett zu Mensch und Tier, aber nach der Pubertät zeigen sich Territorialverhalten und Mannschärfe. Fremde Hunde und Menschen im eigenen Revier werden nicht geduldet. Insbesondere starke Rüden setzen auch in der Familie ihren Kopf durch, und kleinen Haustieren wie Kaninchen und Katzen ist selten ein friedliches Zusammenleben vergönnt.
Das sollten sich Menschen vor Augen führen, die einen Mantrailer oder gar Rettungshund suchen. Einen geeigneten Hund zu finden, erfordert eine sehr sorgfältige und sachkundige Auslese des Welpen, der schon beim Züchter sowie durch weitere Prägung und Sozialisierung konsequent auf die spätere Aufgabe vorbereitet werden muss. Dennoch muss man damit rechnen, dass er sich nicht auf die geforderte Aufgabe einstellt. Verleitfährten durch ziehendes Wild sind schon mit eingearbeiteten Schweißhunden immer wieder eine Herausforderung, man darf also nicht erwarten, dass sie ein Hund aus jagdlicher Leistungszucht ignoriert oder bei der freien Flächensuche Reh und Hase links liegen lässt.
Welpen sollten nach Vorgabe der Zuchtverbände nur in Jägerhand abgegeben werden, aber die Würfe sind groß und bei immer kleineren Revieren und immer weniger Wild lassen nicht für jeden Welpen Menschen finden, die ihn jagdlich regelmäßig führen. Deshalb werden immer öfter „jagdlich ungeeignete" Welpen angeboten und man fragt sich, wie der Züchter das bei einem sechs bis acht Wochen alten Welpen beurteilen kann. Aber Vorsicht, bei einer Zucht in Jägerhand werden alle Welpen früh auf ihre spätere Bestimmung als Jagdhunde geprägt und nicht auf ein Familienleben. Vorsteher aus dem Tierschutz – deutsche Vorstehhunde sind weltweit sehr beliebt – sind problematisch, da sie erfolgreich gejagt und nur im seltensten Fall eine gute Ausbildung genossen haben und ganz sicher nie irgendwelche Prägung oder Sozialisierung als Familienhunde erfuhren.

Kupieren

In Deutschland ist das Kupieren der Ruten seit dem 1. Juni 1998 verboten. Ausnahme sind zum Jagdgebrauch bestimmte Hunde. Bei der Wurfabnahme ist der spätere Jagdgebrauch eines Welpen nachzuweisen, sonst darf er nicht kupiert werden.

Der Slowakische Raubart ist eine rauhaarige Variante des Weimaraners.

Der temperamentvolle Pudelpointer ist ein freundlicher Hund.

RAUHAARIGE VORSTEHER

Der **Deutsch Drahthaar** ist der klassische und am weitesten verbreitete deutsche Vorstehhund. Ein harter, robuster Jagdhund, der weder vor Dornen noch Eiswasser zurückschreckt. Sein oben beschriebenes Wesen vereinbart sich nicht mit einem leichtführigen Hund, und der Deutsch Drahthaar sollte mehr als alle anderen dem Fachmann vorbehalten bleiben.

Der sehr seltene **Deutsch Stichelhaar** ist ihm sehr ähnlich.

Der **Griffon Korthals** wurde in Frankreich gezüchtet und ist insgesamt bei gleicher Robustheit und Passion weicher und umgänglicher als der Deutsch Drahthaar.

Optisch ein rauhaariger Vorstehhund, entstammt der **Pudelpointer** der Kreuzung von Pudel und Pointer, der nie zum Personenschutz genutzt wurde. Er ist ein gelehriger, sehr schneller und wasserfreudiger Hund mit freundlichem Wesen und auch umgänglich mit Fremden.

KURZHAARIGE VORSTEHER

Der **Deutsch Kurzhaar** ist etwas umgänglicher als der Deutsch Drahthaar, aber schneller und agiler, weshalb er für manche zu nervig und schwierig zu kontrollieren ist.

Der so populäre **Weimaraner** wird leider außerhalb der jagdlichen Zucht regelrecht vermarktet und gehört zu den ganz schwierigen Hunden, wenn er nicht in geeignete, sachkundige Hände kommt. Seine Verteidigungsbereitschaft und sein oftmals unduldsames Verhalten fremden Hunden gegenüber bereiten dem durchschnittlichen Hundehalter oft große Probleme.

Es ist nicht leicht, einen strammen Weimaranerrüden zu führen und ihn über Ersatzaufgaben auszulasten. Der langhaarige Weimaraner ist etwas gesetzter. Rauhaarige Weimaraner wurden in der deutschen Zucht nicht akzeptiert und in der Slowakei züchterisch aufgegriffen. Der **Slowakische Raubart** gerät immer mehr ins Interesse der Hundefreunde auch außerhalb des jagdlichen Gebrauchs.

Der Griffon Korthals ist neben dem Jagdgebrauch gut in der Familie zu halten.

Der Deutsch Langhaar ist ein führiger, ausgeglichener Hund.

Langhaarige Weimaraner sind nur selten anzutreffen.

Der hübsche, mittelgroße Kleine Münsterländer wurde als TV-Star bekannt und ist auch bei Nichtjägern begehrt. Auch er ist ein passionierter Jagdgebrauchshund.

LANGHAARIGE VORSTEHER

Großer und **Kleiner Münsterländer** sind klassische Bauernhunde, die eng mit den Menschen und Tieren des Hofs zusammenlebten. Sie sollten wachsam und im Ernstfall auch verteidigungsbereit sein, aber Mannschärfe wurde nicht verlangt. Mit Beginn der Reinzucht des **Deutsch Langhaar** wurden schwarz-weiße Hunde ausgeschlossen, die jedoch die Münsteraner Jäger nicht aufgeben wollten. So entstand der Große Münsterländer.
Insgesamt sind nach meiner Beobachtung bei vielen Rassen die langhaarigen Varianten weniger hart, sensibler und führiger als die kurz- oder gar rauhaarigen. Trotzdem sind auch die langhaarigen deutschen Vorsteher passionierte Jäger, die eine konsequente Führung brauchen. Bei entsprechender Auslastung sind diese Rassen angenehme Familienbegleiter, was gerade den Kleinen Münsterländer, der jagdlich alles mitbringt, was man in hiesigen Revieren wünscht, so beliebt macht.
Der Deutsch Langhaar geht auf die alten Vogelhunde zurück und ist heute ein vielseitig einsetzbarer, ruhiger Hund und bei jagdlicher Auslastung ein angenehmer Familienbegleiter.

Der Drentse Patrijs und der Stabij aus den Niederlanden sind mit unseren Münsterländer Vorstehhunden verwandt und in ihrer Heimat beliebte Familienbegleiter.

Der Große Münsterländer Vorstehhund war der Haus-, Hof- und Jagdhund der Münsterländer Bauern, die an ihrem schwarz-weißen Hund festhielten.

EINZELJÄGER

UNTER DIESEN BEGRIFF ORDNE ICH HUNDE EIN, DIE NICHT IN EINER MEUTE ODER IN GRÖSSEREN GRUPPEN JAGEN, SONDERN ALLEINE AUF SICH GESTELLT BEUTE FANGEN UND TÖTEN. DIE ZUCHTAUSLESE GALT EIGENSTÄNDIGEN, ENTSCHLUSSFREUDIGEN HUNDEN MIT GERINGEM SELBSTSCHUTZVERHALTEN.

So sehr wir diese starken Persönlichkeiten bewundern, so schwierig gestaltet sich bisweilen das Zusammenleben mit ihnen.
Mein Vater sagte einmal „Persönlichkeiten haben Kanten“ – ein wunderbarer Spruch und so wahr. Sie ecken an und man kann sich blaue Flecken holen!

TERRIER

Terrier kommt von lateinisch terra, Erde, und bezeichnet Hunde, die für die Jagd unter der Erde gezüchtet wurden. Man stelle sich vor, durch dunkle Röhren in den Bau eines wehrhaften Raubtieres einzudringen, um es herauszutreiben oder, wenn es sich wehrt, auf Leben und Tod zu kämpfen. Wie verrückt muss ein Hund sein, um so etwas zu tun – und das freiwillig mit Feuereifer, denn zwingen könnte man ihn dazu nie! Die züchterische Auslese im Laufe der Jahrhunderte musste dafür genetisch angelegte Schutzmechanismen ausschalten und eine schmerzunempfindliche, draufgängerische, durchsetzungsfähige Persönlichkeit fördern, bereit, den gefährlichen Weg auf eigene Faust und ohne Rücksicht auf die eigene Gesundheit zu gehen.

Ein gewaltiger Schritt für einen eher zur überlegten Vorsicht neigenden, strategisch arbeitenden Beutegreifer, der seine Nahrung unter den weniger wehrhaften, flüchtigen Pflanzenfressern sucht. Raubtiere wie Fuchs, Dachs, Marder gehören wegen der damit verbundenen Gefahren nicht zu seinem üblichen Nahrungsspektrum. Auseinandersetzungen kommen höchstens im Rahmen der Revier- und Nahrungsverteidigung vor.
Unter natürlichen Bedingungen meiden Wölfe und Hunde so gut es geht Verletzungen und haben für den Umgang miteinander ein feines Ausdrucksverhalten und Rituale entwickelt. All das hat der Mensch ganz bewusst bei den Terriern weggezüchtet und einen Hund geschaffen, der keine Auseinandersetzung scheut. Aber nicht nur unter der Erde ist der Terrier ein Einzelkämpfer, auch bei der Ratten- und Mäusejagd gibt es keine Beute zu teilen. Hunde der eigenen Familie helfen einander, ein fremder wäre unerwünschte Konkurrenz, der in seinem Lebensraum nichts verloren hat. Auch gleichgeschlechtliche Hunde innerhalb der Familie werden oft als Konkurrenz bekämpft.

RICHTIGE SOZIALISIERUNG

Terrier müssen sehr früh mit vielen verschiedenen Menschen, Tieren und Situationen zusammengebracht werden und lernen, wo ihre Handlungsgrenzen liegen. Das fängt beim Züchter in der Prägungszeit an und muss vom neuen Besitzer konsequent in der Sozialisierungsphase weitergeführt werden. Die Prägungszeit liegt je nach Hundetyp zwischen Ende der 3. und Ende der 6. Woche. In dieser Zeit prägen sich viele Erfahrungen und Umweltreize unauslöschlich ein.

Die Sozialisierungsphase liegt je nach Hundetyp zwischen Ende der 5. bis ungefähr 16. Woche. In dieser Zeit lernen die Welpen soziale Umgangsformen mit Hunden, Menschen und Tieren in Form von Spielregeln. Was der Welpe in der Zeit lernt, ist die Grundlage für sein künftiges Verhalten, und Versäumtes ist nachträglich nur mit viel Mühe auszugleichen. Lernt der Welpe beispielweise durch Erfahrung in der Welpenspielstunde, dass er durch aggressives Verhalten andere Hunde bluffen und damit Schaden von sich abwenden kann, entwickelt er sich zum typischen „Erstschläger“, der erstmal im Angriff die beste Verteidigung sucht. Leider schränkt dieses Verhalten die Lebensqualität von Hund und Mensch stark ein und kann für das kleine Großmaul lebensgefährlich werden. Deshalb muss gerade mit Terrierwelpen ganz besonders sorgfältig mit Sachverstand umgegangen werden.

Für die beiden Pinscher (Foto links) ist Mäusebuddeln eine wahre Leidenschaft. Hier im Sand geht es sogar nur ums Buddeln.

DAS WESEN DER TERRIER

Terrier gelten als unverträglich. Sie wurden gezielt auf Schärfe am Wild gezüchtet. Doch niemand braucht einen Jagdhund, der Menschen beißt und dem Raufereien wichtiger sind als seine Arbeit. Aber die grundsätzliche Persönlichkeit des Terriers bringt es mit sich, dass er – gut geprägt und sozialisiert – zwar keinen Streit vom Zaun bricht, sich aber auch nicht unterordnet und ausweicht, sondern vielmehr Respekt einfordert. Fühlt er sich herausgefordert, reagiert er sofort heftig, am Fuchs oder Dachs bleibt ihm keine Zeit zu überlegen und seinen eigenen Vorteil abzuwägen. Er muss voran und durch! Die starke Persönlichkeit bringt es mit sich, dass er sich schwachen Menschen gegenüber durchsetzt. Farmer und Jäger wissen

Zwei ganz unterschiedliche Terrier um 1840, ausgestorbener weißer Terrier und Skye-Terriertyp.

Ob ich jemals so groß werde wie du? Jack Russell Welpe und Irish Wolfhound im Zwiegespräch.

Terriervielfalt 1803 – lange vor der Trennung in Showrassen.

mit der gebotenen Konsequenz damit umzugehen. Der wenig beeindruckbare Terrier verträgt durchaus einen energischen Umgang. Unserem Familienhund werden selten Grenzen gesetzt oder unerwünschtes Verhalten unterbunden. Niemand wünscht sich ein geregeltes Leben mehr als der Terrier. Kann der Hundebesitzer das nicht bieten, muss sich der Hund kümmern, und er tut es mit aller Konsequenz!
Terrier gab es nicht nur für die Jagd unter der Erde. Auf der Grundlage des unerschrockenen Draufgängers mit ausgeprägtem Sinn für Eigentum, das verteidigt werden musste, entstanden große, auf einer kleinen Farm vielseitig einsetzbare Hunde. Die Bezeichnung Terrier behielten die Farmer für diese Helfer bei, sprach sie doch für das, was den Terrier ausmacht: Mut und Eigenständigkeit.
Heimat der Terrier ist Großbritannien. Die „Erdhunde" wurden schon im Mittelalter als „zänkisch und bissig" nur im Stall geduldet.
Je nach Region und Aufgabe benannte man die unterschiedlichen Schläge nach ihrer Herkunft, z.B. dem Tal der Aire – Airedale, oder Welsh – Wales, Lakeland – Lake District. Die Zucht nach Standard erfolgte erst in der zweiten Hälfte des 19. Jahrhunderts, und aus der Vielfalt der Terrier kristallisierten sich unverkennbare Typen heraus. In diesem Moment trennte sich die Arbeitszucht von der Showzucht. Getreu der britischen Wettbewerbsleidenschaft werden auch für die „working terrier" Shows abgehalten, aber Schönheit ist hier der für die Arbeit perfekte Körperbau und nicht gestylte Erscheinung.

TERRIER FÜR DIE FUCHS- UND DACHSJAGD

In Großbritannien wurden zwei Arten entwickelt. Bei der inzwischen verbotenen „sportlichen" Jagd zu Pferde kamen Terrier zum Einsatz, wenn sich Reinecke Fuchs vor der

Die Terrier suchen in diesem Cairn in den schottischen Highlands die Felsspalten nach Fuchs und Marder ab.

Die Hunde spüren, wenn es zu den Weiden geht, und belagern das Quad. Keiner will zurückbleiben!

Hundemeute in Sicherheit gebracht hatte und er wieder ins offene Gelände getrieben werden musste, damit die Jagd weitergehen konnte. Der Fuchs sollte hierbei möglichst nicht verletzt werden.
Für die Schafzüchter hingegen ist die Bejagung des Fuchses eine Existenzfrage, denn die Fuchswelpen werden zur Lammzeit aufgezogen und die Mutter kann so bequem sich und ihren Wurf ernähren. Den Fuchsbestand auf ein gesundes Maß zu reduzieren, damit er genug in der Natur zu fressen findet und seine Funktion im ökologischen Gleichgewicht einnehmen kann, ohne sich an Lämmern vergreifen zu müssen, ist das erklärte Ziel der Farmer, und dafür braucht er Terrier.
In kargen, mit dünner Erdkrume bedeckten Weidegebieten der britischen Höhenzüge in Wales, Nordengland und Schottland leben die Füchse in eiszeitlichen Geröllhalden, den Cairns, und man braucht sehr engagierte Hunde, um sich dort hineinzuwagen. Diese Jagd ist kein Spaß und vom Hund wird erwartet, den Fuchs aus dem Bau vor die Flinten zu treiben oder möglichst rasch bei einer Konfrontation im Bau zu töten, um selbst zu überleben.
Lässt der Boden gegrabene Baue zu, kann der Jäger dem Hund durch Ausgraben zu Hilfe kommen und ihn am Schwanz aus der Röhre ziehen. Das erklärt die kräftige, relativ kurze, hoch angesetzte Rute, denn das Hochziehen darf nicht wehtun oder gar die Wirbelsäule am Rutenansatz verletzen. Bei Arbeitsterriern wird sie deshalb auf eine „handliche" Länge kupiert. Wie diese Terrier aussehen, ist dem Farmer letztlich egal. Sie leben in Stall und Scheune, die sie unbeaufsichtigt nicht verlassen dürfen, und widmen sich Ratten und Mäusen. Im Gegensatz zu den Hütehunden, die ich niemals im Farmhaus erlebte, hatte so mancher Terrier in der Küche ein warmes Plätzchen!
Niemals darf sich ein Hund Familie, Mitarbeitern und Besuchern gegenüber aggressiv verhalten, und er muss sich mit den anderen Hunden der Farm vertragen. Raufereien und Ungehorsam werden weder bei der Jagd noch auf dem Hof geduldet. Allerdings wäre kein Besucher so dumm, seinen Hund einfach so auf dem Hof zu den Farmhunden zu lassen. Hütehunde und Terrier sind außerordentlich territorial und verteidigen ihr Revier. Treffen sich die Farmer mit ihren Hunden zur Jagd, befindet man sich nicht im Kernbereich des eigenen Territoriums und verfolgt gemeinsame Interessen.
Ein Hund, der sich diesen Regeln widersetzt, kann nicht bleiben, denn für eine Ausbildung oder gar Problembehandlung mit Hundetrainer hat der Farmer keine Zeit. Allerdings verlangt er nur wenig von seinem Hund, er geht nie im Stadtpark spazieren und erwartet keine „Sozialverträglichkeit gegenüber Jederhund", er braucht keinen leinenführigen Hund, der Sitz oder Platz beherrscht, er lässt ihn nie im Wohnzimmer alleine und der Hund wird sich hüten, irgendetwas anzustellen, das seinen privilegierten Platz im Haus gefährden könnte. Aber einem Farmhund wird nie langweilig, er findet immer etwas zu tun, und Ausflüge mit dem Farmer sind regelmäßige Höhepunkte seines Lebens.

TERRIER ALS FAMILIENHUNDE

Das für den Jäger oder Farmer erwünschte Verhalten ist bei der unnatürlichen Lebensweise, die wir unseren Terriern abverlangen, oftmals ein Problem. Wir können dem Terrier außer langweiligen Spaziergängen, bei denen er alles darf, nur nicht jagen, obwohl ihm seine Nase die interessante Welt jenseits unserer Sinne offenbart, nichts bieten. Die Nähe zu vielen fremden, gleichgeschlechtlichen Hunden, Treffen auf einer Hundewiese oder Spazierwegen, die er als Eigentum markiert hat, Duldung von Artgenossen, die ihn nicht respektieren, können einen Terrier schon mal aus der Haut fahren lassen, und in seiner unendlichen Selbstüberschätzung schreckt er auch vor viel größeren Hunden nicht zurück. Wird er gemaßregelt, gar verletzt oder hat er als Welpe in der Spielgruppe die Erfahrung gemacht, alle unterbuttern zu können oder wurde er selbst gemobbt, wird seine ohnehin niedrige Toleranzschwelle schnell überschritten und Angriff als beste Verteidigung sein Lebensmotto. Sehr schnell lernt er auch, seine eigenen Menschen mit Drohverhalten und Scheinangriffen in ihre Schranken zu verweisen. Kommt er damit durch, nutzt er dies ein Leben lang weidlich aus. Mit hoher Intelligenz und unglaublich schnellem Reaktionsvermögen ausgestattet, hat er so bald die ganze Familie im Griff.

Dieses Bestreben, das Sagen zu haben, und Besitzverteidigung machen die Haltung mehrerer gleichgeschlechtlicher Terrier schwierig bis unmöglich.

Tatsächlich kann ein Hund mit dieser Rolle auch überfordert sein. Er wird hyperaktiv und unsicher, was ihn aggressiver erscheinen lässt, als er wirklich ist. Er sehnt sich nach Ordnung und Führung, fühlt sich aber verpflichtet, die Dinge des Lebens zu regeln, wenn der Mensch versagt. Mal fünf gerade sein lassen, das kann er nicht.

Und da wäre noch das lästige Jagdverhalten: Entspannt in der Natur zu spazieren, geht nur im Ausnahmefall, denn natürlich ist der Terrier immer auf der Jagd. Irgendwelches interessante Getier raschelt überall. Zu stark verankert ist sein Jagdtrieb, der sich nicht wegtrainieren, sondern bestenfalls kanalisieren lässt. Und auch das nur mit sehr viel Mühe! Inwieweit sich der Hund vom Menschen zu entfernen bereit ist und selbstständig jagt, hängt von Beziehung, Bindung und Erziehung ab und ist unterschiedlich ausgeprägt. Ansätze müssen schon beim Welpen erkannt werden und positive Jagderlebnisse tunlichst unterbleiben. Man muss dem Hund aber auch Möglichkeiten bieten, mit ihm gemeinsam seine Intelligenz und Bewegungsfreude auszuleben. Ein gelangweilter Terrier ist immer eine Nervensäge. Terrier sind wirklich

Gut sozialisierte Terrier lieben aufregende Spiele mit anderen Hunden.

Die beiden Parson Russell Terrier sind ein eingespieltes Team und immer aktiv.

ungeeignet für Stubenhocker, denn der Hund findet immer eine Möglichkeit sich zu beschäftigen, was allerdings selten im Sinne seiner Menschen ist.
Terrier lernen schnell und sind gut zu hundesportlichen Aktivitäten zu motivieren, allerdings darf man keine Höchstleistungen erwarten.
Ihr Jagdverhalten beschränkt sich nicht auf bestimmte Phasen der Jagd, sie haben ein komplettes Jagdverhalten, interessieren sich für alles und gehen immer wieder gerne eigene Wege.
Klein, handlich, pflegeleicht, immer vergnügt, gelehrig und verspielt – kein Wunder, dass die hübschen Kerlchen Herzen höher schlagen lassen. Aber nur wer die Eigenarten der jeweiligen Rasse und die Persönlichkeit seines Hundes akzeptieren kann, wer bereit ist, eine konsequente Führung ohne Wenn und Aber zu bieten und nicht erwartet, dass er immer und überall nach Wunsch funktioniert, wird Freude an einem schneidigen Terrier haben.

JACK RUSSELL UND PARSON RUSSELL TERRIER

Mir fielen die weißbunten „Mischlinge“ schon bei meinen ersten Englandreisen in den 1960er Jahren auf. Überall waren sie zu sehen, in den Parks der Städte ebenso wie auf dem Land. Niemand nahm sie als Rassehund wahr, trotzdem waren sie so populär wie bei uns der Dackel. Die hervorragenden Ratten- und Mäusejäger verstehen sich bestens mit Pferden und sind fester Bestandteil der Reitställe. Die unwiderstehlich süßen Welpen wurden in die Reiterfamilien aufgenommen und schließlich allgemein bekannt und beliebt. Auch nach Deutschland kamen sie zunächst mit Pferdefreunden.
Benannt wurden sie nach ihrem ersten bekannten Züchter, Pfarrer Jack Russell. Er war im 19. Jahrhundert ein begeisterter Fuchsjäger und spezialisierte seine Zucht auf weiße Hunde mit farbigem Kopf. Mit Beginn der Rassehundezucht und Hauptaugenmerk auf Schönheit und Erfolge im Ausstellungsring trennten sich die Wege der Fox Terrier und in Jägerkreisen waren die eleganten Showtypen mit kunstvoller Frisur verpönt.
Erst 1975 wurde in Großbritannien ein Rasseclub gegründet, doch da es keinen verbindlichen Standard gab, ging alles, was weißbunt war, als Jack Russell Terrier durch und keiner sah aus wie der andere. Meine ersten Fotos aus den 1980er Jahren zeigen winzige, krummbeinige Gestalten ebenso wie derbe, wie Fox Terrier wirkende Hunde, mehr oder weniger rau- oder glatthaarig, mit Steh- oder Hängeohren.
Auch in Australien und Irland hatten Jack Russell Terrier einen festen Platz in den Herzen der Hundefreunde erobert. Als schließlich die Anerkennung als irische oder australische Rasse drohte, ergriff der britischen Zuchtverband (The Kennel Club) endlich die Initiative und

Der Jack Russell Terrier ist auf den ersten Blick dem Parson sehr ähnlich, nur etwas niedriger auf den Beinen.

Der Parson Russell Terrier ist heute auch bei uns ein geschätzter Jagdgefährte mit viel Schneid und Passion. Auch ihn gibt es glatthaarig.

Trainer-Tipp

Terrier brauchen klare Strukturen in der Familie. Fehlen sie, benehmen sie sich oft vergleichbar hyperaktiven Kindern, sie kommen nie zur Ruhe, verbellen alles und jeden und suchen ständig Möglichkeiten, ihren Frust abzubauen bis hin zur Zerstörungswut. Konsequenz ist das A und O im Umgang. Der Mensch muss auf Einhaltung gesetzter Grenzen unerbittlich bestehen. Dazu gehören Geduld und ruhige Selbstsicherheit, keine harten Töne oder Handgreiflichkeiten! Die intelligenten Hunde müssen, da sie nicht jagen dürfen, unbedingt sinnvoll beschäftigt werden. Alles, was ihnen Freude macht, ist geeignet.

gab 1990 zwei Standards für den etwas kleineren, im Rücken längeren Jack Russell Terrier und den hochbeinigeren Parson Russell Terrier heraus.

Der Ruf der kleinen, temperamentvollen Terrier ist gespalten. Oftmals werden sie als unverträglich bezeichnet und Hundetrainer und Tierärzte holen tief Luft, wenn ein Russell auftaucht. Ich kann zum Glück von keiner einzigen negativen Erfahrung berichten. Wohl kenne ich Besitzer, die ihre Hunde lieben und nie abgäben, aber auch niemals mehr einen solchen Hund haben wollten. Denn so lieb, nett und hübsch sie sind, sie sind anstrengend!

Die Persönlichkeit dieser Hunde lässt sich, ebenso wie die Jagdleidenschaft, nicht einfach auslöschen, nur weil wir sie in Haus und Garten verbannen und einen netten Begleiter erwarten, der uns keinen Stress macht.

Leider ist, wie bei jeder Moderasse, das Angebot an nur zum Verkauf produzierten Welpen groß. Niemals kauft man so einen Hund auf die Schnelle oder billig irgendwo – Sorgfalt bei der Züchterwahl zahlt sich immer aus.

Wer sich für solch einen Hund entscheidet, muss einen Züchter finden, der mit Verstand Zuchtpartner mit ausgeglichenem Wesen wählt und eine optimale Welpenaufzucht und -prägung garantiert. Nur dann geht ein Russell Terrier mit durch Dick und Dünn, ist robust und nie übelnehmerisch und für seine Menschen mit seiner hohen Intelligenz, Gelehrigkeit und Fröhlichkeit ein ständiger Quell der Freude.

FOX TERRIER

Er entspringt dem gleichen Stamm wie die Russell Terrier, doch schlug er eine Karriere als Show- und Familienhund ein und war in den 1930er Jahren weltweit populär. Heute sieht man den Foxl nur noch selten. Dabei ist er von handlicher Größe und pflegeleicht, sofern das Drahthaar korrekt getrimmt wird. Sein liebenswerter Charakter, fröhliches Wesen, hohe Intelligenz und innige Beziehung zu seinen Menschen lassen ihn ideal für unsere modernen Lebensverhältnisse erscheinen, doch er ist und bleibt ein Vollblutterrier, der niemals bequem ist.

Der rauhaarige Fox Terrier ist ein stets gut gelaunter, fröhlicher Geselle.

Der Welsh Terrier ist ein anpassungsfähiger Familienbegleiter.

Dieser Lakeland Terrier hat nicht mehr viel Ähnlichkeit mit jagdlich geführten Lakelands in seiner Heimat.

WELSH TERRIER

Der walisische Terrier ist kein Airedale im Taschenformat, sondern viel quirliger und nur körperlich klein, im Kopf fühlt er sich riesig. Beim Kauf eines Welpen sollte man darauf achten, dass er aus einer Haltung kommt, wo mehrere Hunde friedlich im Haushalt zusammenleben und nicht getrennt werden müssen, denn die Fuchsjäger der walisischen Farmer waren einst gut im Team zu halten und laut Plummer verträglicher als andere Terrier. Der kleine Welsh ist ein anpassungsfähiger Familienbegleiter, der Kinder liebt, auch mal einen Knuff verträgt und nie nachtragend ist. Er will im Mittelpunkt der Familie stehen und immer überall dabei sein. Welsh Terrier sind wachsam und schlagen an, aber sie lieben Besuch und sind zu fremden Menschen freundlich und aufgeschlossen.

LAKELAND TERRIER

Der Lakeland Terrier stammt aus den nordenglischen Bergregionen. Man trifft ihn in seiner ursprünglichen Form überall auf Farmen in Nordengland, Schottland und Wales an. Die oft schwarzen Hunde sind auch als **Patterdale Terrier** bekannt. Der hier gezüchtete Showtyp sieht zwar anders aus, aber im Herzen hat er sich kaum verändert und ist nach wie vor ein schneidiger, furchtloser bis dreister Geselle. Lakelands sind sehr gelehrig, aber kalkulieren gerne, was sich für sie lohnt. Sie sind selbstständig und unabhängig, trotz aller Liebe zu ihren Menschen, die in der Lage sein sollten, ihren Hund körperlich und geistig auszulasten, denn nur dann ist er im Haus angenehm ruhig. Hat er mit Kindern gute Erfahrungen, ist er ein robuster und nimmermüder Spielgefährte. Von fremden Kindern lässt er sich nicht gängeln. Im Übrigen ist der Lakeland zwar wachsam, aber menschenfreundlich.

BORDER TERRIER

Der kleine braune Terrier aus der Grenzregion zwischen England und Schottland erfreut sich großer Beliebtheit. Er wurde zur „sportlichen" Fuchsjagd eingesetzt und man wünschte einen

Der elegante Glatthaar-Fox-Terrier ist hierzulande noch ein robuster Jagdgebrauchshund.

Der Border Terrier sollte einst Füchse nur aus dem Bau jagen.

Der Sealyham Terrier aus Wales wird heute nicht mehr jagdlich eingesetzt.

Hund mit höherem Selbstschutzverhalten, der sich mit vielen Hunden auf engem Raum vertrug. Das ist für einen Familienhund ein großer Vorteil. Er besitzt noch immer das fröhliche, aufmerksame, zu jedem Unsinn bereite Wesen, ist aber insgesamt umgänglicher mit Artgenossen und weniger selbstständig als andere Terrier. Das knappe drahtige Fell kann man selbst in Form zupfen.

SEALYHAM TERRIER

In der 2. Hälfte des 19. Jahrhunderts schuf Capt. Edwardes auf seinem Gut Sealyham in Wales einen kräftigen, untersetzten weißen Terrier. Sein Zuchtziel war ein unerschrockener, harter Hund, der Fuchs und Dachs aus dem Bau trieb. Capt. Edwardes legte großen Wert auf einen sozialverträglichen Hund, der zu mehreren jagte, ohne zu raufen. Der sehr seltene Sealyham Terrier ist ein angenehmer, fröhlicher Hausgenosse, der gerne spielt und läuft. Das weiße Fell wird regelmäßig getrimmt.

Cairn und West Highland White Terrier haben dieselben Wurzeln.

DIE SCHOTTISCHEN TERRIER

Zu den schottischen Terriern gehören der West Highland White, Cairn, Scottish, Dandie Dinmont und Skye Terrier.

Im 18. Jahrhundert ging das Clanwesen in Schottland zu Ende. Die Pachtbauern wurden vertrieben und das Land Millionen von Schafen zugesprochen, weil Wolle damals Reichtum garantierte. Zum Schutz der Schafe wurde den Füchsen der Kampf angesagt und Schottland zum Eldorado der Terrier. Die unerschrockenen Kerlchen genossen stets die Bewunderung ihrer Herren, und da die Rassehundezucht zunächst in den Händen des Adels und wohlhabenden Bürgertums lag, gelangten die Terrier früh ins Visier der Rassezüchter.

Für den Jagdgebrauch galten weiße Exemplare als schwächlich und untauglich. Das Gegenteil bewies ein Major Malcolm, und aus seinen Hunden gingen die **West Highland White Terrier** hervor. Der Westie machte Dank Fernsehwerbung Karriere als Familienhund, doch der Trend ist stark rückläufig. Tatsächlich leiden die rein weißen Hunde häufig unter Hautproblemen.

Der **Scottish Terrier** ist ein wenig ruhiger als die anderen und eignet sich gut für die Stadthaltung und Senioren, die mit ihm ausgiebig spazieren gehen können.

Der eigenbrödlerische Scottish Terrier war Anfang des 20. Jahrhunderts groß in Mode.

Einen ganz besonderen Charme strahlen die lang behaarten Terrier von der Isle of Skye aus.

Der langhaarige Terrier der Isle of Skye ist eine Ausnahmeerscheinung. Ein großer Hund auf niedrigen Beinen mit auffälliger Haarpracht, der so als Jagdterrier sicher nicht aussah. Unverträglich unter Artgenossen und in der eigenen Familie nicht duldend, was er nicht will, geriet er in den Ruf, sehr schwierig zu sein. Dem haben in den letzten Jahren die Züchter mit Erfolg gegengesteuert, doch der pflegeintensive Hund gehört nach wie vor zu den ganz seltenen Rasssen. Wer sich mit dem **Skye Terrier** befasst, wird schnell von seinem eigenwilligen Charme in den Bann gezogen.

Der **Dandie Dinmont Terrier** mit dem feinen Haarschopf wurde nach einer Romanfigur benannt. Dieser literarische Aufstieg zu Beginn des 19. Jahrhunderts verschaffte ihm Zutritt zu den feinsten Kreisen, so dass er sich schnell vom raubwildscharfen Jagdhund zum Salonlöwen wandelte. Er gilt als einer der Vorfahren des Rauhaarteckels. Dieser „Philosoph unter den Terriern" ist ruhig, wenn nötig, und lebhaft, wenn möglich. Fremden gegenüber ist er distanziert, zu seinen Menschen zärtlich, aber auch eigenwillig. Er eignet sich für besonnene, ruhige Personen und weniger für einen lebhaften Haushalt mit Kindern. Der Dandie ist nach wie vor ein leidenschaftlicher Ratten- und Mäusejäger. Das Fell wird in Form gezupft, er soll aber nie frisiert wirken.

Der Dandie Dinmont Terrier gilt als Philosoph unter den Terriern. Er ist heute sehr selten anzutreffen.

Der Deutsche Jagdterrier ist ein hervorragender Stöberer und schreckt nicht vor Dornengestrüpp zurück.

DEUTSCHER JAGDTERRIER

Er wurde aus Fox Terrier und schwarz-roten englischen Rauhaarterriern gezüchtet und ist bis heute ein reiner Jagdgebrauchshund. Als Familienbegleithund spielt er keine Rolle, obwohl sein ausgesprochen charmantes und liebenswürdiges Wesen in Jägerhand bezaubert. Für den Jäger bietet er vielfältige Einsatzmöglichkeiten und ist vor allem bei der Schwarzwildjagd ein engagierter und sehr schneidiger, niemals aufgebender Terrier. Er braucht eine sehr konsequente Führung und muss seine Jagdpassion ausleben können. Deshalb sollte er nur in aktiver Jägerhand stehen, wo er häufig Gelegenheit zur Jagd hat. Der Jagdterrier besticht durch sein mutiges, eher schon tolldreistes Verhalten am Wild, und wer nicht ständig um Leib und Leben seines Hundes bangen möchte, wird sich für eine andere Rasse entscheiden. Inzwischen werden einige Terrierschläge in

Immer für ein Ballspiel in Laune ist der feurige, aber nie nervöse Irish Terrier.

Deutschland gezüchtet, die die Vorteile des Jagdterriers ohne seine Nachteile vorweisen sollen und sich gut für Drückjagden eignen. Etabliert, aber nicht offiziell anerkannt ist der **Westfalen Terrier**.

IRISH TERRIER

Der „Rote Teufel", wie er liebevoll von seinen Fans genannt wird, ist für die Fuchsjagd zu groß. Dafür nimmt er es tolldreist mit dem Dachs auf, treibt Kaninchen aus Dornengestrüpp und verfolgt Ratten bis ins Wasser. Der unwiderstehliche Charme liegt in Draufgängertum, großer Treue und Hingabe an seine Menschen. Ein zärtlicher Hitzkopf! Intelligent und gelehrig, eignet er sich für hundesportliche Aktivitäten. Nach wie vor geht er keiner Rauferei aus dem Weg, ohne sie unnötig vom Zaun zu brechen. Der Irish Terrier ist ideal für Menschen, die Langeweile hassen und die sich viel und gerne mit ihrem Hund in der Natur aufhalten.

IRISH GLEN OF IMAAL TERRIER

Schon im 16. Jahrhundert wird der Terrier aus dem Imaal-Tal im County Wicklow erwähnt, der bei der Jagd auf wehrhafte Tiere wie Dachs und Fuchs eingesetzt wurde. Bei der Otterjagd erwies er sich als kraftvoller, ausdauernder Schwimmer. Dieser ausgesprochen harte Jagdterrier wurde erst vor wenigen Jahren für die Rassehundezucht entdeckt, und um den Titel Schönheitschampion tragen zu dürfen, war eine Leistungsprüfung vorzuweisen, da man seine jagdliche Eignung nicht vernachlässigen wollte. Der mittelgroße Hund auf kurzen Beinen ist ein echter Draufgänger, wachsam und notfalls auch verteidigungsbreit, jedoch insgesamt gelassener als manch anderer Terrier.

KANINCHEN- UND RATTENFÄNGER

BEDLINGTON TERRIER

Ein Hund im Schafspelz ist auf den ersten Blick nicht jedermanns Sache. Dabei ist er ein sehr angenehmer, gelehriger, alles mitmachender zärtliche Hausgenosse, der sich leicht erziehen lässt. Draußen entfaltet er sein volles Temperament und verleugnet einen Schuss Whippetblut nicht. Er ist schnell und wendig, kann jagen, aber ein gehorsamer Einzelhund hat kaum Neigung, sich weit von seinem Menschen zu entfernen. Der einstige Gehilfe des fahrenden Volks und der armen Bergarbeiter beim Wildern ist ein stiller Hund mit sehr enger Beziehung zu seinen Menschen.

Rüden sind oftmals Artgenossen gegenüber unduldsam, und der zierliche Bedlington scheut nicht vor einer herzhaften Rauferei zurück. Vom Aussehen ein eleganter Damenhund, vom Herzen ein echter Männerhund. Das sehr feine, leicht gelockte Haar wird mit der Schere in Form geschnitten. Ohne gepflegte Frisur verliert er rasch sein typisches Aussehen.

Der Irish Glen of Imaal Terrier – ein kräftiger Bursche auf kurzen Beinen.

Sanft wie ein Lamm sieht der Bedlington Terrier nur aus!

Der Manchester Terrier ist ein temperamentvoller Geselle.

MANCHESTER TERRIER

Als einer der wenigen glatthaarigen Terrier wurde er in erster Linie zum Rattentöten und Kaninchenfangen eingesetzt und dazu mit Whippet gekreuzt. Rattentöten war ein beliebter Sport, bei dem es um hohe Wettgelder ging. Die Begleiter der armen Bergarbeiter Nordenglands lebten in enger Familiengemeinschaft. Der Manchester Terrier ist heute noch ein sehr angenehmer Familienhund, ausgesprochen sauber und pflegeleicht. Er ist wachsam, aber nicht unnötig aggressiv, temperamentvoll und sportlich, fordert aber nicht ständig Aufmerksamkeit ein. Gelehrig und leicht erziehbar, macht er auch Anfängern Freude, wobei er sein schneidiges Terrierwesen nicht verleugnet und es nicht an Konsequenz fehlen darf.

NORWICH UND NORFOLK TERRIER

Norwich und Norfolk Terrier stammen, wie ihre Namen verraten, aus Südostengland. Studenten der Universität Cambridge machten sie populär. Zum Zeitvertreib jagten sie mit kleinen Terriern, die Platz in ihren Unterkünften fanden, Ratten und Kaninchen, die die wertvollen Deiche und Dämme untergruben, und anderes kleines Raubwild. Die kompakten Hunde sind selbstbewusst, aber nicht gar so aufbrausend. Lebhaft und stets vergnügt, lassen sie als Familienhunde wenig zu wünschen übrig. Das raue Haar wird in Form gezupft. Die beiden Rassen unterscheiden sich nur durch die Ohren, die beim Norwich aufrecht stehen und beim Norfolk vornüber kippen sollen.

AUSTRALIAN TERRIER

Seine Vorfahren kamen mit britischen Siedlern Mitte des 19. Jahrhunderts in ihre neue Heimat, wo man die unbestechliche Wachsamkeit der kleinen Hunde schätzte. Die flinken Terrier erwiesen sich für alle möglichen Aufgaben auf einer Farm nützlich, vernichteten Ratten und Mäuse, hüteten Schafe, trieben Vieh und zeichneten sich durch großes Geschick beim Töten giftiger Schlangen aus. Unter härtesten Lebensbedingungen entwickelte sich ein zäher, wachsamer, draufgängerischer, fröhlicher und intelligenter Hund, der Menschen gegenüber aufgeschlossen ist und gut mit Artgenossen auskommt. Der Australian Terrier ist anhänglich und auch für Anfänger gut zu erziehen, wenn er von klein an seine Grenzen kennenlernt. Das raue Fell wird nur in Form gezupft.

Der Australian Terrier hat sich unter den rauen Lebensbedingungen Australiens entwickelt.

Der kleine Norfolk Terrier war einst Liebling der Studenten in Cambridge.

Die Eigenschaften, die zur Zucht des Lucas-Terriers führten, machen ihn zum guten Familienbegleiter.

MODERNE KREATIONEN

LUCAS TERRIER

Sir Lucas suchte zu Beginn des 20. Jahrhunderts einen kleinen Stöberhund für Kaninchen und Fasan, der dicht beim Treiber blieb, verträglich mit anderen Hunden war und besonders gründlich in schwer zugänglichem Gelände mit Rhododendron, Ginster und Dornengestrüpp suchte. Hatte er ein Kaninchen aufgestöbert, musste er sich sofort abrufen lassen. Lucas kreuzte zu diesem Zweck Sealyham Terrier mit Spaniel und Norfolk Terrier. Seinem Wunsch entsprechend wurde nie eine Rasseanerkennung angestrebt, um weiterhin sinnvoll kreuzen zu können. Heute wird der Lucas Terrier in Großbritannien von einem kleinen Liebhaberkreis engagiert gezüchtet und zeichnet sich als angenehmer Begleiter mit nettem, verträglichem Wesen und Anhänglichkeit aus.

CESKY TERRIER

Der tschechische Kynologe Horak begann 1949 mit der Zucht eines Terriers für die Jagd auf Hase, Fuchs und Dachs. Er schätzte die Jagdpassion des Scottish Terrier, er war ihm aber zu starrköpfig. Der leichtführige Sealyham war ihm nicht raubwildscharf genug, und so suchte er mit der Kreuzung der beiden den goldenen Mittelweg. Als Jagdhund machte der 1963 anerkannte Cesky Terrier jedoch keine Karriere, sondern die Züchter förderten die für einen angenehmen Familienhund erwünschten Eigenschaften. Ceskys sind ideale Wohnungshunde: sauber, klein, wachsam, aber nicht aggressiv. Der Cesky tobt sich gerne mit Artgenossen oder im Spiel aus. Er ist leicht zu erziehen und anhänglich. Das seidig feine Haar ist pflegeintensiv.

VIELSEITIGE HOFHUNDE

Mit dem Begriff Terrier wurden auch andere schneidige Hunde mit echter Terrierseele geehrt, die viel zu groß waren für die Arbeit unter der Erde. Sie hatten auf den Farmen viele Aufgaben zu erfüllen, wachten und beschützten, hüteten und trieben das Vieh, vertilgten Ratten und jagten alles mögliche überirdische Getier. So manch ein Farmer verdiente sich mit Tierkämpfen ein paar extra Shilling dazu und ließ die Hunde gegen Dachse und andere wehrhafte Tiere antreten.

Beim Cesky Terrier erfüllte sich der Wunsch seines Züchters nach einem Jagdhund nicht.

Airedale – König der Terrier. Er gehört zu den anerkannten Diensthunderassen und eignet sich für viele hundesportliche Aktivitäten.

Der große arbeitsfreudige und lebhafte Hund braucht unbedingt sinnvolle Beschäftigung.

AIREDALE TERRIER

Der „König der Terrier“ erwarb sich im Ersten Weltkrieg den Ehrentitel „Kriegshund“. Mein Großvater, der beide Weltkriege mitgemacht hat, schwärmte „sollte ich jemals einen Hund haben, dann nur einen Kriegshund“. Die Briten bildeten erstmals Ende des 19. Jahrhunderts Hunde für militärische Zwecke aus. In erster Linie galt es verwundete Soldaten an vorderster Front zu finden und die Kommunikation mit den hinteren Linien zu ermöglichen. Was diese Tiere leisteten, erfüllte die Soldaten aller Nationen mit Bewunderung.

Der Airedale Terrier trägt den Namen des Flusses Aire, der sich durch das Verbreitungsgebiet des großen Farmterriers windet. Wie üblich wurden die Hunde durch Einkreuzungen den Erfordernissen angepasst, beim Airedale spricht man von Otterhound, Gordon Setter und Collie. Vero Shaw beschreibt im Jahre 1881 den Airedale: „... er treibt Schafe und Vieh wie ein Hütehund, apportiert wie ein Retriever, stöbert wie ein Spaniel, würgt Katze, Dachs und Otter, er liebt das Wasser und taucht wie eine Ente, ist ebenso scharf wie gehorsam.“

Airedales begleiteten die Briten nach Südafrika, wo sie erfolgreich Löwen, Leoparden und Paviane jagten. In den USA scheuen sie nicht vor Bär, Luchs und Puma zurück.

In Deutschland gehört der Airedale offiziell zu den Diensthunderassen. Die Anatomie setzt seiner Vielseitigkeit keine Grenzen, der Airedale springt wie ein Ball, ist wendig, schnell und ausdauernd. Er liebt die gemeinsame Arbeit mit seinen Menschen, ist bei liebevoll-konsequentem Umgang führig und man kann seinen Jagdeifer kontrollieren. Stur wird er nur unter Druck.

Der Airedale steckt voller Ideen, ist stets aufmerksam und immer auf dem Sprung. Das bedeutet, dass er sich leicht ablenken lässt und einen geduldigen, konsequenten Menschen erfordert, der bestimmt und liebevoll auf seinen Hund eingeht und ihm Grenzen setzt, im Gegenzug viele Aktivitäten bietet und sich viel in freier Natur bewegt. Ein ausgelasteter Airedale ist im Hause ein ruhiger Hund.

Auf dem eigenen Grundstück ist er verteidigungsbereit und schätzt Situationen mit großer Gelassenheit richtig ein, bellt nicht unnötig und verteidigt im Notfall, wie man es von einem Schutzhund erwartet. Freunde des Hauses akzeptiert er freundlich, fremde Menschen außerhalb seines Reviers interessieren ihn nicht.

Fachgerechtes Trimmen

Rauhaarige Terrier werden mit dem Messer getrimmt, mit der Schere ein wenig in Form geschnitten und nicht geschoren. Nur dann behalten sie ihr derbes, wetterfestes Haarkleid mit lebhaften Farben. Scheren macht das Fell weich und die Farben verwaschen. Da sich nicht alle Hundefriseure auf das Trimmen verstehen, sollte man es sich vom Züchter zeigen lassen. So kann man selbst die Frisur beibehalten und spart eine Menge Aufwand und Geld. Keinesfalls darf man den Hund zuwachsen lassen, dann trägt er Schmutz herein, wirft abgestorbene Haare ab und die Pflege wird zur anstrengenden und unbeliebten Aktion für Mensch und Hund.

IRISH SOFT COATED WHEATEN UND KERRY BLUE TERRIER

Beide Rassen sind typische Farmhunde, die alles können mussten, da sich die armen irischen Farmer keine Spezialisten leisten konnten. Sie bewachten Hab und Gut, trieben das Vieh, vertilgten Ratten und Mäuse und machten sich bei der Jagd nützlich. Nebenbei verdienten sie ihren Herren noch bei Tierkämpfen gutes Geld. Harte natürliche Auslese schenkte uns robuste, gesunde Vierbeiner.

Der **Irish Soft Coated Wheaten** ist ein fröhlicher, temperamentvoller Hausgenosse, wachsam und menschenfreundlich. Anhänglich und klug, lässt er sich mit Liebe und Konsequenz leicht erziehen, kann aber seinen Kopf durchaus durchsetzen. Der lebhafte Hund braucht viel Bewegung und Beschäftigung und eignet sich gut für hundesportliche Aktivitäten. Sein weiches, leicht verfilzendes Haarkleid kostet sowohl in Form geschnitten als auch naturbelassen viel Pflege.

Der **Kerry Blue Terrier** fällt durch sein außergewöhnlich stahlblau glänzendes seidiges Lockenfell auf. Auch er ist ein Hund, der alles kann. Er ist sogar als Apportierhund einsetzbar. Der Kerry Blue ist kein einfacher Hund, denn er weiß sich durchzusetzen und braucht eine wirklich konsequente Erziehung mit viel Beschäftigung. Er ist ausgesprochen revierbewusst und besonders im eigenen Terrain fremden Hunden gegenüber unduldsam. Er ist kein Hund für bequeme Menschen oder Anfänger. Der Kerry Blue verliert keine Haare; das Fell wird ausgekämmt und mit der Schere in Form geschnitten.

Der stahlblaue Irish Kerry Blue Terrier ist eine außergewöhnliche Erscheinung.

Der Irish Soft Coated Wheaten Terrier ist ein fröhlicher Hund, der gerne arbeitet und Action liebt.

DER DACHSHUND

Was der Terrier in Großbritannien ist, das ist der Dackel in Deutschland. Er ist aus dem Jagdgebrauch nicht wegzudenken, hat aber auch als Familienbegleiter eine beispiellose Karriere erlebt. Beide waren ursprünglich für die gleiche Arbeit gedacht und zeichnen sich durch ähnliche Wesensmerkmale aus.
Der Dackel gilt als typisch deutsch. Als Begleiter des letzten deutschen Kaisers bereiste er mit seiner hochherrschaftlichen Familie ganz Europa. Alte Filme zeigen wunderschöne schwarzrote Kurzhaarteckel an seiner Seite. Königin Victoria brachte Dackel an den britischen Hof. Der Hund mit dem langen Körper und den kurzen Beinen wurde zur beliebten Karikatur alles Deutschen – the German sausage dog, der deutsche „Wursthund“, der vorzugsweise Fritz genannt wurde. Selbst als Deutschland nach dem Ersten Weltkrieg in Ungnade fiel, bewahrte der „Dachsi“ in aller Welt seine Freunde, denn wer ihn einmal ins Herz geschlossen hat, kann sich seinem Charme nie mehr entziehen.
Er war in den 1960er und 1970er Jahren so populär, dass sich in einem „Dackeldorf“ in Bayern Landwirte auf groß angelegte, profitable Dackelzuchten umstellten.

DER MITTELALTERLICHE TACHSKRIECHER

Der Dachshund ist eine kurzbeinige Variante der Bracke. Eine treffende Beschreibung des „Tachskriechers“ liefert uns Hans Friedrich von Fleming in seinem berühmten Werk „Der Vollkommene Teutsche Jäger“ aus dem Jahr 1749: „Nicht alleine auf der Erden, auff Bergen und Thälern, in Wäldern und Feldern, sondern auch in Brüchen, Morästen und Gewässern, ja wohl gar unter der Erden, hat der liebe Gott wunderliche wilde Thiere unterschiedlicher Art erschaffen, so ihre Behältnisse sich zu verbergen suchen; zu welchem Ende man eine besondere Art einiger kleinen Erdhündlein als Schlieffer oder Kriecher gebrauchet, so zu ihrem besseren fortkommen klein, lang und schmahl vom Leibe, mit niedrigen etwas eingebogenen Füßlein versehen und hierzu dienlich sind. Diese Pygmaei, Bergleute oder Minirer sind eigentlich die Zwerge aller anderen Hunde zu nennen, und sind, ob sie wohl klein, dennoch so eyfrig und suchen ihres Herrn Dienst nach äusserstem Vermögen zu vollstrecken: Sie kriechen, treiben und stöbern ihr Wild, schlagen an und stehen vor, mit solchem Fleiß und Eyffer, als wohl jemahls die andern, umb ihren Weydemann anzuzeigen,

Schon der kleine Welpe folgt abenteuerlustig seiner Mutter auf der Suche nach Getier in den Gartenteich.

wo das Wild sich aufhalte. Diese Zwerg-Art ist meistentheils von Farben roth oder schwärzlicht, mit behangenen Ohren, fast dem Jagdhund ähnlich, nur dass sie kleiner als Zwerge. Diese Dachshunde werden auch von einigen öfthers als Stöberhunde gebrauchet, um die Hasen oder Füchse, so währender Zeit sich verkriechen, aufzustöbern, oder die Ilthisse oder andere schädliche Thiere zu erkundigen und auszugraben.“

DER VOLLBLUTJAGDHUND

Der Teckel ist als Jagdbegleiter so beliebt, weil er neben vielseitigen Einsatzmöglichkeiten ein fantastischer Hausgenosse und anspruchsloser Wegbegleiter ist. Er passt in jede Sofaecke und auf jeden Schoß und ist trotzdem ein grandioser Hund mit umwerfender Persönlichkeit, handfest und robust.

Seinen Einsatzmöglichkeiten werden nur durch seine Größe Grenzen gesetzt. Der Dackel kann neben der klassischen Bauarbeit an Fuchs und Dachs stöbern, apportieren, auch aus dem Wasser, und nachsuchen. Großer Wert wurde stets auf lautes Jagen gelegt, denn sein Gebell half, ihn unter der Erde zu orten und auszugraben. Doch weiß jeder Waidmann traurige Geschichten von Dackeln zu erzählen, die ihr Leben im

Dieser Welpe soll einmal jagdlich geführt werden und wird mit dem Geruch künftiger Beutetiere vertraut gemacht.

Bau lassen mussten oder in einer Röhre feststeckten und erst nach Tagen wieder ans Tageslicht kamen, wenn sie sich dünn genug gehungert hatten. Heute sind die Hunde für rasche Hilfe mit einem Sender punktgenau zu orten.

DER BEGLEITHUND

Nur eine starke Persönlichkeit kann sich alleine gegenüber so wehrhaftem Wild wie Dachs und Fuchs unter der Erde durchsetzen und überleben. Aber gerade das, gepaart mit hoher Intelligenz, man könnte fast sagen Raffinesse, und gleichzeitiger völliger Hingabe an seine Menschen, macht die Faszination Dackel aus. Der Dackel ist sprichwörtlich dickköpfig und außerordentlich erfinderisch, um seinen Willen durchzusetzen. Oftmals bemerken die Besitzer gar nicht, wie sehr sie von ihrem Hund manipuliert werden. Selbst Schauspieltalent ist dem Dackel gegeben. Er versteht es meisterhaft, sich unbeliebten Maßnahmen durch die komischsten Aktionen zu entziehen. Es gibt aber auch Hunde, die durchaus bereit sind, ihre Privilegien mit den Zähnen durchzusetzen, wenn es darum

Tachskriecher nach Fleming von 1749.

Sehr elegant ist der kurzhaarige Tigerteckel.

Trainer-Tipp

Der Teckel ist kein Sofahund, der damit zufrieden ist, einmal um den Block zu gehen, jedenfalls nicht, solange er noch jung und gesund und nicht zu fett ist! Alle Aktivitäten von Jagdersatzspielen mit Dummy oder Futterbeutel machen dem Dackel Spaß. Auch ältere Menschen, die nicht mehr sportlich aktiv sind, können ihren Dackel selbst in der Wohnung mit Suchspielen und im Handel erhältlichen Intelligenzspielen beschäftigen.

geht, ihnen Beute abzunehmen oder den besten Sofaplatz streitig zu machen. Es bedarf schon einer dem Dackel angemessenen Persönlichkeit mit Durchsetzungsvermögen, um sich an einem folgsamen Dackel zu erfreuen.

Dass der Dackel außerordentlich klug und lernfähig ist, steht außer Zweifel. Dass er gehorchen kann, ebenso, denn ein jagdlich geführter Teckel muss absolut zuverlässig alle Anweisungen befolgen.

Der Teckel gilt oft als Seniorenbegleiter, der brav im Park seine Runden dreht. Das spricht zwar für seine Anpassungsfähigkeit und die Vorliebe des rauen Waidgesellen für Weiches, Warmes, Gemütliches und guten Service, aber er ist ein Arbeitshund und man sollte ihm Aufgaben gönnen, an denen er Freude hat. Einen gut erzogenen einzelnen Dackel kann man von der Leine lassen und von Wild abrufen, er wird sich am Rande des Wegs mit Mauselöchern ausgiebig amüsieren. Wer darauf Wert legt, sollte Welpen aus jagdlich orientierter Zucht meiden. Auch wenn der einzelne Teckel nicht dazu neigt, sich selbstständig weit zu entfernen, so ist er trotzdem ständig auf der Jagd und seiner feinen Nase entgehen keine Essensreste oder sonstiger im Entferntesten fressbarer Unrat. Fressen gehört zu den großen Leidenschaften der Teckel und sie verstehen es glänzend, ihre ausdrucksvolle Mimik so einzusetzen, dass der konsequenteste Mensch zu schmelzen droht und doch noch einen Leckerbissen herausrückt. Natürlich ist der Sinn nach Beute = Fressen eine Antriebsfeder jeder Jagdleidenschaft.

Alle Teckel sind wachsam, aber nicht aggressiv. Fremden Menschen gegenüber verhalten sie sich neutral, nehmen aber gerne jeden willkommenen Gast in Anspruch, um sich kraulen und bespielen zu lassen. Doch man sollte die kleinen Gesellen nicht unterschätzen. Ihre Größe verhindert zwar Personenschutz, doch sie zweifeln nie an ihrer Großartigkeit und sind durchaus bereit, ihre Familie, Haus und Hof nachdrücklich zu verteidigen. Mir würde es jedenfalls nicht einfallen, ein von einem Dackel bewachtes Grundstück zu betreten, ihm etwas wegzunehmen, das ihm anvertraut wurde – Frauchens Handtasche zum Beispiel – oder in ein Auto zu greifen, das einem Dackel gehört. Respekt genießen Dackel auch im Umgang mit anderen Hunden. Selbst nicht streitsüchtig – sie mögen zuweilen dreist sein, aber dummdreist sind sie nicht –, kommen sie meist gut mit fremden Artgenossen aus.

Der unwiderstehliche Dackelblick erweicht selbst härteste Männerherzen.

HAARARTEN UND GRÖSSEN

Der **Kurzhaarteckel** ist der älteste in der Literatur erwähnte Schlag der kurzbeinigen Bracke. Der Kurzhaar litt noch lange unter dem Image der Witzfigur zu Kaisers Zeiten, war Inbegriff des Altmodischen. Dabei ist der Kurzhaarteckel ein ausgesprochen eleganter, edler und sehr pflegeleichter Hund, den man heute – vielleicht Dank Dackel Bodo in einer Fernsehserie – wieder häufiger sieht.

Der **Langhaarteckel** entstand durch die Einkreuzung von Deutschem Wachtelhund, Setter und Spaniel. Ein ebenfalls sehr schöner, eleganter Hund mit seidig glänzendem Fell und zärtlichem, oftmals eher zurückhaltendem Wesen, für den nur seine Bezugsperson zählt.

Obwohl Teckel aller Haararten gleichermaßen für den Jagdeinsatz geeignet sein sollen, findet man vor allem den **Rauhaar** in Jägerhand. Das Haarkleid bietet Schutz bei kaltem und nassem Wetter oder vor Verletzungen. Außerdem trägt das Terrier- und Schnauzererbe die gewünschten Früchte und macht den Rauhaarteckel zu einem robusten Hund, dem keine Herausforderung zu schwierig ist.

Die Fleckung beim sogenannten **Tigerteckel** beruht auf dem Merlefaktor, einer erblichen Verdünnung der Pigmente im Haar. Die Verpaarung zweier Tiger ist per Tierschutzgesetz verboten, da die Dopplung des Merlefaktors zu vorwiegend weißen Tieren mit Hör- und Sehschäden führen kann.

Dackellähme

Die nach ihm benannte Dackellähme, ein Bandscheibenvorfall, kommt auch bei anderen Rassen vor. Es wird ein Zusammenhang mit der Kurzbeinigkeit, der Chondrodystrophie (siehe Seite 70), angenommen. Zudem wird sie familiengehäuft beobachtet, d. h. in manchen Familien kommen Bandscheibenprobleme öfter vor, in manchen gar nicht. Die Länge des Rückens bietet keine Erklärung, da auch Zwergteckel mit einem relativ kürzeren Rücken betroffen sind. Die Diagnose- und Therapiemöglichkeiten sind heute gut, so dass die Lähmung kein Todesurteil mehr sein muss und die meisten Hunde geheilt werden können.

Wichtig ist, dass der Dackel mit viel Bewegung schlank, drahtig und muskulös gehalten und nicht übervorsichtig geschont wird. Gerade die Furcht vor Bandscheibenproblemen könnte die Sache verschlimmern, wenn dadurch die Entwicklung der Muskulatur beeinträchtigt wird.

Man teilt die Dachshunde in drei Größengruppen ein: Den **Normalschlag** mit einem Brustumfang von mehr als 35 cm bei maximal 9 kg Gewicht, den **Zwergdackel** mit 30–35 cm und den **Kaninchenteckel** mit unter 30 cm Brustumfang.

Teckel in drei Größen und Haararten: links Normalschlag Kurzhaar in der seltenen gestromten Färbung, in der Mitte der saufarbene Rauhaar-Zwergteckel und rechts der rote Langhaar-Kaninchenteckel.

Der Pinscher ist immer auf der Jagd. Vor allem Mäusen stellt er mit Leidenschaft nach.

SCHNAUZER UND PINSCHER

STALLHUNDE

Woher die schnauzerähnlichen Hunde letztlich kommen, weiß niemand so recht. Derartige Hundetypen kennt man weder in Süd- noch in Nordeuropa. Vielleicht sind sie Grenzgänger zwischen Bauernhunden und britischen Terriern, die mit Pferden importiert wurden. Unentbehrlich waren sie im 18. und 19. Jh., als große Stallungen das wichtigste Transportmittel Pferd in den aufblühenden Städten zur Verfügung stellten. Der gesamte Frachtverkehr erfolgte über Land mit Pferdefuhrwerken, die nachts sicher untergebracht werden mussten. Natürlich waren Pferde und Fracht begehrtes Diebesgut, so dass kein Stall ohne zuverlässigen Wächter auskam. Es brauchte kein großer Schutzhund zu sein, viel Radau und in die Hacken beißen genügte vollkommen. Der Hund musste tagsüber zwar viele fremde Menschen unbehelligt aus- und eingehen lassen, jedoch misstrauisch genug sein, um genau im Blick zu haben, wer sich zu Unrecht an Pferden und Vorräten zu schaffen machte. Im warmen, futterreichen Umfeld der Pferde gediehen Ratten und Mäuse, die man nur mit Katzen und Hunden in Schach halten konnte.

Eine Voraussetzung für die Eignung zu ihrem Job war eine starke Bindung an das eigene Territorium. Ein streunender Hund nützte wenig. Daraus ergibt sich eine zuverlässige Verteidigungsbereitschaft gegen unerwünschte Fremde – Menschen und Hunde. Immerhin waren Stall und Scheune das Jagdrevier der Stallhunde, die weitgehend selbst für ihren Lebensunterhalt sorgten. Sie sind charakteristische Einzeljäger, denn für die Jagd auf die mundgerecht kleine Beute braucht man keine Hilfe, sondern Geduld, Ausdauer, Geschicklichkeit und Mut, da Ratten sich heftig wehren.

Der Schnauzerwelpe wird einmal ein richtig guter Kumpel durch Dick und Dünn.

Die Beziehung zum Menschen war gespalten. Tierschutz und Tierliebe waren Fremdworte. Viele Menschen betrachteten Tiere als minderwertig, und so einen Stallhund erst recht. Der Hund erfuhr schnell, dass Kontaktaufnahme mit Menschen eher zu einem Fußtritt führte als zu Streicheleinheiten. Ein freundliches Wort oder Kraulen hinter dem Ohr war sicher die Ausnahme. Die Hunde lernten sehr genau zu unterscheiden zwischen Menschen, denen man vertrauen konnte, und solchen, die man besser mied. Im Gegenzug erwartete man keinen freundlichen, umgänglichen Hund. Hund und Mensch lebten in ihrer Welt nebeneinander her und respektierten sich.

SCHNAUZER

Mittelgroß, stämmig, seinen Mann stehend, ist auch er ein Hund, der Kumpel und nicht Folger sein und einen festen Platz in der Familie einnehmen will. Er gehört dazu, ihm entgeht nichts, und er managt gerne mit, hat seine dicke schwarze Nase immer vorn.

Er ist ein Hund, mit dem man sich auseinandersetzen muss, der gerne diskutiert, sich aber ebenso gerne überzeugen lässt, wenn er seinem Menschen vertraut. Er ist sportlich vielseitig einzusetzen, doch da er stets mitdenkt, nur für den leicht zu führen, der sich darauf versteht. Fremde sind für den Schnauzer eigentlich überflüssig und nicht der Rede wert, solange sie nicht in sein Revier eindringen. Dann erschüttert die scheppernde Stimme das Haus und hält ungebetene Gäste wirkungsvoll auf Distanz. Hat er einmal Freundschaft geschlossen, vergisst er sie nie und ist Freunden gegenüber – auch Vierbeinern – außerordentlich tolerant. Der kernige, robuste Bursche hat ein goldenes Herz unter seiner rauen Schale.

HOLLANDSE SMOUSHOND

Vermutlich gelangten mit den Schiffern die gelben Schnauzer, die man in Deutschland zugunsten der grauen nicht mehr in der Zucht haben wollte, nach Holland. Auf alten Postkarten sind häufig gelbe Schnauzer abgebildet. Sie bewährten sich als hervorragende Rattenfänger und zuverlässige Wächter. Nach dem Zweiten Weltkrieg galten die holländischen Schnauzer als ausgestorben, doch 1972 machten sich Kynologen auf die Suche nach diesen Hunden und begannen ein Rückzüchtungsprogramm. Heute sind die Smousjes in den Niederlanden sehr beliebte, angenehme und fröhliche Hausgenossen. Doch das Zuchtprogramm wird nach wie vor streng reguliert und kein Hund ins Ausland verkauft.

DEUTSCHER PINSCHER

Pinscher und Schnauzer unterschieden sich einst nur durch das Haarkleid. Der ausgeprägte Bart des Schnauzers wurde erst mit der Spezialisierung der Rasse Schnauzer gezüchtet. Beim Pinscher verlegte man sich auf die beim Schnauzer ausgemerzten Fellfarben Schwarz-Rot und Rot.

Das englische „to pinch“ heißt kneifen, und als „Wadenbeißer“ verschaffte er sich Respekt, aber keine Sympathie, wie sich das für einen ordentlichen Stallhund gehört. Jedenfalls konnte man mit dem Pinscher keinen Staat machen, und das hat ihn nie populär werden lassen. Er war sogar in den 1950er Jahren vom Aussterben bedroht. Allerdings gewann er in den letzten Jahren immer mehr Freunde und gehört zu den wenigen Rassen, die im Aufwärtstrend liegen.

Der Pinscher hat es verdient, mit seinen vielen Vorzügen mehr ins Augenmerk der Hunde-

Einmal geschlossene Freundschaft vergisst der Schnauzer nie.

Im Smousje leben die unerwünschten gelben Schnauzer fort.

Der Ratonero wird in Spanien zum Rattenfangen und zur Jagd eingesetzt. Vom Wesen steht er dem Pinscher näher als dem Terrier.

freunde zu rücken. Der knapp mittelgroße Hund findet überall Platz. Dennoch ist er kräftig, robust und sportlich. Im Charakter ist der Pinscher dem Schnauzer ähnlich, jedoch sehr viel unabhängiger mit ordentlichem Durchsetzungsvermögen. Er ist zwar gelehrig, aber er denkt mit und alles muss Sinn machen. Er gehorcht nicht aufs Wort, sondern nur aus der Überzeugung heraus, dass sein Mensch weiß, was er will und gut für beide ist. Er eignet sich daher nur für Menschen, die seine Persönlichkeit akzeptieren und zu führen verstehen. Dann ist der Pinscher ein unermüdlicher Gefährte für sportliche Menschen, die sich viel und gerne in der Natur bewegen. Er kann ausgeprägten Jagdtrieb zeigen und belässt es dann nicht bei seiner großen Leidenschaft Mäusebuddeln.

Terrier Brasileiro.

TERRIER BRASILEIRO, BODEGUERO UND RATONERO

Über den Tierschutz kommen viele weißbunte kleine pinscherähnliche Hunde aus Spanien zu uns. Sie haben sich in den Weinkellereien und Lagerhallen spanischer Hafenstädte bewährt, wo man einen zuverlässigen und effektiven Rattenvertilger brauchte. Heute sind sie vor allem Jagdhunde, die neben Ratten auch anderes Kleingetier jagen. Als reine „Nutztiere“ betrachtet, werden unbrauchbare Exemplare sich selbst überlassen. Mit etwas Glück landen sie beim Tierschutz und werden nach Deutschland vermittelt. Die kleinen Hunde finden sich erstaunlich gut in unserem Familienleben zurecht. Sie sehen zwar dem Parson Russell Terrier ähnlich, sind jedoch ruhiger und umgänglicher als dieser und eher mit den Pinschern zu vergleichen. Interessanterweise fand man diesen Hundetyp auch in den großen Häfen Brasiliens und Japans, wo sie inzwischen anerkannte Rassen sind. Vermutlich hinterließen die Terrier britischer Handelsschiffe, die als Rattenfänger an Bord waren, bei Landgängen mit einheimischen Hunden weltweit diese nützlichen Nachkommen.

DOBERMANN

Das Geheimnis um die Herkunft des Dobermanns nahm sein Schöpfer Friedrich Louis Dobermann (1834-1894) aus Apolda in Thüringen mit ins Grab. Er soll verschiedene Berufe ausgeübt haben: Abdecker, Hundefänger, Steuereintreiber, Nachtwächter. In seiner unbeliebten Stellung als Steuereintreiber, der das eingenommene Geld bei sich hatte, war ein aufmerksamer, unerschrockener Schutzhund, auf den er sich verlassen konnte, unerlässlich.
Zu seinen Vorfahren gehören sicher Stall- und Wachhunde der Bauernhöfe, Schäfer- und Metzgershunde. Später soll Greyhound eingekreuzt worden sein, auch Jagdhunde, denn früher mussten die großen deutschen Jagdhunde Schutzaufgaben erfüllen. Sie hinterließen Spuren; viele Dobermänner sind leidenschaftliche Jäger.
Beliebt waren sie als Beschützer der alleine über Land ziehenden Landpolizisten, was ihnen den Namen Gendarmenhund einbrachte. Solch ein Hund musste nicht nur seinen Herrn beschützen, sondern sich auch in den Dörfern gegen die ihr Revier verteidigenden Hofhunde durchsetzen. Das Image des unsympathischen Abdeckers und Steuereintreibers mit seinen gefürchteten Hunden verfolgt die Rasse bis heute. Insbesondere in Amerika war der Dobermann das Sinnbild für Aggression auf Knopfdruck – ein Thema, das Kinosäle füllte. Das lockte Menschen an, die ihre eigene Persönlichkeit mit einem furchterregenden Hund aufpolieren wollten. Heute ist jedoch ein leicht erregbarer, aggressiver Hund nicht erwünscht.
Der Dobermann gehört zu den anerkannten Diensthunderassen und ist ein ausgesprochen sportlicher, agiler Hund, lebhaft und immer in Hab-Acht-Stellung, stets verteidigungsbereit und ein exzellenter Wachhund, der alles meldet. Gelassenheit und Geduld sind nicht gerade seine Stärke. Doch er sollte nie nervös und unsicher sein. Der Dobermann ist nichts für bequeme Menschen, er will beschäftigt werden und braucht viel Bewegung. Eine sehr konsequent-liebevolle Erziehung mit viel Hundeverstand ist unerlässlich. Unerfahrene Hundehalter sollten sich nicht an eine starke, selbstbewusste Rüdenpersönlichkeit wagen.
Der Dobermann orientiert sich nur an einer Person, deren Führungsrolle er anerkennen kann. Er lässt sich nicht gängeln und ist bereit, sich bei mangelnder Führung energisch durchzusetzen. Er ist kein Hund, der in der Familie so eben mitläuft und kein Kinderspielhund. Doch findet er seinen Platz in der Familie, entfaltet er seine ganze Liebenswürdigkeit und Hingabe zu seinen Menschen.
Fremden gegenüber ist der Dobermann misstrauisch bis ablehnend. Auch im Umgang mit fremden Hunden ist mit einem Dobermann nicht gut Kirschen essen. Sorgfältige Prägung auf andere Hunde, Vermeiden schlechter Erfahrungen, zuverlässiger Gehorsam und eigene körperliche Fitness sind für die Haltung eines so großen, lebhaften und kräftigen Hundes Voraussetzung.

Stolz und selbstsicher blickt die braune Dobermannhündin.

Kraftvoll, edel und immer aufmerksam – der Dobermann.

SAUPACKER, BÄREN- UND BULLENBEISSER

NEBEN LEICHTEN, SCHNELLEN JAGDHUNDEN, DIE WILD AUFSPÜRTEN UND HETZTEN, BRAUCHTE MAN GROSSE, STARKE HUNDE, DIE WEHRHAFTES WILD STELLTEN UND FESTHIELTEN, BIS DIE JÄGER NAHE GENUG HERANKOMMEN UND ES MIT SPIESSEN UND SPEEREN ERLEGEN KONNTEN.

JAGDHUNDE FÜR GROSSES WILD

Der Hund war die Lebensversicherung der Jäger und opferte oftmals sein Leben im Kampf mit Bär und Keiler. Die Auslese galt ausgesprochen mutigen Hunden, die die Konfrontation trotz größter Gefahr für das eigene Leben nicht scheuten – Eigenschaften, die auch den kompromisslosen Beschützer seines Besitzers und von dessen Hab und Gut ausmachten.
In der Antike jagten solche Hunde im Orient und in Afrika sogar Löwen. In Kriegen kämpften sie an vorderster Front, durch Rüstungen geschützt. Die Römer importierten große starke Hunde für Tierkämpfe aus allen Ecken ihres Reiches, insbesondere aus Molossos in Nordgriechenland. Dies brachte dem kraftvollen Hundetyp den Sammelbegriff Molosser ein. Heute noch finden wir schwere, ausgeprägt molossoide Herdenschutzhunde im Epirus, die kürzlich als Rasse anerkannt wurden.
Die spanischen Eroberer Mittel- und Südamerikas hetzten auf Menschen abgerichtete Doggen auf die Eingeborenen. Die Hunde trugen wesentlich zur erfolgreichen Eroberung bei.

Die ausgedehnten Urwälder Germaniens boten Lebensraum für wehrhaftes Großwild und daher haben die Saupacker und Bärenbeißer auch hier eine uralte Tradition.
Ehe man eigene Zuchten aufbaute, wurden aus England Mastiffs an die Höfe Europas importiert, wo sie hohe Wertschätzung genossen. Diese Doggen waren hoch angesehen als Leibwächter der Fürsten und Könige. Sie wurden sorgfältig auf diese Aufgabe vorbereitet, denn sie durften nicht unkontrolliert um sich beißen, mussten aber ihren Herrn mit ihrem Leben verteidigen.
Die edlen Doggen begleiteten ihre adligen Herren zur Jagd, wurden aber insoweit geschont, als man auf Bären, Wildschweine und Hirsche zunächst von den Untertanen konfiszierte Hunde sowie „wertlose“ Mischungen zwischen Doggen und wehrhaften Bauernhunden hetzte. Auch Bullenbeißer besaßen das Zeug, es mit gefährlichen Gegnern aufzunehmen. Fleming berichtet in seinem Werk „Der vollkommene Teutsche Jäger“ von 1749 über Herdenschutzhunde von der polnischen Grenze, die sich besonders gut bewährten. Man trainierte für diesen Zweck also alle großen, kraftvollen Hunde, die bereit waren, den Kampf mit gefährlichen Gegnern aufzunehmen.

Die Familien sind gerade im Ferienhaus angekommen. Sofort übernimmt der Boerboelrüde die Bewachung des Territoriums.

TERRITORIALVERHALTEN

Schützen und Bewachen gehen Hand in Hand mit ausgeprägtem Bewusstsein für das eigene Revier. Der Schutzhund hatte neben dem Jagdhund die größte Bedeutung für den Menschen. In den letzten Jahren ist das in Vergessenheit geraten. Wir erinnern uns nicht mehr daran, wie wichtig ein zuverlässiger Wächter für das Überleben der Familie war. Er musste sich im Notfall vor seine Menschen stellen, sie verteidigen und Verantwortung übernehmen, wenn ihm nachts oder in Abwesenheit Haus und Hof anvertraut wurden. Man erwartete keinen mit jedermann umgänglichen Familienbegleiter. Diese Hunde wurden in ihrer Rolle von den eigenen Leuten ebenso wie von Fremden respektiert. Heute haben wir Gesetze, Polizei und Alarmanlagen. Ein aufmerksamer Schutzhund ist in unserer dicht besiedelten Umwelt hinderlich, in den meisten Fällen unnötig und unerwünscht.
Wölfe gehen Gefahr wenn irgend möglich aus dem Weg, denn Verletzungen beeinträchtigen die Leistungsfähigkeit bei der Jagd und belasten das Rudel. Doch die Verteidigung ihres Reviers, des Raumes, wo sie sicher ihre Jungen aufziehen und Nahrung finden, ist für sie überlebenswichtig.
Hunde, die sich durch hohe Bereitschaft der Revierverteidigung auszeichneten, hat der Mensch gezielt gefördert, weil er Hunde brauchte, die sein Eigentum gegen räuberische Menschen und Tiere verteidigten, ganz besonders in seiner Abwesenheit oder nachts.

Doggenartige Hunde werden häufig als „Molosser“ bezeichnet. Dies bezieht sich auf die großen schweren Herdenschutzhunde aus dem Epirus in Nordgriechenland, die schon in der Antike durch ihren Mut und ihre Stärke Berühmtheit erlangten.

Elias Ridinger (1698–1767) dokumentierte die Jagdhunde seiner Zeit: „Die Englische Docke ...

... und die Größere arth der Bärenbeißer.“ Die leicht verletzlichen Ohren wurden kupiert.

[a]

[b]

[c]

[a] AUF DER SUCHE nach der legendären Dogge der Kanaren, ehe sie als Dogo Canario anerkannt war, treffe ich „El Corcho“. Er liegt in Abwesenheit seiner Besitzer an einer langen Laufkette. Ich bin weit genug entfernt, El Corcho ist vollkommen entspannt.

[b] ICH ERREGE SEINE AUFMERKSAMKEIT. Er beobachtet mich und wartet ab, wie ich mich weiter verhalte.

[c] ICH MÖCHTE ZUR HAUSTÜR und komme unsicher näher. El Corcho nimmt Haltung an und verstellt mir den Weg zum Haus.

[d] NUN BIN ICH ZU NAH und er droht deutlich, legt es aber nicht darauf an, mich anzugreifen. El Corcho reagiert der Situation angemessen. Nähme ich seine Drohung nicht ernst, müsste ich mit ernsthaften Konsequenzen rechnen.

[e] ALS SEINE BESITZER KOMMEN, mich begrüßen und ihn freilassen, verhält er sich entspannt, neutral freundlich. Ich kann mich frei bewegen, denn die Verantwortung liegt nun nicht mehr bei ihm.

[d]

[e]

Die Hunde kennen genau die für uns oftmals nicht erkennbaren Grenzen ihres Territoriums, denn sie enden nicht an unserem Gartenzaun, sondern dort, wo der Hund sie markiert hat. Das schließt regelmäßig begangene und markierte Wege ein. Je näher er sich am Zentrum seines Reviers befindet, desto intensiver markiert er und desto unwirscher reagiert er auf Eindringlinge. Das erklärt, warum Hunde in heimischer Umgebung schwierig im Umgang mit fremden Hunden und im Urlaub oder vorübergehend in anderen Familien zunächst erstaunlich „brav“ sind. Stark territorial orientierte Hunde verstehen bei Grenzüberschreitungen keinen Spaß und setzen ihre Ansprüche mit aller Konsequenz durch. Unterwerfungsgesten werden in diesem Bereich kaum akzeptiert, manchmal wird auch auf das Geschlecht keine Rücksicht genommen. Hündinnen können durchaus fremde Welpen töten, weil sie ihren Lebensraum für die eigene Nachzucht freihalten.

Menschen werden im Normalfall in den äußeren Revierbereichen nicht als Bedrohung wahrgenommen und bleiben unbehelligt.

Besonders die ehemaligen Wach- und Schutzhunde benötigen weitläufigen Lebensraum, der ihrer Verantwortung bedarf. Kleine Reihenhausgärtchen stellen sie nicht zufrieden und lassen sie ihr Revier auf die umliegenden Grundstücke ausdehnen, was für die Besitzer und deren Nachbarschaft mit viel Stress verbunden sein kann. Fremde Besuchshunde im eigenen Haus und Garten – dem Zentrum des Reviers – sind nicht willkommen.

Dagegen verhalten sich diese Hunde im fremden Revier eher neutral, wirken manchmal sogar zurückhaltend und unsicher. Immerhin wissen sie, dass sie sich auf fremdem Territorium befinden, auf dem sie nichts zu suchen haben und dessen Inhaber sicher in Verteidigungsstellung gehen wird. Für sie selbst besteht keine Notwendigkeit, neues Terrain zu erobern!

Trainer-Tipp

Regelmäßig begangene Wege beziehen die Hunde in ihr Revier ein und verteidigen sie gegen andere Hunde. Häufige Wechsel der Territorien auf Spaziergängen können das Territorialverhalten abschwächen.

Deutsche Doggen sind sehr revierbewusst. Dieser Züchter sorgt dafür, dass seine Welpen andersrassige Hunde im eigenen Revier kennenlernen.

In Gebieten, die viele Hunde nutzen und die keinem Revierinhaber zugeordnet werden, gibt es nichts zu verteidigen. Ausgesprochen territorial veranlagte Hunde verlassen ihr Grundstück eigentlich nur, um ihr Revier abzuschreiten und zu markieren – eine Pflicht, der sie allerdings gerne nachkommen. Selbstverständlich wandeln auch territoriale Rüden auf Freiersfüßen. Aber ein streunender Wachhund, der gerne weitläufige Ausflüge unternimmt, kann seiner Aufgabe nicht gerecht werden und wurde nicht gehalten.

Territorialverhalten ist bei allen Rassen mehr oder weniger gegeben und selbst innerhalb einer Rasse unterschiedlich ausgeprägt. Bei entsprechender Selektion der Zuchttiere kann es in wenigen Generationen durch sorgfältige Partnerwahl abgeschwächt werden.

Das Verhalten der Hunde ist bei Welpentests schon sehr gut zu erkennen und kann durch eine gute Prägung und Sozialisierung beeinflusst werden.

Territorialverhalten hat auch mit Sexualität zu tun und ist hormongesteuert. Die Verteidigung des Territoriums sichert die Nahrungsgrundlage und damit die Aufzucht der Jungen.

FAMILIENBEGLEITER IN UNSERER ZEIT

Einige der großen, starken Nachkommen der wehrhaften Jagd- und Schutzhunde sind heute geschätzte Familienbegleiter, die es nicht nötig haben aggressiv zu sein, sondern sich eher abwartend verhalten und nicht leicht provozieren lassen. Sie warnen mit deutlichem Drohverhalten, was meist vollkommen ausreicht, um eine Situation nicht eskalieren zu lassen. Bei echter Gefahr jedoch wissen sie nach wie vor, welche Rolle sie einst spielten. Sie sind nicht auf Angriff aus, sondern verteidigen wenn nötig. Körperliche Überlegenheit, Kraft und die

Die Deutsche Dogge gilt als Apoll unter den Hunden. Kraftvoll und athletisch, liebt sie Spiel und Bewegung.

Bereitschaft, sich dem Feind zu stellen, gehen Hand in Hand mit geringer Unterordnungsbereitschaft. Diese Hunde sind durchaus bereit mit dem Menschen zusammenzuarbeiten, aber gehorchen auf Kommandos, wenn es keinen direkten Nutzen bringt? Sie sind in aller Regel passiv-dominant und wenden unterschiedliche Taktiken an, um sich durchzusetzen: Sturheit, Ignoranz oder Clownerie. Typisch für stark revierorientierte Hunde: Sie sind gegenüber Fremden reserviert bis vorsichtig.

Trainer-Tipp

Schon beim Züchter müssen diese Hunde Spielregeln zwischen Mensch und Hund lernen. Kleine Unterordnungsgesten sind positiv zu bestätigen. Der Züchter muss mit besonderer Sorgfalt die Welpen beobachten und wissen, wann der schmale Grat zwischen spielerischem Dominanzverhalten und dem Übergang in Aggression überschritten wird und dann eingreifen. Zu frühes Eingreifen unterbricht die Abläufe, die der Welpe lernen muss, und verunsichert ihn, das führt zu Frustration und kann in Aggression enden. Werden hier Fehler gemacht, hat es besonders der mit diesen Hunden unerfahrene Käufer schwerer mit der Erziehung.

Diese Hunde sind stille Wächter, melden nicht jeden Spatz im Garten, bellen zunächst gar nicht oder nur verhalten und wirken allein durch ihre Präsenz. Erst wenn sie nicht ernst genommen werden, steigern sie ihr Abwehrverhalten und können dann ganz schnell reagieren!
Sie gehören zu den Hunden, die nach einer langen Jugendphase ihre Aufgabe als Wächter und Verantwortungsträger ernst nehmen.
Nach der Pubertät sind sie nicht mehr an lustigen Spielchen oder sportlichen Aktivitäten interessiert und brauchen keinen Entertainer. Bis dahin können drei Jahre vergehen, und als ob sich ein Schalter im Gehirn umlegt, zeigen diese Hunde dann für viele Halter vollkommen unbegreifliches Verhalten. „Ganz plötzlich“ verteidigen sie konsequent und behaupten sich möglicherweise auch gegenüber der eigenen Familie. Im Gegensatz zu Rassen, die sich ein Leben lang eine gewisse Kindlichkeit erhalten, werden diese Hunde erwachsen.
Gleichzeitig sind sie sehr sensibel, verschmust und legen Wert auf engen Kontakt mit ihren Menschen. Aber man muss sich mit Hundeverhalten beschäftigen. Es gilt Grenzen zu setzen, erste Anzeichen des Aufmuckens zu erkennen und über gute Bindung, enge Beziehung und konsequente Erziehung ohne Härte ein für den Hund eindeutiges, selbstbewusstes Verhalten an den Tag zu legen. Man darf keine Zweifel daran aufkommen lassen, dass nicht der Hund

das Sagen hat. Sind die Rollen klar, gehören diese Hunde zu den treuesten Gefährten und sind bestens geeignet für Menschen, die ihre Hunde um sich haben, aber nicht dauernd etwas mit ihnen tun wollen, die ihnen Reviergänge ermöglichen, aber sie nicht auf Schritt und Tritt mit sich herumschleppen und die ihnen ein angemessenes Aufgabengebiet zur Verfügung stellen können. Selbstverständlich sollte das Grundstück sicher umzäunt sein.

DEUTSCHE DOGGE

Schon im Mittelalter importierten die Fürsten Mastiffs aus England, und mit einem Schuss Windhundblut erzielte man einen schnellen wendigen, edlen Hund, dessen Haltung nur dem Adel erlaubt war.

Fleming schreibt 1749 „Es kommet solche grosse Art von Hunden eigentlich aus Engelland". Einst hatte man sie für hohe Kosten bringen lassen, doch dann züchtete man sie an den großen Höfen, wo sie „zur Pracht" gehalten und nach ihrer Größe, gutem Körperbau, Schönheit und Farbe unterschieden wurden. Die größten und schönsten wurden zu Kammer-Hunden, die nachts neben dem Bett ihres Herrn ruhten. Offenbar war Mord in diesen Kreisen üblich, denn Fleming betont, dass sie „solche Bösewichte niederreißen und ihren Herrn erretten möchten". Sie schliefen auf komfortablen, weichen Lagern, waren tagsüber angekettet und nachts frei. Die Hunde wurden von klein an erzogen und mit Menschen und Vieh vertraut gemacht, dass sie, sollten sie entkommen, „nicht alles anpacken und zerreißen mögen". Waren sie wohlerzogen und man konnte ihnen vertrauen, bekamen sie ein starkes Lederhalsband mit grünem Samt und silbernen Buchstaben oder dem Wappen ihres Herrn um, durften frei herumlaufen und begleiteten ihren Herrn „zum Staat". Diese Leibhunde wurden sorgfältig für die Jagd auf großes Wild trainiert und vor allem darauf, dass sie niemals vom Kopf her angreifen durften, um sich nicht unnötig zu gefährden.

Die gelbe Dogge strahlt Selbstsicherheit und Stolz aus.

Ein ganz besonderer Blickfang – die blaue Dogge. Mit ihr kann man heute noch „Staat" machen.

Die gefleckte Dogge muss immer einen schwarzen Elternteil haben. Paart man zwei Tiger, können taube und blinde Welpen fallen (Merlefaktor, S. 227).

Wenn man das liest, sieht man die Deutsche Dogge vor Augen. Der Apoll unter den Hunderassen, Bismarcks Reichsdogge, ist auch heute noch ein ganz besonderer Hund. Leider führte unvernünftige Zucht auf Riesengröße bei strenger farblicher Trennung und dadurch enormer Einengung der Genvielfalt zu kurzer Lebenserwartung.
Diese prächtigen Hunde brauchen engen Familienanschluss, aber ihr oft ausgeprägtes Territorialverhalten (siehe Seite 145) macht die Haltung nicht leicht. So sieht man die Dogge, die in recht großer Zahl gezüchtet wird, kaum im alltäglichen Straßenbild. Vielmehr schmücken die Hunde herrschaftliche Anwesen mit viel Platz, wo sie sich austoben und ihr Revier bewachen können. Die Dogge eignet sich keinesfalls für eine kleine Stadtwohnung, denn sie muss sich frei bewegen können.

Im angelsächsischen Raum heißt die Deutsche Dogge „Great Dane", großer Däne. Die Abbildung von 1803 zeigt deutlich den Typ der Deutschen Dogge. Grautiger, wie der Hund im Hintergrund, wurden bis vor Kurzem disqualifiziert.

BROHOLMER

Die dänische Dogge ist wie die deutsche Dogge Nachfahre der alten Saupacker und Bärenbeißer und war bevorzugter Begleiter des dänischen Adels, geriet aber über die Kriege vollkommen in Vergessenheit. Erst 1974 begann ein sorgfältiges Rückzüchtungsprogramm mit Restbeständen und fremden Rassen. Heute ist der Broholmer in Dänemark ein begehrter, ruhiger und angenehmer Hausgenosse, aber immer noch ein territorialer Hund, der sich jedoch bei liebevoll-konsequenter Erziehung mit klarer Führung dem Familienleben anpasst.
Er braucht Lebensraum, Familienanschluss und Bewegung und findet allmählich außerhalb seiner Heimat Freunde.

Der Broholmer ist eine Rückzüchtung der dänischen Dogge.

Stich von Sydenham Edwards: Danish Dog (1803) mit kupierten Ohren.

Aufzucht

Die Aufzucht der Riesen und Schwergewichte ist aufwendig und teuer. Die Welpen wachsen schnell und brauchen eine erstklassige Ernährung, aber nicht zu reichhaltig, um das Wachstum nicht anzutreiben. Keinesfalls dürfen sie zu schwer werden, sondern müssen schlank gehalten werden. Auch die Bewegung sollte wohldosiert sein, damit sich früh Muskulatur entwickeln und das Skelett entlasten kann. Mit übermäßigem Schonen erreicht man genau das Gegenteil, denn zum Knochenaufbau ist Bewegung unerlässlich. Dabei sollte sich der Hund frei bewegen können und auch Treppen in Maßen steigen. Jede erzwungene Bewegung ist jedoch zu vermeiden. Der erwachsene Hund sollte ebenfalls schlank und drahtig gehalten werden und mit angemessener Bewegung fit bleiben, auch wenn leider im Ausstellungsring bei manchen Rassen Substanz mit Fett verwechselt wird und viele Hunde eher unbeweglich und behäbig sind, was sich in jedem Fall negativ auf ihre Gesundheit auswirkt.

Mastiff – die englische Dogge – ist ein gesetzter, sensibler Hund.

Sportlich, arbeitsfreudig, temperamentvoll ist der athletische Bullmastiff.

MASTIFF

Die englische Dogge ist seit der Antike bekannt. Schon die Römer schätzten die starken Hunde, die sie in Britannien antrafen. Sie war bis ins 18. Jahrhundert wegen ihrer Kraft, Schönheit und als zuverlässiger Schutzhund über die Grenzen Großbritanniens hinaus berühmt und begehrt. Im Zuge der Showzucht wurde daraus jedoch ein schwerer, massiger unbeweglicher Hund, der kaum Interesse an irgendwelchen sportlichen Aktivitäten hat. Der Mastiff ist ein eher zurückhaltender Hund, der unbedingt engen Familienanschluss braucht.

BULLMASTIFF

Diese Kreuzung zwischen Mastiff und Bulldogge wird schon im 18. Jahrhundert erwähnt. Der agile, kraftvolle Hund wurde hauptsächlich von Jagdaufsehern gehalten, um Wilddiebe zu stellen und Übergriffe der Wilderer auf den

Die Broholmerzucht befindet sich in Dänemark noch im Aufbau. Welpen sind begehrt.

Jagdaufseher abzuwehren. Wilderei war ein schweres Vergehen, doch die notleidende Bevölkerung war immer wieder gezwungen, sich des reichen Wildbestandes des Adels zu bedienen. Heute ist der Bullmastiff ein sympathischer Hund mit ausgeglichenem Wesen, der nie ängstlich oder aggressiv sein darf. Fremden gegenüber verhält er sich neutral, ist im Ernstfall jedoch verteidigungsbereit. Er braucht eine konsequente Erziehung und liebt Bewegung und, trotz einer guten Portion Eigensinn, gemeinsame Arbeit mit seinem Menschen.

MASTINO NAPOLETANO

Nachfahre der alten römischen Doggen, im Mittelalter als Jagdhund eingesetzt, konnte er sich später als Treib-, Hof- und Bauernhund erhalten, wo er im Raum Neapel entdeckt und als Rasse gezüchtet wurde. Der „Panzer der Antike“ wurde in der Presse als „lebende Alarmanlage“ gepriesen und war in den 1970er Jahren einer der teuersten Hunde überhaupt, mit dem jeder sein Anwesen schmücken und schützen wollte. Er hat sich in dieser Rolle jedoch nicht bewährt, denn die Haltung eines so starken, ausgesprochen territorialen Hundes ist nicht einfach und ganz bestimmt unbequem. Hinzu kommt, dass der Mastino zu den am meisten verzüchteten Rassen gehört, denn extreme Faltenbildung, lose Haut, schwaches Bindegewebe und ein viel zu schwerer Körperbau gehen auf Kosten der Gesundheit. Leider werden solche Exemplare wider besseres Wissen der Showrichter heute noch auf Ausstellungen zu Champions gekürt und demzufolge gezüchtet!

CANE CORSO

Eine interessante Rasse, die sich über die Jahrhunderte in Süditalien auf den Bauernhöfen als Viehtreiber, Wach- und Schutzhund, aber auch Helfer bei der Wildschweinjagd erhalten konnte. Er ist praktisch die unverzüchtete Urform des Mastino Napoletano. Der Fremden gegenüber abweisende Hund ist ein unbestechlicher Beschützer mit ausgeprägtem Territorialverhalten. Er ist unvergleichlich agiler als der Mastino und braucht viel Bewegung, eine Aufgabe und klare Führung erfahrener Menschen.

BORDEAUX DOGGE

In Südfrankreich wurde sie einst als Kampfhund gegen Stiere eingesetzt. Zu Beginn der Rassehundezucht wurde Mastiff eingekreuzt. Die Bordeaux Dogge war immer ein seltener Hund und wurde erst in den 1990er Jahren bekannter. Seine Rollen als Filmhund brachten das Knautschgesicht beinahe in Mode. Auch die Bordeaux Dogge ist ein Beispiel negativer Zuchtauslese auf Masse und Imposanz mit gesundheitlicher Beeinträchtigung und geringer Lebenserwartung. Die Bordeaux Dogge ist ein selbstsicherer, souveräner Hund, wenn sie eine einfühlsame, konsequente Erziehung genießt. Der Standard verlangt „dominante Rüden“, die bei guter Prägung und Erziehung allein durch ihre Präsenz eher selten in Raufereien verwickelt werden. Solche Hunde haben ein Gespür für echte Bedrohung und greifen nicht grundlos an. Die Bordeaux Dogge ist nichts für sportliche Menschen und mit angemessenen Spaziergängen zufrieden.

Dieser Mastino Napoletano zeigt keine ungesunden Übertreibungen.

Temperamentvoll und athletisch ist der Cane Corso aus dem Süden Italiens.

Trotz der Falten kein sorgenvoller Hund: Die Bordeaux Dogge ist ein ruhiger, sehr gelassener Begleiter.

Diese Antikdogge ist eine Mischung aus Dogo Canario und Cane Corso.

ANTIKDOGGE

Sie ist ein Beispiel für immer wieder betriebene Zuchtversuche, aus Kreuzungen der zu den Saupackern und Bärenbeißern gehörenden Hunde neue Rassen zu kreieren, die gesund und umgänglich sein sollen. Es gibt sicherlich unter den Züchtern Menschen, die ein ernsthaftes Anliegen verfolgen, aber auch Scharlatane, so dass man sich vor dem Kauf persönlich bei Hundehaltern über das Verhalten und die Gesundheit der erwachsenen Hunde informieren muss. Da es sich um Spätentwickler handelt, sollte man sich das Verhalten ausgereifter, über drei Jahre alter Hunde in unterschiedlichsten Situationen genau anschauen. Jüngere Hunde sind meist freundlich und verträglich.

BOERBOEL

Die südafrikanische Dogge wurde aus verschiedenen europäischen Großrassen und afrikanischen Hunden speziell als Wach- und Schutzhund der Anwesen weißer Siedler gezüchtet und wird auch heute noch als kompromissloser Schutzhund eingesetzt. Die Burendogge fasst in den letzten Jahren auch in Europa Fuß, doch ob man solche Hunde hier wirklich braucht, ist fraglich. Auf Veranstaltungen traf ich nur vereinzelt erwachsene Rüden an, die ansonsten noch jungen Hunde waren im Verhalten unauffällig. Doch aus Gesprächen mit Boerboelbesitzern ergab sich, dass die Haltung nicht unproblematisch ist.

Trainer-Tipp

Zusammenarbeit ist dem Ridgeback in die Wiege gelegt. Er arbeitet erfolgsorientiert und es bedarf einer klaren Führung und sehr viel Bewegung mit Kopfarbeit, um den temperamentvollen, kräftigen Jagdhund auszulasten. Eintönige, schematische Beschäftigung, ständige Wiederholungen langweilen ihn. Jegliche Art der abwechslungsreichen Jagdersatzarbeit tut ihm gut und lenkt ihn von seiner Jagdpassion ab. Mit Mantrailing im Hobbybereich ist er hervorragend zu beschäftigen.

GROSSWILDJÄGER HEUTE

In manchen Ländern setzt man heute noch doggenartige Hunde zur Jagd ein. In Deutschland wäre das nur auf privaten Jagden erlaubt, die Hunde dürften aber kein Wild reißen. Aus Südamerika kennen wir den Fila Brasileiro und den Dogo Argentino, die dort sogar Großkatzen jagen. In den USA beliebt für die Jagd auf die großen verwilderten Hausschweine, die Hogs, in den undurchdringlichen Wäldern und Sümpfen der Südstaaten, ist der Louisiana Catahoula Leopard Dog.

Hunde, die sich solchen Herausforderungen stellen und mit Leidenschaft bei der Sache sind, müssen starke Persönlichkeiten mit Durchsetzungsvermögen sein. Niemand würde gleichzeitig ein lammfrommes Familienhündchen erwarten, das seinem Frauchen jeden Wunsch von den Augen abliest. Sie brauchen eine ganz klare Führung, die sie akzeptieren können und die keine Schwächen zeigt. Im Regelfall sehr souverän gegenüber Artgenossen, die ihnen Respekt zollen, dulden sie jedoch keine Rüpeleien und setzen ihre Ansprüche sofort durch. Das tun sie auch mit schwächlichen Besitzern, denn wer schwierige Aufgaben meistern muss, kann keine unzuverlässigen und unsicheren Gefährten brauchen.

Sie schätzen Situationen sehr gut ein und lassen sich nicht leicht provozieren. Wenn nötig, stehen sie jedoch ihren Mann und verteidigen ihre Familie mit Nachdruck. Besucher sollten sich keine Freiheiten in Abwesenheit der Besitzer herausnehmen, auch wenn der Hund in ihrer Anwesenheit freundlich erscheint.

Das Verhalten dieser Hunde stets richtig einzuschätzen ist nicht leicht, daher sind sie nur für im Umgang mit solchen Hunden geschulten Menschen zu empfehlen.

Die Burenbulldogge wird in ihrer Heimat als Wach- und Schutzhund eingesetzt.

Der Rhodesian Ridgeback ist ein attraktiver Modehund, aber sehr anspruchsvoll in der Haltung.

Der Dermoid Sinus

Hunde mit „Ridge" kommen in Asien und Afrika gelegentlich auch bei den Urtypen vor. Es handelt sich um eine genetische Anomalie, die nicht ohne Tücken ist. Im Bereich des Ridges können durch Hauteinstülpungen wie durch winzige Kanälchen krankmachende Keime bis ins Rückenmark eindringen. Von außen ist meist nur ein winziger Punkt zu erkennen. Der Dermoid Sinus (DS) ist erblich und kommt nur bei Hunden mit Ridge vor. In der Vergangenheit wurden Welpen ohne Ridge als rasseuntypisch ausgemerzt. Man muss sich vorstellen, dass eine normale, gesunde Variante nicht in die Zucht gelangen durfte und sogar getötet wurde! Nur wegen eines Schönheitsmerkmals, das zum Kennzeichen der Rasse erhoben wurde, jedoch zum Tod des Hundes führen kann. Erst seit dieser Skandal vor einigen Jahren publik wurde, darf auch mit Hunden ohne Ridge gezüchtet werden.
Wer diesen prächtigen Hund auf einen Streifen Fell reduziert, verdient ihn nicht! Ridgebacks aus guter Zucht werden vor der Abgabe auf DS untersucht. Dies ist unbedingt vor dem Kauf, egal in welchem Alter, abzuklären und keinesfalls sollte man einen guten Welpen ablehnen, weil er keinen Ridge hat!

Dieser Welpe zeigt den erwünschten Ridge. Ein tierärztliches Attest sollte vor dem Kauf absichern, dass kein Dermoid Sinus vorhanden ist.

RHODESIAN RIDGEBACK

Dieser kraftvolle, elegante Hund ist zweifellos ein Blickfang! Seine Ausstrahlung erzeugt Bewunderung und machte den roten Hund mit dem ungewöhnlichen Streifen entgegengesetzt wachsender Haare auf dem Rücken, nach dem er Ridgeback benannt wurde, zum Modehund. Ridgebacks sind tolle Hunde, ohne Frage.
Aber sie sind eine deftige Portion Hund mit starkem Durchsetzungsvermögen und eigenem Kopf, mit der man umgehen können muss.
Nicht unterschätzen darf man die Kraft und das ungestüme Temperament. Ein losstürmender Ridgeback ist an der Leine kaum zu halten. Nur Gehorsam hält ihn zurück.
Aus einheimischen afrikanischen Hunden mit einem Schuss Windhundblut, Doggen und Jagdhunden aus Europa wurden sie für die Jagd und als Schutzhunde gezüchtet. Daher sind Jagdeifer und Territorialverhalten ausgeprägt. Ridgebacks sind schnelle Sichtjäger und herausragende Nasenjäger mit sehr viel Kraft und Ausdauer. Sie sind aber auch Teamplayer, denn man nimmt es nicht alleine mit Löwen auf!
Bei der Löwenjagd sollten sie sich natürlich nicht mit der Großkatze einlassen, sondern geschickt als Team den Löwen einkreisen und auf Abstand festhalten, bis der Jäger zum Schuss kam. Dennoch erforderte es großen Mut, sich überhaupt der Raubkatze zu nähern.
Gelegentlich werden Ridgebacks in Deutschland jagdlich geführt. Sie zeigen ein komplettes Jagdverhalten und sind vielseitig einsetzbar. Sie bewähren sich bei der Wildschweinjagd und zeichnen sich bei der Nachsuche aus.
Einen Ridgi anzuschaffen, nur weil man ihn toll findet, ist sicher keine weise Entscheidung. Insbesondere starke, selbstbewusste Rüden machen ohne souveräne Führung mit ihren Menschen, was sie wollen. Dies führt natürlich zu Problemen, mit denen dann Hundetrainer konfrontiert werden.

Der Dogo Argentino wird auch in Europa zur Saujagd eingesetzt.

Der Fila Brasileiro ist ein kraftvoller, passionierter Jäger und Beschützer.

DOGO ARGENTINO

Die schneeweiße argentinische Dogge wurde für die Jagd auf Wildschweine und Raubkatzen gezüchtet. Die weiße Farbe kann der Jäger im dichten Urwald besser sehen. Der Dogo ist ein sehr robuster, selbstsicherer, selbstständig jagender Hund und unbestechlicher Wächter, der keine Furcht kennt. Ein sehr anspruchsvoller Hund nur für Kenner.

FILA BRASILEIRO

Der Nationalhund Brasiliens war schon auf bestem Wege, ein Modehund zu werden, aber es sprach sich schnell herum, dass er kein einfacher Hausgenosse ist. Der Fila ist ein zuverlässiger Wach- und Schutzhund, Viehtreiber und Großwildjagdhund. Er ist ausgesprochen stark, schnell und gewandt, dazu mit blitzschnellem Reaktionsvermögen ausgestattet. Er braucht eine sichere, souveräne Führung und gut abgesicherten Lebensraum. Argwohn gegenüber Fremden ist ein Rassemerkmal. Körperliche Auslastung und Kopfarbeit sind ebenso notwendig. Alles in allem ein sehr anstrengender Hund und nur geeignet für Leute, die sich speziell auf ihn einstellen können.

CATAHOULA LEOPARD DOG

Der bunte Hund Amerikas fasst langsam auch in Europa Fuß. Er geht auf spanische Doggen, Windhunde und französische Hirtenhunde zurück, aus denen die Farmer in ihrer gefährlichen neuen Heimat zuverlässige, dem Klima angepasste Wach- und Schutzhunde, hervorragende Viehtreiber und unerschrockene Jagdhunde züchteten. Heute werden sie bei der Jagd der riesigen verwilderten Hausschweine, den „Hogs", in den Urwäldern der Südstaaten eingesetzt. Gleichgültig bis misstrauisch gegen Fremde, selbstbewusst und selbstständig, sind sie nicht geeignet für unerfahrene Hundehalter. Sie sind sehr agil, kräftig, lebhaft und brauchen körperliche und geistige Auslastung bei souveräner Führung.

Catahoula Leopard Dogs aus den USA. Sie sind reine Arbeitshunde und im Typ sehr unterschiedlich.

American Bulldogs werden nicht nach einheitlichem Standard gezüchtet.

AMERICAN BULLDOG UND ÄHNLICHE RASSEN

In den USA wird eine Vielzahl von bulldogartigen Hunden gezüchtet, die zur Jagd und als Schutzhunde gegen Kojoten und verwilderte Haushundhorden ebenso wie für einen Hundekampf gedacht sind.
Über Internetkontakte finden diese Hunde Zugang nach Europa, wo sie nicht offiziell anerkannt sind. Ihr Verhalten und Aussehen ist selbst innerhalb einer Rassebezeichnung sehr unterschiedlich.

EHEMALIGE BULLENBEISSER

Auch Metzger brauchten Schutzhunde, denn in armen Zeiten waren Vieh und Fleisch begehrtes Diebesgut. Zu den Aufgaben der Hunde gehörte auch, die Bullen an der Nase festzuhalten, um dem Metzger den Todesstoß in den Nacken zu ermöglichen. Die Auseinandersetzung mit dem Hund setzt Adrenalin frei, das sollte das Bullenfleisch genießbarer machen, denn in Ermangelung von Kühlanlagen konnte es nicht wie heute üblich abhängen. Das Bullenbeißen entwickelte sich zur regelrechten Volksbelustigung. Von da war der Schritt zu Tierkämpfen nicht mehr weit.
Diese Bullenbeißer sind Nachfahren der wehrhaften Jagdhunde und wurden nach wie vor für die Saujagd eingesetzt. Sie waren in ganz Europa verbreitet und zeichneten sich durch einen kurzen Fang mit vorstehendem Unterkiefer, breite Brust, starke Bemuskelung und Standfestigkeit aus, um den Bullen durch einen Biss in die empfindliche Nase oder auch an den Ohren ohne Behinderung der eigenen Atmung festhalten zu können. Die Betonung liegt auf festhalten, denn ließe sich der Hund abschütteln, wäre das für ihn lebensgefährlich. Das kann so weit gehen, dass sich die Hunde festbeißen und nicht mehr loslassen können. Ich habe das einmal bei einem Bull Terrier beim Schutzdienst erlebt, man musste ihm das Maul mit einem Stock aufhebeln. In diesem Moment verspüren sie keinen Schmerz und sind nicht zu beeindrucken.
Als Hundekämpfe noch üblich waren, maß man den Wert eines Welpen am Verhalten seiner Mutter, der man im Kampf ein Bein abschnitt und die trotzdem weiterkämpfte.

Dieser Catahoula jagt nach seinem Futterbeutel.

Catahoulas werden in den USA auch zur Waschbärjagd eingesetzt und zeigen erstaunliche Fähigkeiten im Baumklettern.

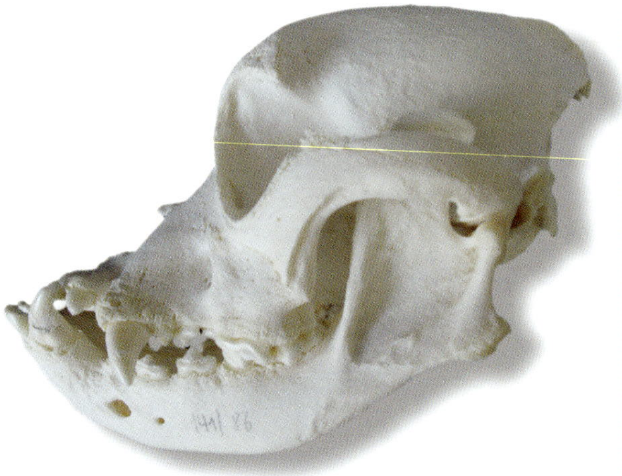

Schädel einer englischen Bulldogge.

Die Nase wurde gänzlich weggezüchtet, der Schädel bietet keinen Raum für die Nasenschleimhäute, die nicht nur für das Riechvermögen wichtig sind, sondern auch für die Wärmeregulierung des Körpers sorgen. Solch ein Hund kann sich durch Hecheln keine Kühlung mehr verschaffen. Ein Kreislaufkollaps ist schon bei geringer Wärme und Erregung vorprogrammiert.

BULLDOG

Die englische Bulldogge ist ein trauriges Beispiel dafür, was der Mensch in der Tierzucht anzurichten vermag. Würde irgendwo ein Hundewelpe mit den Anomalien einer reinrassigen Bulldogge geboren, würde er zweifelsohne sofort eingeschläfert. Bei der englischen Bulldogge, einst ein athletischer, agiler Arbeitshund, hat man über Generationen ohne Rücksicht auf Gesundheit und Wohlbefinden eine Kreatur geschaffen, die alleine aus Tierschutzgründen gar nicht existieren dürfte. Auf der einen Seite prangern die Medien die gesamte Rassehundezucht aufgrund dieser Negativbeispiele an, auf der anderen Seite hechelt sich eine Bulldogge als Maskottchen einer täglichen Fernsehsendung die Seele aus dem Leib. Hohe Einschaltquoten verspricht man sich von beidem.
Aus mir unerfindlichem Grund gehört die englische Bulldogge trotz ihrer Missbildungen, Unfähigkeit zu natürlicher Fortpflanzung, Atmungs- und Bewegungsbehinderung zu den Modehunden. Zwar gibt es in Deutschland Bemühungen, diesen Zustand zu verbessern. Doch leider setzt der Gesetzgeber seine Bestimmungen nicht um, und da die kontrollierte Zucht den Bedarf nicht abdeckt, werden die meisten Bulldoggen, wie alle Modehunde, unkontrolliert zum Verkauf produziert und importiert. Sollten Sie Ihr Herz an eine Bulldogge verloren haben, dann schauen Sie sich die Hunde objektiv an – immerhin sollte sie ein frohgemutes Hundeleben ohne Qualen leben können – und überlegen Sie gut, ob und wo Sie kaufen. Im Trend zu liegen um jeden Preis kann es nicht sein, wenn es um Lebewesen geht, für die wir verantwortlich sind. Die Bulldogge wäre gerne ein fröhlicher, lebhafter Hund, wäre sie nicht in diesem Körper gefangen. So ist sie ein kauziger Gesell, eigensinnig und so schnell nicht aus der Ruhe zu bringen. Ausgedehnte Spaziergänge, gar hundesportliche Aktivitäten, sind nur im Ausnahmefall in begrenztem Umfang möglich.

CONTINENTAL BULLDOG

Die traurige Situation der englischen Bulldogge weltweit führte zu einem mühevollen, aber lohnenswerten Schritt. Eine erfahrene und erfolgreiche Schweizer Bulldogzüchterin wollte es besser machen, doch die Einkreuzung einer nicht anerkannten Bulldograsse, um dem ursprünglichen Typ näher zu kommen, fand international von der Bulldoggemeinschaft keine Zustimmung. So wurde die Idee geboren, eine neue Rasse zu züchten, die alle typischen Bulldogmerkmale aufweist, dies jedoch nur bis zu einem Grad, der die Hunde gesundheitlich nicht beeinträchtigt. Das ist mit dem in der Schweiz national anerkannten Continental Bulldog gelungen.

Diese Bulldoggen verkörpern nicht den extremen Typ und genießen ein aktives Leben.

Der Continental Bulldog ist auch ohne Übertreibungen ein typischer Bullenbeißer.

Der Deutsche Boxer ist ein weltweit beliebter, fröhlicher und sportlicher Familienbegleiter.

DEUTSCHER BOXER

Eine Rasse aus der Familie der Bullenbeißer hat sich weltweit zu einem geschätzten und geliebten Familienbegleiter entwickelt, der Deutsche Boxer. Der in seiner Familie freundliche, liebenswerte, immer gut gelaunte Hund ist misstrauisch gegenüber Fremden und bei Bedarf ein unbestechlicher Beschützer, der nie unnötig kläfft. Der Boxer braucht eine klare, konsequente Führung. Mit Bestimmtheit ohne unnötige Härte kann man ihn gut erziehen, doch die ausdrucksvolle Boxermine besiegt oft die besten Vorsätze und es gelingt ihm immer wieder mit viel Clownerie, seinen Dickkopf durchzusetzen. Besonders selbstbewusste Boxerrüden sind nicht leichtführig, aber wer den Boxer zu motivieren versteht, kann es im Hundesport zu Höchstleistungen bringen. Der temperamentvolle Hund braucht Bewegung und Arbeit bei engem Familienanschluss. Er hat ein feines Gespür für echte Gefahr und lässt sich nicht so schnell provozieren. Er gehört zu den anerkannten Diensthunderassen, sein Manko sind jedoch Hitze- und Kälteempfindlichkeit. Extrem kurze Nasen, die die Atmung behindern, und hängende seibernde Lefzen sind heute nicht mehr das Zuchtziel. Leider gehören Boxer zu den Hunden mit nicht allzu hoher Lebenserwartung.

BULLENBEISSER-TERRIER-MIXE

Die grausamen Spektakel, Hunde auf wehrhafte Säugetiere wie Affen, Bären und Dachse zu hetzen, waren bis ins 19. Jahrhundert beliebte Volksbelustigung aller Bevölkerungsschichten mit hohen Geldwetten. Mit dem Verbot der Tierkämpfe beschränkte man sich auf illegale Hundekämpfe, die leichter im Gehcimen zu managen waren. Da die alten Bullenbeißer für den professionellen Hundekampf weder aggressiv noch wendig genug waren, kreuzte man sie mit extrem heißblütigen Terriern und betrieb in der Zucht eine grauenhaft gnadenlose Selektion auf Tiere, die sich nicht mit Ritualen aufhalten, sondern kompromisslos angreifen und im Kampf keinen Schmerz empfinden.
Es existiert nach wie vor weltweit eine starke „Kampfhundszene", in der Pit Bulls (pit ist die Kampfarena) auf grausame Weise missbraucht werden.
Unterordnungsbereitschaft passt nicht zu diesen Hunden. „Privat" sind sie in der Regel liebenswert und nett, denn Aggression gegen Menschen war nie erlaubt. Schließlich musste jeder innerhalb der „Szene" mit den Hunden umgehen können. Allerdings ist es möglich, durch tierquälerische Maßnahmen Hunde dazu zu bringen, Menschen zu attackieren.
Sieht ein Hund die Notwendigkeit zuzubeißen, kennt er kein Zurück. Ein erfahrener Züchter solcher Hunde sagte mir einmal: „Er beißt so lange zu, bis kein Leben mehr drin ist" und eine Fernsehreportage der BBC im Jahre 2008 nahm sich in einer Dokumentation der Thematik an, die einen eindrucksvollen Einblick in die internatonale Kampfhundeszene gewährte und großes Aufsehen erregte. Hunde, die einst als Kampfhunde gezüchtet wurden, und erst recht, wenn dies in unmittelbarer Vergangenheit der Fall war, „würden lieber sterben als aufgeben", so der amerikanische Hundetrainer Cesar Millan. Wenn sie in den „Kampfmodus" geraten, befinden sie sich so stark unter Adrenalineinfluss, dass sie Schmerz nicht mehr spüren und kaum zu beeinflussen sind.

„Listenhunde“

Nach einem tödlichen Beißvorfall im Jahre 2000 wurden übereilt „potenziell gefährliche Rassen“ wie Vertreter doggenartiger Hunde, Herdenschützer, alle Bull Terrier und deren Mischlinge auf Listen innerhalb sogenannter „Hundeverordnungen“ erfasst. Das prägte den Begriff „Listenhund“.

Ein allgemeines „Verniedlichen“ dieser vom Gesetz verfolgten Rassen ist ebenso unangebracht wie ein allgemeines Verteufeln. Natürlich liegt es am Menschen, dass es solche Hunde gibt, aber die Verhaltensweisen beruhen auch auf genetischer Selektion und sind keineswegs nur auf falsche Prägung und Sozialisierung zurückzuführen. Deshalb muss man unterscheiden zwischen Hunden, deren unmittelbare Vorfahren für Hundekämpfe gezüchtet wurden, und solchen, deren Ahnen seit 150 Jahren in keinen Kampf mehr geschickt wurden. Allerdings muss der Züchter ganz gezielt die Zuchttiere auswählen, um eine gewisse Sensibilität und Unterordnungsbereitschaft zu fördern. Diese Hundepersönlichkeiten können sehr tolerant sein und nehmen ihre Menschen oftmals nicht wirklich ernst. Gleichzeitig werden die vermeintlich verspielten Hunde oft wie Kinder behandelt, verwöhnt und nie in ihre Schranken verwiesen. Zu erkennen, wann der Hund seine Toleranzgrenze erreicht hat, ist aufgrund der bewusst weggezüchteten Mimik und des fehlenden detaillierten Drohverhaltens schwierig und so kann es durchaus im familiären Bereich zu gänzlich unerwarteten Beißvorfällen kommen. Solche „Beziehungsauseinandersetzungen“ können wir bei allen Rassen erleben. Problematisch ist jedoch die Heftigkeit des Beißens, wenn es dazu kommt. Die Erziehung dieser selbstbewussten und sehr kraftvollen Hunde verlangt von klein an gefühlvolles Durchsetzungsvermögen. Erfahrung und Kenntnis in Hundeverhalten. Körperliche Fitness, um den Hund ausreichend zu bewegen und zu beschäftigen, sowie Kraft, um ihn halten zu können, sind unerlässlich. Bei Hundebegegnungen erwarten sie Respekt und dulden keinen Widerspruch. Ein Hund, der Ansprüche auf das Territorium erhebt oder sich nicht unterordnen möchte, muss mit einer mehr oder weniger heftigen Maßregelung rechnen. Die Besitzer sagen dann so nett: „Er tut nichts, aber anmachen lässt er sich auch nicht!“ Deshalb müssen die Welpen früh mit viel Sachverstand an den Umgang mit anderen Hunden herangeführt werden. Beim Welpen müssen schon Ansätze von aggressivem Verhalten unterbunden werden. Das beginnt mit Anstarren, dem „mit Blicken Kräfte messen“. Freundliche Kontaktaufnahme mit Mensch und Tier wird belohnt.

American Staffordshire Terrier aus Showzucht. Leider wird er oft mit dem Pit Bull verwechselt.

AMERICAN STAFFORDSHIRE TERRIER

Leider wird dieser athletische Hund oft mit dem Pit Bull Terrier, der illegal ausschließlich zum Hundekampf gezüchtet wird, in einen Topf geworfen, denn für den Laien sind diese Hunde kaum zu unterscheiden. Er ist eine international anerkannte Rasse, die als Show- und Familienhund gehalten einer Zuchtauslese unterliegt, die nicht mit der Kampfhundszene in Verbindung gebracht werden möchte, aber im Zuge der Hundegesetze mit in den Sog der „Kampfhunde“ geriet.

STAFFORDSHIRE BULL TERRIER

Was man durch züchterische Auslese erreicht, zeigen die englischen Staffordshire Bull Terrier. Sie stehen zwar bei uns auf der „Liste“, sind in ihrer Heimat jedoch im Jahr 2012 auf Platz 8 der beliebtesten Hunderassen mit über 6 000 Welpen zu finden und stünden damit in Deutschland hinter dem Deutschen Schäferhund mit dem Dackel auf Platz 2!
Sie gehören in Großbritannien mit zu den beliebtesten Familienhunden, also in einem Land, in dem man genau so sensibel auf aggressive Hunde reagiert wie hier!

Ein wunderschöner Bull Terrier mit dem eigenartig eiförmigen Kopf.

Kampfhunde vor dem Gesetz

Ein Bundesgesetz regelt die Einfuhr und Verbringung von gefährlichen Hunden. Es nennt die Rassen: Pitbull Terrier, American Staffordshire Terrier, Staffordshire Bullterrier, Bullterrier sowie deren Kreuzungen untereinander und mit anderen Hunden. Jedes Bundesland hat darüber hinaus eigene Gesetze und Verordnungen, manche führen lange Listen „gefährlicher" Rassen. Vor der Anschaffung eines Hundes sollte man sich damit befassen. Für sogenannte Listenhunde gelten bestimmte Haltungsvorschriften und Anforderungen an den Hundehalter, zum Teil drastisch erhöhte Hundesteuer usw. Solche Gesetze gibt es europaweit. Trotzdem blüht die illegale Kampfhundeszene.

BULL TERRIER

Er wurde nach dem Verbot der Hundekämpfe als Familien- und Showhund gezüchtet, wobei man sich der Veränderung des Kopfes widmete, der sich in wenigen Jahrzehnten vom normalen Hundekopf zu einer Eiform entwickelte, die einmalig ist und die Besonderheit des Bull Terriers ausmacht. Wiederum ein Beispiel für züchterischen Ehrgeiz, sich gänzlich von der Natur zu entfernen. Der Bull Terrier ist ein selbstbewusster, souveräner Hund, der sich nicht jedermann unterordnet und nur folgt, wenn es ihm in den Kram passt. Seine Liebhaber sehen in seinem Dickkopf seinen besonderen Charme. Der Bullterrier wurde als „Gladiator" unter den Hunden verherrlicht, was ihm später in der Kampfhundhysterie nicht zum Vorteil gereichte.

MINIATUR BULL TERRIER

Im Zuge der Kampfhundeverordnungen gewann der Miniatur Bull Terrier an Beliebtheit, denn er steht auf keiner Liste. Seine Persönlichkeit steht der des Großen in nichts nach. Das charmante kleine Kraftpaket hat seinen eigenen Kopf und ist insgesamt lebhafter und agiler. Der Rassestandard entspricht dem des Bull Terriers, allerdings bei einer maximalen Schulterhöhe von 35,5 cm.

Bei weißen Bull Terriern kommen taube und blinde Welpen vor, was beim Welpen nicht immer auf Anhieb zu erkennen ist. Dies ist vor dem Kauf abzuklären.

Staffordshire Bull Terrier sind in England beliebte Familienbegleiter.

Der Mini Bull Terrier ist ein kleines Kraftpaket mit starker Persönlichkeit.

HIRTEN- UND BAUERNHUNDE

DER ZWEITE GROSSE SCHRITT IN DER ENTWICKLUNG DER MENSCHHEIT WAR VOR ETWA 10.000 JAHREN VOM SAMMLER UND JÄGER ZUM ACKERBAUERN UND VIEHZÜCHTER.

HERDENSCHUTZHUNDE

HAUSTIERE ERMÖGLICHTEN NICHT NUR DEN ZUGRIFF AUF FLEISCH, FELLE UND LEDER, SONDERN WERTVOLLE PRODUKTE DER LEBENDEN TIERE WIE MILCH, WOLLE, DUNG. EINE HERDE VERSORGTE DIE FAMILIE MIT ALLEM, WAS SIE BRAUCHTE.

Wo es die geografische Lage erlaubte, Nahrung auf Feldern anzubauen, regelmäßig zu ernten und Überschüsse zu erwirtschaften, konnten Menschen sesshaft werden, Besitz schaffen und Spezialisten ernähren, Technik und Kunst entwickeln und Städte gründen. Für den Ackerbau ungeeignete Gebiete wie karge Steppen- und Bergregionen wurden für die Viehzucht genutzt. Trotzdem gingen Menschen stets für die eigene Fleischversorgung auf die Jagd, um ihr Vieh nur im Notfall aufessen zu müssen. Heute geht man davon aus, dass Ackerbau und Viehzucht im Nahen Osten, im sogenannten Fruchtbaren Halbmond, der sich von der Mit-

Territorialverhalten

Für das Rudel – Wolf oder Hund – ist das eigene Territorium oder Revier lebenswichtig. Im Zentrum des Reviers werden die Welpen in der Geborgenheit der Familie aufgezogen. Das Revier beherbergt auch die Nahrungsgrundlage, Ressourcen. Es wird markiert und gegen Eindringlinge verteidigt. Übergriffe werden mit aller Heftigkeit abgewehrt, will das Rudel weiter hier leben. Nicht nur der Mensch erobert neue Territorien, auch Wölfe sind darauf angewiesen, und eine effektive Verteidigungsstrategie gehört zu den wichtigsten Verhaltensweisen von Wolf, Hund und Mensch. Mehr dazu siehe Seite 145 (Saupacker).

Dieser Marmorboden am Eingang zum Dom von Florenz zeigt einen typischen Maremmano.

telmeerküste über das Euphrat-Tigris-Tal zum persischen Golf erstreckt, um 11 000 v. Chr. entstanden und von da aus nach Europa vordrangen. Auch asiatische Steppenvölker begannen um diese Zeit, Haustiere zu halten. Die Domestikation des Hundes reicht sehr viel weiter zurück als die von Schwein, Rind und Schaf um 8 000 v. Chr. oder gar die des Pferdes um 4 000 v. Chr. Alle Zahlen unter Vorbehalt, da sie täglich von neuen Funden und durch bessere Datierungsmöglichkeiten überholt werden könnten.

Neueste genetische Studien ergaben, dass die meisten europäischen Männer auf Einwanderer aus dem Nahen Osten zurückgehen, während die meisten Frauen von Sammlern und Jägern abstammen. Offenbar wanderten die Männer ein, brachten Viehzucht und Ackerbau mit und gründeten mit ortsansässigen Frauen Familien. Da kein Mensch ohne Hund irgendwohin geht – jedenfalls nicht in meiner Vorstellungswelt –, ist das auch für uns interessant bezüglich der Verteilung der Rassen in Europa, denn schon die alten Babylonier kannten Herdenschutzhunde.

Der Kanaan-Hund auf dem Bild Seite 164 bewacht von einer Anhöhe aus die Ziegen einer Oase in der Wüste Israels.

Ein Mastin Español in den Picos de Europa im Norden Spaniens sichert das Gelände seiner Herde ab.

Bei Regen bleiben die Schafe im Stall. Die Transmontanos kümmern sich in Anwesenheit der Dorfbewohner nicht um uns.

Wer Besitz hat, muss ihn schützen. Des Menschen größter Feind war stets der Mensch. Raubtiere waren ärgerliche Nahrungskonkurrenten und richteten Schaden an, aber niemals war der Mensch durch sie existenziell gefährdet, so lange ihm ein guter Hund zur Seite stand. Raubende und mordende Menschenhorden jedoch können Hunde nicht aufhalten, wohl aber herannahendes Unheil melden und Gelegenheitsdiebe abschrecken. Außerdem setzte man Herdenschutzhunde und deren Mischlinge bei der Jagd zum Stellen wehrhaften Wildes ein. Auf mich üben diese prächtigen Hunde eine ganz besondere Faszination aus, weil man sie heute noch bei ihrer ursprünglichen Arbeit erleben kann. Fast in Vergessenheit geraten, traten sie in den letzten Jahrzehnten mit Wolf- und Bärenschutzmaßnahmen in Europa ins öffentliche Interesse, da es keinen besseren und kostengünstigeren Schutz für die Herden gibt. Auch in den USA und in Afrika werden sie vermehrt eingesetzt. Ich habe Herdenschutzhunde in Portugal, Spanien, Italien und Griechenland bei den Herden besucht und war beeindruckt von ihrer tiefen Verbundenheit mit ihren Menschen, ohne ihre Eigenständigkeit einzubüßen.

Dieser Tatrahund bewacht einen Hof in der Hohen Tatra.

HERDENSCHÜTZER AUS DEM TIERSCHUTZ

Als Zuchtrassen haben Herdenschützer in Deutschland nur eine geringe Bedeutung. Am häufigsten wird der Kuvasz gezüchtet, aber mit 71 Welpen 2012 gehört auch er zu den seltenen Rassen. Verantwortungsvolle Züchter wissen, wie schwierig es ist, die passenden Menschen zu finden, die ein glückliches Zusammenleben gewährleisten können.

Wie viele Kangals in Deutschland geboren werden, lässt sich nicht sagen, da sie keinem Zuchtverband angeschlossen sind, der seine Zahlen offenlegt. Die von der FCI anerkannte Rasse Anatolischer Hirtenhund, die es so in ihrer Heimat nicht gibt, ist mit zehn Welpen im Jahr bedeutungslos. Dennoch müssen wir uns mit diesen Hunden befassen, denn Kangals sitzen häufig in Tierheimen ein, weil ihre Besitzer mit ihnen überfordert sind. Sie passen nicht in die Stadt oder in einen Hinterhof, nur weil man sich mit diesem schönen, starken Hund schmücken möchte. Ausgerechnet er steht seiner ursprünglichen Aufgabe noch sehr nahe und ist daher wirklich nur Kennern mit dem geeigneten Umfeld zu empfehlen.

Aus der Türkei, den Balkanländern, insbesondere Rumänien, kommen über Tierschutzorganisationen jedoch eine Menge Herdenschützer und deren Mischlinge zu uns, vermittelt von Menschen, die nichts über sie wissen, an Menschen, die nicht ahnen, was sie sich ins Haus holen. Kürzlich würdigte die Presse einen Verein, der alleine um die 100 Hunde pro Jahr aus der Türkei herüberholt. Das Foto eines Treffens der Besitzer und ihrer geretteten Hunde zeigte mehrheitlich Herdenschützertypen! Werden sie dann noch – je nach Farbe und Zeichnung – als Aussie- oder Border Collie-Mixe verkauft, muss man sich nicht über große Probleme wundern!

Kein Wunder, dass die unbedarften Besitzer Heerscharen von Hundetrainern beschäftigen. Aber sie werden nicht viel mehr tun können als Verständnis für das Verhalten der Tiere zu erreichen und den Umgang mit ihnen entsprechend anzupassen. Es ist mir deshalb ein besonderes Anliegen, diese prächtigen Hunde ausführlicher vorzustellen.

Kangalhündin in einem deutschen Tierheim.

Der hübsche Nico kam als „Aussie-Mix" aus Griechenland.

Diese reinrassige Hellenikos-Pimenikos-Hündin habe ich im selben Ort fotografiert. Nico ist im Verhalten ein typischer Herdenschützer.

Oben: Der Gado Transmontano ist so groß, dass er über die Rücken der Schafe blicken kann.

Oben rechts: Misstrauisch beäugt uns der Cão da Serra de Estrela.

Rechts: Maremmano mit Stachelhalsband.

Daneben: Weitab von der Herde sichert der Hund in Nordgriechenland das Gelände zur Straße.

Unten: Im Estrela Nationalpark. Der Hund hat uns schon von Weitem entdeckt und stellt sich schützend vor seine Herde.

HERDENSCHÜTZER *und ihre Herde*

Der Herdenschutzhund wächst von klein an mit den Schafen auf, er betrachtet sich jedoch nicht als Schaf unter Schafen.

Die Herde ist sein Eigentum, das er mit seinem Menschen gemeinsam „bewirtschaftet". Er hütet nicht, kümmert sich also nicht darum, wohin die Schafe gehen und was sie machen. Die Hirten kommen oftmals ohne Hütehunde aus; ein zahmes Leittier, das dem Hirten folgt, reicht. Zieht der Hirte zu den Weiden, bilden die Hunde eine Vor- und Nachhut und flankieren weiträumig die Herde. Am Ziel angekommen, schweifen sie in die Umgebung aus und sondieren das Gelände. Nach einer Weile kommen sie zurück und verdösen den Tag an einem strategisch günstigen Platz, von wo aus sie einen möglichst guten Überblick haben und ihnen nichts entgeht.

Ihre eigentliche Arbeit beginnt, wenn sich der Mensch zur Ruhe begibt oder die Herde verlässt. Die Bindung an den Menschen darf nicht zu eng sein. Der Herdenschutzhund muss selbstständig arbeiten und ersetzt mehrere Hirten im Schichtdienst. Alle Herdenschutzhunde sind nachts deutlich aufmerksamer als tagsüber.

BEI GEFAHR

Droht Gefahr, erkennt der Hirte am Gebell, worum es geht. Meist reicht alleine die Präsenz der Hunde aus, um Räuber fernzuhalten. Allerdings entwickeln auch Wölfe Strategien, um unerfahrene Hunde abzulenken und quasi hinter deren Rücken die Schafe wegzutreiben. Nur in ganz seltenen Fällen kommt es zu einer Konfrontation zwischen Hund und Wolf. Für diesen Fall werden die Hunde mit stachelbewehrten, schweren Halsbändern geschützt. Herdenschutzhunde sind keine blindlings attackierenden Hunde. Sie meiden körperliche Auseinandersetzungen, aber sie scheuen sie nicht, wenn sie unumgänglich sind. Dann allerdings machen die großen, starken Hunde Ernst.

Ist der Hirte vor Ort, eilt er seinen Hunden zu Hilfe. Mit Menschen legen sich die Wölfe erst recht nicht an, und so genießt der Hirte in den Augen des Hundes hohes Ansehen und Respekt. Der Hirte ist der Herr über die Schafe und tötet bisweilen eines, was seine Position stärkt.

Der Hirte verschafft sich schon beim Welpen den nötigen Respekt, und der Hund lernt, was er wo zu dulden hat. Er gehört zur dörflichen Gemeinschaft und darf im eigenen Umfeld nie zur Gefahr werden. Aber außer zu seinem Herrn und den Personen, die ihn und die Herde begleiten, knüpft er keine Beziehung. Die Hunde leben am und nicht im Haus, sie teilen nicht Sofa und Bett mit ihren Menschen. Dem Hund wird nur eine gewisse körperliche Nähe erlaubt, Aufdringlichkeit jedoch nicht geduldet. Ich habe von Portugal bis Griechenland beobachtet, dass die Hirten mit flacher Hand leicht ins Gesicht des Hundes klopfen. Der Hund kennt die Geste, kneift die Augen zusammen und unterlässt aufdringliches Verhalten. Anspringen, mit dem Kopf den Arm hochschlagen, das gibt es nicht.

SELBSTSTÄNDIG ARBEITEN

Der Hirte muss sich hundertprozentig auf seine Hunde verlassen können. Sie dürfen nicht auf Kommandos angewiesen sein, sondern sollen Eigeninitiative ergreifen, Entscheidungen treffen und selbstständig handeln. Der Mensch respektiert die Hunde und gängelt sie nicht mit Unterordnungsübungen oder verlangt von ihnen etwas zu tun, das nicht zum Aufgabenbereich gehört. Allein die Hunde an einen für Fotos besser geeigneten Fleck zu bugsieren, war ein unerfüllbares Ansinnen und rief bei den Hirten Heiterkeit hervor.

HERDENSCHÜTZER ALS FAMILIENBEGLEITER

Herdenschutzhunde sind nach unserem Verständnis des Umgangs mit unserem Familienhund nicht leicht zu halten. Durch die Einbeziehung in die Familie gewähren wir dem Hund sozusagen ein „Mitspracherecht", und dann muss man sich nicht über Diskussionen wundern.

Druck erzeugt Gegendruck. Mit Zwang erreicht man bei einem Herdenschützer nichts. Im Gegenteil, er wird richtig stur. Das passiert auch bei Gehorsamsdrill, und wenn man das Ausführen für ihn unsinniger Kommandos verlangt.

Bei der Erziehung braucht man Verständnis für den Wesenstyp, natürliche Autorität und Fingerspitzengefühl, um bei aller Konsequenz auf die Sensibilität der Hunde einzugehen. Besonders Rüden stellen die Autorität ihrer Menschen immer wieder auf die Probe, vor allem wenn sie Schwächen spüren. Unbewusst gewährte Privilegien verteidigt der Hund, sobald man sie ihm streitig macht.

Bei Hirtenhunden, die mit im Dorf leben, wachsen die Welpen auf dem Hof auf, wo Kinder natürliche Spielgefährten sind. Sie verlieren zwar rasch das Interesse an den Jungtieren, doch es reicht, um die Welpen positiv auf Kinder zu prägen. Erwachsene Herdenschutzhunde müssen sich jedoch nicht innerhalb der Familie mit Kindern auseinandersetzen. Sobald Kinder anfangen am Hund zu erziehen, ihn herumkommandieren, gar maßregeln, ihn zu etwas zwingen wollen, wird sich der Hund entziehen und kann er das nicht, dem Kind deutlich klarmachen: bis hierhin und nicht weiter. Selbst eine heftige Korrektur ohne Beschädigungsabsicht kann ein dünnhäutiges Menschenkind verletzen.

Fremde Menschen außerhalb und in Anwesenheit des Besitzers in seinem Reich ignoriert der Hund und entzieht sich Aufdringlichkeiten.

Kangal „Erkek" war ein wunderbarer Hund an der Seite seines sachkundigen Halters.

Trainer-Tipp

Der Züchter trägt eine große Verantwortung für die richtige Wahl der neuen Besitzer und die Vorbereitung der Welpen auf ihr Leben in einer modernen Familie. Prägung und Sozialisierung erfordern großen Aufwand und Sachkenntnis.

Diese niedlichen Tatrahundwelpen wurden früh auf Menschen geprägt und folgen der Züchterin.

Trägt der Hund in Abwesenheit seiner Menschen alleine die Verantwortung, wird er nicht dulden, dass man sich als Gast Freiheiten herausnimmt, die ihm in den Augen des Hundes nicht zustehen. Schon erste Drohanzeichen sollte man ernst nehmen und sich brav hinsetzen. Der Herdenschutzhund ist selbstständiges Handeln gewohnt und greift nach eigenem Ermessen ein. Das ist seine Lebensaufgabe, nicht die Einordnung in eine Familie. Grundsätzlich gilt auch heute noch, dass das Leben mit einem Herdenschutzhund auf gegenseitigem Respekt beruht und nicht auf Unterordnung und Gehorsam nach der Pfeife seines Herrn. Klappt das, folgt auch der Herdenschützer den Wünschen seiner Menschen. Doch behält er sich immer eigene Entscheidungen vor, die selbst für erfahrene Halter unerwartet sein können. Mit einem Herdenschutzhund und seinen Abkömmlingen sollte sich nur jemand anfreunden, der genau weiß, was auf ihn zukommt. Je näher die Hunde ihrer ursprünglichen Aufgabe stehen, desto ausgeprägter das Verhalten. Ein Herdenschutzhund aus dem fernen Pamir, der kaum mit Fremden zusammenkommt und relativ wenig Kontakt zur Dorfgemeinschaft hat, ist sehr viel kompromissloser als ein Cão da Serra da Estrela, der in der dörflichen Gemeinschaft lebt und mit zahlreichen Touristen des Nationalparks umgehen können muss. Das gilt auch für ehemalige Herdenschutzhunde, die seit vielen Generationen als Wachhunde auf den Bauernhöfen Polens, Ungarns und der Slowakei gehalten und seit Jahrzehnten als Familienbegleiter gezüchtet werden. Ihre Nähe zur Familie erforderte eine Selektion auf tolerantere Hunde.

Es liegt in der Verantwortung des Halters sicherzustellen, dass sich der Hund nicht genötigt fühlt, Initiative zu ergreifen. Deshalb sollten Kinder nicht unbeaufsichtigt zum Hund gelassen werden, sich Fremde nicht einfach so auf das Grundstück begeben können, Gäste sich in Abwesenheit des Besitzers angemessen verhalten und keine Hunde mitbringen. Selbst wenn der Hund auf neutralem Boden mit dem Gasthund spielt, muss er ihn im Haus nicht dulden! Der Unterschied zwischen Rüde und Hündin ist gerade bei diesen Hunden sowohl in Größe und Imposanz wie auch im Verhalten sehr deutlich und liegt sicher daran, dass meist Rüden mit den Herden ziehen und die wenigen Hündinnen, die man zur Zucht braucht, in den Dörfern bleiben. Sie müssen sehr viel umgänglicher sein, weil sie Frauen und Kindern näher stehen. Als ich im Sommer in Castro Laboreiro die Herdenschutzhunde aufsuchte, fand ich im Dorf nur ein paar Hündinnen und Welpen vor, alle Rüden waren unerreichbar mit den Hirten in den Bergen.

Herdenschützer brauchen Lebensraum, ein Revier, für das sie Verantwortung übernehmen

Dieser imposante Kangalrüde strahlt ein souveränes Wesen aus.

Diesem Pimenikos sollte ich mich nicht weiter nähern. Man zollt den Hunden Respekt.

Selbstversorger

Herdenschutzhunde sind stets auch Selbstversorger und erjagen sich im nahen Umfeld der Herde Kleinsäuger und Jungtiere von größerem Wild. Ihre Herde für lange Zeit und weite Distanz zu verlassen, erlaubt ihre Verantwortung für ihren Besitz nicht. Solche Hunde wären als unzuverlässig nicht zum Zuchteinsatz gekommen. Heute noch finden wir unter den Herdenschutzhunden gelegentlich passionierte Jäger.

dürfen und wo sie sich frei bewegen können. Sie melden alles Fremde und Ungewöhnliche, das ihre Aufmerksamkeit erregt. Ihr donnerndes Gebell findet wenig Verständnis in der Nachbarschaft, die selbst keinen Wert auf diese zuverlässige Alarmanlage legt.
Ortswechsel lieben sie nicht. Erfahrungsgemäß fühlen sie sich wohler, wenn am Urlaubsort ein festes Domizil – ein gut eingezäuntes Ferienhaus – auf sie wartet. Hotels oder Campingplätze mit ständig wechselnden fremden Menschen auf engstem Raum bringen sie durcheinander, sie verbellen alles, markieren usw. Doch sehr schnell „gemeinden" sie das nähere Umfeld ein und stellen es unter ihren Schutz!
Herdenschützer gehen gerne spazieren, denn für sie bedeutet dies, ihr Revier zu kontrollieren. Sie fordern aber keine sportlichen Aktivitäten ein. Sie sind wunderbare Gefährten für Menschen, die ihrem Hund ein entsprechendes Lebensumfeld bieten, ihn bei sich haben können, ohne sich ständig mit ihm zu beschäftigen und ihn nicht überall hin mitnehmen wollen.
Herdenschutzhunde besitzen ein sehr dichtes Fell, das sie vor Nässe, Kälte und Hitze schützt. Während des Fellwechsels verlieren sie Unmengen an Haaren, aber auch das restliche Jahr über hat man mit den Haaren zu tun. Ein nicht zu unterschätzender Punkt für die Hausfrau!

Der Maremmano-Rüde bedient sich im Schafstall an den Nachgeburten.

ERNÄHRUNG DER HERDENSCHUTZHUNDE

Die Hirten, die ich in Nordportugal antraf, kehrten am Abend in die Dörfer zurück und fütterten kommerzielles Trockenfutter. In Griechenland wird während des Sommeraufenthalts auf den Bergweiden ein spezielles Brot für die Hunde gebacken und sie teilen sich kleine getrocknete Fische mit ihrem Herrn. Die Herden überwintern auf den Höfen in den Tälern, wo die Hunde mit Brot und Molke ernährt werden. Fleisch bekommen sie nicht. Der 13-jährige Drago in Italien wurde mit

Spätentwickler

Herdenschutzhunde, insbesondere die Rüden, sind Spätentwickler. Ihre Pubertät kann bis zu drei Jahre dauern. Kindliches Verhalten, das Unterordnungsbereitschaft und Abhängigkeit beinhaltet, verschwindet mit Ende der Pubertät. Die bis dahin netten, umgänglichen Hunde verändern plötzlich ihr Verhalten. Sie werden erwachsen, übernehmen Verantwortung und ergreifen Initiative. Davon überraschte unerfahrene Menschen, die alle guten Ratschläge erfahrener Halter angesichts ihres lieben Hundes in den Wind schlugen, können nur schwer damit umgehen. Für alle Beteiligten tragisch wird es, wenn der große, starke Hund seine Zähne einsetzt. Selbst wenn er „nur korrigiert", kann das auf unserer dünnen Haut schmerzhafte Spuren hinterlassen.

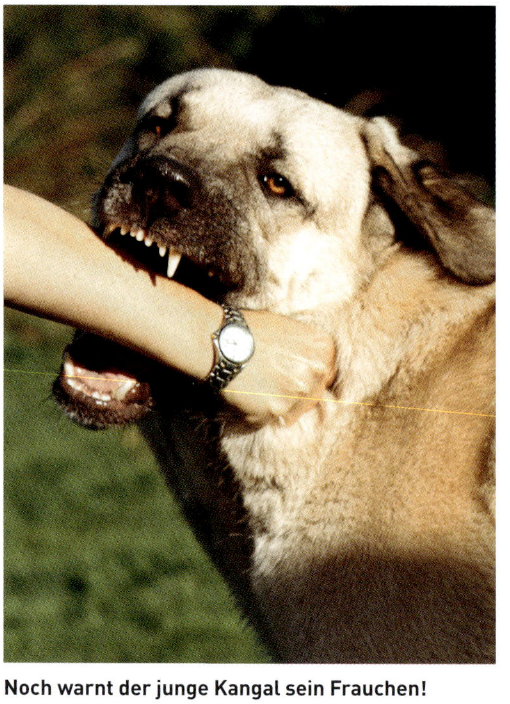

Noch warnt der junge Kangal sein Frauchen!

misslungenen Tortellinis aus der örtlichen Fabrik gefüttert! So dumm nicht, wenn man bedenkt, was alles enthalten ist. Offenbar wurde er damit gesund und leistungsfähig alt! Traditionell fressen die Hunde zur Lammzeit die nährstoffreichen Nachgeburten und versorgen sich so auf lange Zeit hinaus mit wertvollen Proteinen, Mineralien und Vitaminen. Auch tote Lämmer oder von verendeten Tieren bekommen die Hunde ab. Gleichzeitig sind sie Selbstversorger und erjagen sich kleines Getier oder auch mal einen Frischling. Tatsächlich fallen immer wieder Hunde Wildschweinen zum Opfer und kommen nach einem Jagdausflug nicht mehr zurück.
Die großen Hunde werden bei hoher Leistungsfähigkeit und sparsamer Kost alt. Sie sind von jeher auf Genügsamkeit und optimale Futterverwertung eingestellt und vertragen hochwertiges handelsübliches Fertigfutter oft nicht.

Unwiderstehlich süße kleine Eisbären: Polski-Owczarek-Podhalanski-Welpen.

FARBEN

Dass Herdenschützer rein weiß sein sollen, um sich im Kampf besser vom Wolf zu unterscheiden, stimmt so nicht. Vielmehr sollen sie sich möglichst wenig von den Schafen unterscheiden. Das war sehr schön bei den Cão de Gado Transmontano zu sehen, die eine alte portugiesische weiß-rot gescheckte Schafrasse bewachten, während die Cão da Serra da Estrela mit ihrem dunkel gestromten Fell völlig im Gelände und zwischen Schafen und Ziegen untergingen. Wölfe riechen die Hunde, aber optisch ist ein den Schafen angeglichenes Fell viel schwieriger auszumachen und schenkt den Hunden einen kleinen Vorteil.
Bestimmte Fellfarben der anerkannten Rassen, die heute auf Schönheitswettbewerben antreten, wurden erst bei der Erstellung der Standards festgelegt. So gab es ursprünglich gefleckte Cane de Pastore Maremmano und weiß gescheckte Estrelas.

Besonders die weißen Herdenschützer-Welpen sind unwiderstehlich süß und verführen Menschen zum Kauf, die sich besser für eine andere Rasse entscheiden sollten. Für verantwortungsvolle Züchter ist es nicht leicht, die richtigen Menschen für ihre Welpen zu finden.

Der dreizehnjährige Drago ist kaum von seinen Schafen zu unterscheiden.

Der Hütehund lässt seine Schafe nicht aus den Augen, der Transmontano kehrt ihnen den Rücken zu und sichert nach außen ab.

HERDENSCHÜTZER IN PORTUGAL

Im Norden grenzt Portugal an spanische Wolfsschutzgebiete. Einwandernde Wölfe sind für Naturfreunde eine Freude, für die Bauern der Region jedoch eine Bedrohung.
Seit einigen Jahren gibt es ein Programm, den fast vergessenen einheimischen Herdenschutzhund **Cão de Gado Transmontano** zu reaktivieren, kontrolliert zu züchten und den Bauern an die Hand zu geben, um die Schadensersatzansprüche an die Wolfsschützer zu mindern. Die Hunde wachsen in der Dorfgemeinschaft heran und sind den Umgang mit Menschen gewöhnt. Werden umliegende Areale beweidet, geht der Hirte abends nach Hause. Ist der Weg zu weit, übernachtet er im Schäferkarren. Inzwischen als Rasse anerkannt, erfreuen sie sich großer Beliebtheit als Wach- und Schutzhunde großer Anwesen. Lange international anerkannt ist der **Cão da Serra da Estrela** aus dem zum Nationalpark erklärten Estrela-Gebirge. Es wird erwartet, dass auch dort Wölfe aus dem Norden einwandern. Die schönen Hunde sind eine Touristenattraktion und lassen sich gut vermarkten. Welpen werden in den Dörfern und am Straßenrand zum Verkauf angeboten. Bei den Herden trafen wir die seltenen stockhaarigen Estrela-Hunde. Sie müssen züchterisch gefördert werden, da sie im Schatten ihrer prachtvollen langhaarigen Vettern unterzugehen drohen.
In Anwesenheit des Hirten näherte sich uns der Hund freundlich und genoss ein paar Streicheleinheiten. Andere beachteten uns in Begleitung ihrer Herde überhaupt nicht.

Verpaarung

Sowohl in Griechenland als auch in Portugal berichteten die Züchter über Schwierigkeiten, erwünschte Verpaarungen zu erzielen. Wollte man einen bestimmten Rüden, der gerade eine Herde begleitete, nutzen, war eine beschwerliche Anreise häufig vergeblich, weil sich die Hunde nicht verpaaren wollten. In Portugal erlebten wir, dass man ein Pärchen in einen dunklen Raum einsperrte in der Hoffnung auf Welpen! Ein anderes Mal wurde die Hündin auf einem offenen Grundstück an einen Baum angebunden, der Rüde lief frei. Er würde sie weder verlassen noch einen anderen an sie heranlassen und man hoffte, dass ihn die Hündin annehmen würde.
Offenbar spielen bei der Verpaarung Lebensumstände und Beziehung der Zuchtpartner zueinander eine große Rolle und der Sexualtrieb wurde auf eine Weise reduziert, die es den Hunden erlaubt, bei den Herden zu bleiben und nicht wegen heißer Hündinnen irgendwo herumzustreunen. Aber wir wissen aus Berichten aus Tibet, der Heimat der Do Khyis, von kastrierten Rüden bei den Herden, so dass die besten Vertreter nicht zur Zucht zur Verfügung standen.

HERDENSCHÜTZER IN ITALIEN

Dort durfte ich einen **Pastore Maremmano Abruzzese** kennenlernen, der vollkommen selbstständig seine Herde betreut. Drago war schon 13 Jahre alt und uns wurde beschrieben, wo sich die Herde befand. Wir fanden sie jedoch nicht, trafen aber auf dem Rückweg den Hirten, der uns zu genau der Wiese führte, auf der wir gesucht hatten. Hund und Schafe dösten im umliegenden Gebüsch und ich frage mich was passiert wäre, wenn wir zu nahe gekommen wären! Doch Drago war erfahren genug, um uns anzusehen, dass wir sicher nie ein Schaf hätten fangen können!
Leider ist das Hirtenwesen in dieser Region mangels Wirtschaftlichkeit vor Jahren untergegangen und die Hirtenfamilien siedelten in die Städte um. Hirten aus Sardinien und Afrika betreuen heute die Herden für kleines Geld. Sie haben traditionell kein Verständnis für Herdenschutzhunde. So näherte sich unser Hirte, ein Sarde, Drago mit größter Vorsicht. Er hatte einen Beutel Brotreste mitgebracht, mit denen er den Hund aus dem Wald lockte, dem sofort die Schafe in die Sonne folgten. Drago sammelte Brocken für Brocken ein, bot uns eine perfekte Fotosession und beschloss nach einer Weile, dass es genug war und zog sich mit der Herde wieder in den Schatten zurück.
Einen Nachfolger für Drago heranzuziehen ist leider gescheitert. Ihm wurde von einem engagierten Züchter ein Junghund an die Seite gestellt mit der Auflage, den Welpen am Halsband des Althundes anzubinden, damit er in seine künftige Aufgabe hineinwächst. Leider hat der Hirte das versäumt, der Junghund war nun neun Monate alt und diese Chance vertan, denn Drago duldete ihn nicht mehr an seinen Schafen.
Es leben zwar Wölfe in der Region, aber die größte Bedrohung der Schafe sind verwilderte Hunde, die im Gegensatz zum Wolf keine Scheu vor Menschen haben, Wanderer wegen mitgeführter Verpflegung bedrohen und sogar in die Dörfer einfallen. Deshalb leben auch Herdenschützer in den Dörfern, und Touristen mit Hund ist dringend zu empfehlen, die Begegnung mit ihnen weiträumig zu umgehen. Führen Wanderwege durch Gehöfte, kann das für den eigenen Hund lebensgefährlich sein.

Die gestromten Estrelas gehen farblich unter.

Die Transmontano-Welpen werden früh mit Kindern und Menschen vertraut.

Oben: Das Jungvolk kommt freudig neugierig auf uns zu – wir dürfen keinerlei Kontakt aufnehmen, da sie sich später bei der Herde von Touristen fernhalten sollen. Die Mutter bleibt bei den Schafen und beobachtet das Geschehen. Da ihr Herrchen bei uns ist, ist unsere Annäherung für sie in Ordnung.

Rechts: Nach ein paar Minuten ist wieder Ruhe eingekehrt.

Unten: Die Junghunde kuscheln mit den Lämmern und man fragt sich, wer über wen wacht.

HERDENSCHÜTZER *in der Schweiz*

Fast täglich hört man in den Nachrichten Neues über Wölfe, Bären und leidgeprüfte Bauern, seit große Raubtiere einwandern.

SCHUTZPROGRAMM

Es gibt ein Herdenschutzprogramm, aber auch hier haben die Bauern kein Verhältnis mehr zu Herdenschutzhunden und es ist nicht leicht, sie von deren Nützlichkeit zu überzeugen. Eigens für das Programm werden Pastore Maremmano Abruzzese gezüchtet, die sich am besten eignen, da sie eine sehr gute Beziehung zum Menschen eingehen und trotzdem den Schafen verbunden bleiben. Versuche mit dem Bernhardiner sind gescheitert, weil er schon zu lange aus diesem Aufgabenbereich heraus in enger Gemeinschaft mit dem Menschen lebt. Auch bei den Maremmano klappt es nur mit Hunden, die selbst aus aktiver Herdenschutzhundzucht kommen. Abgegeben werden sie erst im Alter von eineinhalb Jahren, denn nur selten befolgen die Bauern den Rat, zwei Welpen zu kaufen, die sich miteinander beschäftigen können. Ein einzelner junger Hund sucht sich einen Spielgefährten unter den Schafen, und das bekommt jungen Lämmern selten gut. Richtet der Hund dabei Schaden an, wird er sofort abgeschafft. Ein ausgewachsener Hund, der mit Schafen aufwuchs, gewöhnt sich nach kurzer Zeit an eine neue Herde und erfüllt seine Aufgabe.

AKZEPTANZ DER HUNDE

Die Akzeptanz hält sich dennoch in Grenzen, weil man um den Tourismus fürchtet. Wanderer zeigen trotz Hinweisschildern wenig Respekt vor den Hunden, und anstatt ihnen auszuweichen, kommen sie den Hunden zu nahe und erschrecken sich vor den heftigen Drohgebärden. Menschen werden die Hunde nicht gefährlich, wenn man sich nicht wirklich an den Schafen zu schaffen macht. Aber Hunde dulden sie nicht und es kam zu tödlichen Angriffen auf angeleinte Hunde. Für viele Bauern ist der gnadenlose Abschuss der Räuber das bevorzugte Mittel der Wahl! Allerdings sprechen die Zahlen für sich, denn wenn Verluste gemeldet werden, dann stets bei nicht von Hunden geschützten Herden, so dass Überlegungen angestellt werden, keinen Ersatz mehr zu leisten, wenn der Bauer keine ausreichende Vorsorge trifft wie sichere Umzäunung oder eben Herdenschutzhunde.
Für die kleine Schweiz ist der Tourismus in den Bergen ein wesentlicher Wirtschaftszweig, was die Bemühungen der Schweizer Wolfsschützer – anders als in den nicht touristisch genutzten Regionen Europas – sehr erschwert. Obwohl Wölfe geschützt sind, wird der Ruf nach Abschuss immer wieder laut. Das gilt auch für Deutschland, wo sich inzwischen im Osten erfolgreich Wölfe angesiedelt haben und die Menschen ihre Urängste nicht überwinden können.

Ein stolzer Hellenikos-Pimenikos-Rüde mit Stachelhalsband sichert sein Revier.

Der ungarische Kuvasz wird schon lange nicht mehr an der Herde eingesetzt.

HERDENSCHÜTZER IN GRIECHENLAND

In Nordgriechenland gibt es Bärenschutzprogramme und seit der Öffnung des Eisernen Vorhangs wandern vermehrt Wölfe aus Bulgarien ein. Auch hier widmet man sich den Herdenschutzhunden und vermittelt Welpen an Hirten, um die Tradition nicht zu unterbrechen und Schadenersatzansprüche zu mindern. Man trifft den **Hellenikos Pimenikos** überall in ländlicher Umgebung an, aber auch in den Städten schätzt man ihn als zuverlässigen Wächter. Heute, in der wirtschaftlich schlechten Zeit mit weit verbreiteter Armut und folglich hoher Kriminalität, sogar mehr denn je.
In Griechenland wurde der Pimenikos, der Hund des Schäfers, in drei Rassen aufgeteilt: für weiße und schwerere Typen schuf man eigene Standards. Anstatt eine Rasse mit großer genetischer Vielfalt und regionalen Schlägen zu schätzen, schickt man eine gesunde Population ins Verderben einer unsinnigen Rassereinzucht. Es ist schon schlimm genug, dass jede Nation eine eigene Rasse für sich beansprucht. Dabei handelt es sich offensichtlich um einen Hundetyp in der gesamten Balkanregion, denn Hirten hielten sich nie an sich ständig ändernde politische Grenzen.

WEITERE RASSEN

KUVASZ

Der große weiße ungarische Hirtenhund begleitete einst Könige zur Jagd und wird längst nicht mehr zum Herdenschutz eingesetzt. Er bewährte sich als Wächter der Anwesen, was die Rasse in Ungarn beinahe zum Aussterben verurteilte, als 1956 beim Ungarnaufstand die treuen Hunde, die sich vor ihre Menschen stellten, erschossen wurden. Die Rasse hatte sich aber schon so weit im Ausland etabliert, dass sie überlebte. Der Kuvasz zeigt häufig noch ausgeprägten Jagdtrieb.

Der Komondor ist mit seinem langen Schnürenfell ein Hund für ganz spezielle Liebhaber.

KOMONDOR

Der zotthaarige ungarische Hirtenhund wanderte aus den heißen Steppenregionen Asiens ein. Sein Fell bildet einen schützenden Panzer gegen Sandstürme, Hitze und Kälte und bei Auseinandersetzungen mit Wölfen. Die einst verfilzten, schmutzigen Platten werden heute zu feinen Schnüren gezupft, mit denen sich der Hund besser sauberhalten lässt. Nicht nur wegen des Fells ist der Komondor kein Hund für Jedermann, denn er wurde nie als Familienbegleiter gehalten. Er ist kein Schmeichler, Unterwürfigkeit ist ihm fremd und er handelt selbstständig.

DO KHYI

Die Tibetdogge ist schon seit Marco Polo Legende, der sie „groß wie Esel, vorzüglich zur Jagd auf den wilden Ochsen (Yak)" beschrieb. In ihrer Heimat werden sie heute noch beim Herdenschutz und als Wachhunde eingesetzt. Die Briten entdeckten sie im Himalaya und brachten um 1900 die ersten Exemplare nach Europa, wo die großen Hunde Aufsehen erregten. In China ist der Do Khyi heute ein begehrtes Prestigeobjekt, das enorme Preise erzielt. Nach wie vor zeigt er typisches Herdenschutzhundverhalten, kann sich jedoch bei konsequenter, einfühlsamer Erziehung in ein Familienleben einfügen.

PYRENÄENBERGHUND

Heute trifft man sie wieder in den Pyrenäen zum Schutz der Herden gegen Bären und Wölfe an. Schon der französische Adel des 17. Jh. fand an den attraktiven Hunden als Begleiter und Beschützer Gefallen und holte sie an die Höfe. Der Pyrenäenberghund ging schon sehr früh in die Rassehundezucht ein.

Der auffallend schöne Pyrenäenberghund begleitete einst französische Könige und schmückte die Anwesen reicher Leute.

MASTIN DEL PIRINEO

Der Mastin del Pirineo ist das spanische Gegenstück des französischen Pyrenäen-Berghundes. Er unterscheidet sich im Wesentlichen durch farbige Scheckung. Er wird heute als Show- und Wachhund gezüchtet.

MASTIN ESPANOL

Er ist der klassische Herdenschutzhund Spaniens, der die großen Herden auf ihrem langen Weg von den Sommer- zu den Winterweiden begleitet. In Spanien geschätzter Wächter großer Anwesen, gewinnt er heute durch den Wolfsschutz wieder an Bedeutung als Herdenschützer.

Der Do Khyi fiel schon Marco Polo auf seinen Reisen nach China auf.

Der Mastin del Pirineo, der spanische Pyrenäenberghund, darf auffallend farbig gescheckt sein.

[a] CARPATIN Der rumänische Hirtenhund aus der Donauregion der Karpaten wurde erst kürzlich international anerkannt.

[b] MIORITIC Sehr attraktiv ist der langhaarige Hirtenhund aus dem Grenzgebiet der Moldau. Auch er ist noch nicht lange anerkannt und gewinnt als Show- und Begleithund Freunde.

[c] KAUKASISCHER OVTCHARKA Dieser Herdenschützer wurde in der ehemaligen Sowjetunion speziell als Schutzhund gezüchtet und an der einstigen DDR-Grenze eingesetzt. Er ist kein Hund für die Familie.

[d] POLSKI OWCZAREK PODHALANSKI In Polen wird der Tatrahund heute noch zum Herdenschutz, aber viel mehr als Hofhund eingesetzt und seit vielen Jahren als Familienbegleiter gezüchtet.

[e] SLOVENSKY CUVAC Dem Tatrahund sehr ähnlich ist der weiße Hirtenhund aus der Slowakei.

HERDENSCHÜTZER DES BALKANS

Die menschenleeren Gebiete des ehemaligen Jugoslawiens und umliegender Länder sind heute noch Domäne der Hirten und ihrer Herdenschützer. Inzwischen wurden einige als Show- und Begleithunde gezüchtet. In Deutschland sind sie nur vereinzelt anzutreffen. Die Möglichkeit besteht jedoch, dass diese Hundetypen über den Tierschutz hereinkommen.
Es sind alle noch sehr ursprüngliche Herdengebrauchs- und Wachhunde.

HERDENSCHÜTZER VOM URTYP

Der **Kanaan Hund** hat sich seit den Steingravuren in der Sahara vor Tausenden von Jahren nicht verändert. Er begleitete die Menschen bei der Jagd und bewachte ihr Vieh. Heute noch setzen ihn die Beduinen zum Schutz ihrer Herden gegen Schakale und Wölfe in den Wüsten Israels und der umliegenden Länder ein. Die Beduinen züchten diese Hunde nicht, sondern bedienen sich der Welpen, die sie in der Nähe ausfindig machen. Dort, wo die Beduinen noch Salukis halten, übernehmen diese die Aufgabe des Herdenschützers.
Die Hunde wurden für Wachaufgaben in Palästina und später Israel gezähmt und gezüchtet, da sie besser mit den Umweltverhältnissen klar kamen als importierte Rassen. Der Kanaan Hund wurde zum Nationalhund Israels und fand international Freunde. Er ist der einzige dieser im ganzen mittleren Osten verbreiteten, ohne menschliche Betreuung lebenden Pariahunde, der als Rasse anerkannt ist. Wenn möglich, werden Wildfänge noch ins Zuchtprogramm aufgenommen.
Der Kanaan Hund ist ein sehr ursprünglicher, schwierig zu haltender, weil ausgesprochen territorialer Hund, der selbstständig arbeitet und sich das Vorsichtsverhalten seiner Ahnen bewahrt hat. Ein Hund für besondere Liebhaber, der schneller in der Entwicklung voranschreitet als andere Hunde und sehr früh geprägt und sozialisiert werden muss. Nur dann kann er sich in unserem Lebensumfeld sicher bewegen und wohlfühlen. Der **Aidi** ist der Herdenschützer im Atlasgebirge Nordafrikas. Schakale als einzige natürliche Feinde erlauben einen kleineren, hütehundähnlichen Hund.

Die Beduinen in der israelischen Wüste pflegen mit Kanaan-Hunden eine lose Nutzgemeinschaft.

Die Balkanherdenschützer wie dieser Kraški Ovcar sind hierzulande nahezu unbekannt.

Der Aidi sieht aus wie ein Hütehund, ist aber vom Verhalten her ein typischer Herdenschützer.

Landseer sind imposante Hunde, die Lebensraum brauchen und bei liebevoll-konsequenter Führung zuverlässige Familienbegleiter sind.

ABKÖMMLINGE DER HERDENSCHÜTZER

Diese Rassen haben sich bei uns als Familienbegleiter bewährt, aber sie verleugnen ihre Herkunft nicht. Sie zeigen noch ausgeprägtes Territorialverhalten (siehe Seite 145, Saupacker), sind ausgesprochene Spätentwickler und benötigen von klein an konsequente Erziehung und klare Führung, insbesondere Rüden.

LANDSEER UND NEUFUNDLÄNDER

Portugiesische und baskische Fischer fingen Kabeljau vor den Küsten Kanadas und bauten dort Sommerlager auf. Zum Schutz und als Lastenzieher brauchten sie große, starke wehrhafte Hunde, und was lag näher, als einheimische Herdenschutzhunde mitzunehmen, die mit den zum Verkauf bestimmten Schafherden in die Hafenstädte kamen. Dazu gehörte der große Pyrenäenberghund ebenso wie portugiesische Herdenschützer.

Die Hunde machten sich auf vielerlei Weise nützlich, zogen Lasten, holten Netze an Land, retteten Schiffbrüchige. Zum Dank wurden sie im Winter sich selbst überlassen, und die wenigen überlebenden Hunde durften den Fischern im nächsten Jahr nicht aggressiv entgegentreten, wenn sie überleben wollten. So entwickelte sich ein robuster, Menschen gegenüber toleranter Hund, der sich in seiner neuen Heimat rasch einlebte, als er zu Beginn des 19. Jahrhunderts, von Fischern nach England gebracht, zum Modeschlager der Reichen wurde. Der große weiß-schwarze Landseer und der kleinere Neufundländer sind als Junghunde temperamentvoll und ungestüm. Sie benötigen eine liebevoll konsequente Erziehung. Man darf sich nicht auf Gutmütigkeit und Toleranz berufen und den süßen Bärchen alles durchge-

Der Neufundländer wird an den Küsten Europas zum Wasserrettungshund ausgebildet.

Der schwarze Neufundländer kam nach dem Landseer nach Europa.

hen lassen. Ältere Neufundländer sind häufig zu behäbig und bequem, um sich über irgendetwas aufzuregen.
Der Landseer ist jedoch sehr viel agiler und Rüden behaupten sich gerne als Platzhirsche, mit denen nicht zu spaßen ist.
Die schwarz-weißen Riesen sind zuverlässige Wächter mit ausgeprägtem Drohverhalten, das im Regelfalle ausreicht, um Situationen nicht eskalieren zu lassen. Niemand wird angesichts eines Landseers oder Neufundländers über den Zaun klettern wollen! Sie haben sich gut bewährt bei Familien, wo Fremde aus- und eingehen, die nicht behelligt werden sollen, aber wo dennoch ein guter Wachhund geschätzt wird.
Der Landseer verdankt seinen Namen dem populären Maler Sir Edwin Landseer, der die prächtigen Hunde für ihre wohlhabenden Besitzer porträtierte. Berühmt wurde das Bild von Paul Pry, dem Hund eines Cousins, der Modell stand für Bob, der einst zum Ehrenmitglied der Lebensrettungsgesellschaft ernannt worden war. Bob hatte in seinem 14-jährigen Leben 23 Menschen gerettet.

LEONBERGER

Der Leonberger ist eine gezielte Kreuzung zwischen einheimischen Hofhunden, kaukasischen Hirtenhunden und Landseer, geschaffen von einem der bedeutendsten Hundehändler seiner Zeit. Hundehändler versorgten wohlhabende Hundefreunde mit Rassehunden, verkauften sie nach Katalog und waren immer bestrebt, ihrer Kundschaft Neues und Attraktives anzubieten. Der Leonberger sollte den Löwen im Stadtwappen verkörpern und wurde zum Verkaufsschlager, was bei diesem wunderschönen, imposanten Hund nicht verwundert.

Obwohl der Leonberger nie als Arbeitshund eingesetzt wurde, sondern stets Familienbegleiter war, verleugnet er sein Herdenschützererbe nicht. Er ist territorial, und besonders Rüden können schwierig im Umgang mit Artgenossen sein, wenn sie erst einmal ausgereift sind. Auch Leonberger bedürfen einer sehr liebevoll konsequenten Erziehung, die ihnen einen festen Platz in der Familie zuweist.

HOVAWART

Dem mittelalterlichen „Hovewart“, dem Hofwächter, nachempfunden, ist der Hovawart eine Kreation aus dem 20. Jahrhundert. Hofhunde, Schäferhunde, Herdenschützer trugen zur Zucht dieses attraktiven Hundes bei, der offiziell zu den Diensthunden gehört und für den die Ausbildung zum Schutzhund heute noch aktuell ist. Als Golden-Retriever-Züchter die Käufernachfrage nicht decken konnten, wandten sich viele Menschen dem so ähnlichen blonden Hovawart zu – und wunderten sich! Diese beiden Rassen haben charakterlich so gar nichts gemeinsam. Der Hovawart ist ein temperamentvoller, durchsetzungsfähiger Hund mit ausgeprägtem Territorialverhalten. Er steht den Herdenschützern in diesem Punkt und in seiner späten Entwicklung sehr nahe, hat aber vom Hütehund die Arbeitsfreude und den Sozialbezug zum Menschen. Er braucht eine Aufgabe und muss mit viel Konsequenz erzogen werden, da er nicht zu den unterordnungsbereiten Hunden gehört. Vielmehr muss man ihn liebevoll und selbstsicher überzeugen, dann macht er alles begeistert mit und ist vielseitig einzusetzen. Ein Hund, der niemals bequem ist und nur so mitläuft. Aber wem die Beziehung zum Hovawart gelingt, der bleibt ihm meist ein Leben lang treu.

Der Leonberger ist ein imposanter Begleiter und zuverlässiger Beschützer.

Der Hovawart ist ein sportlicher, arbeitsfreudiger Familienbegleiter.

Oben links: Eine stolze, nicht zu schwer gebaute Bernhardinerhündin.

Oben rechts: Der Rest Schnee auf dem Pass gibt Anlass zum ausgelassenen Toben.

Ganz links: Der ausgestopfte Barry im Museum in Bern.

Links: Der langhaarige Rüde liebt ein erfrischendes Bad im Bergsee.

Unten: Drei Bernhardiner der Zuchtstätte „du Grand-St.-Bernard" führen das Erbe der Hunde vom Großen St. Bernhard fort. Die Schabracke tragen ausgebildete Rettungshunde, das Fässchen ist für Touristenfotos.

BERNHARDINER
die legendären Lebensretter

Der St. Bernhardshund lebt vom Image des Barry, der 40 Menschenleben rettete und die Hunde der Chorherren auf dem Pass im 19. Jahrhundert zur Touristenattraktion und Moderasse werden ließ.

DIE GESCHICHTE

Die Chorherren holten sich die kräftigen Bauernhunde aus den umliegenden Tälern des Wallis als Schutzhunde hinauf aufs Kloster, denn über den Pass kamen nicht nur friedliche Wanderer. Die Mönche führten die zu Fuß reisenden Menschen über den Pass, und die Hunde fanden so manche im Schnee verirrte Person.
Man bevorzugte stockhaarige Hunde, da sich der Schnee nicht im Fell verklumpte. Die niedlichen langhaarigen Welpen wurden in alle Welt verkauft. Besonders hundenärrische britische Touristen schmückten sich mit den attraktiven Hunden, verpaarten sie mit Neufundländer und Mastiff und schufen einen massigen Hunderiesen mit tiefliegenden Augen, hängenden Lidern und sabbernden Lefzen, der sich nicht mehr bewegte als nötig.
Die Briten dominierten die internationale Bernhardinerzucht, doch den Schweizern missfiel, dass sie sich zu weit vom Ursprungstyp entfernte. Der Streit um den korrekten Bernhardinertyp führte schließlich zum Zusammenschluss nationaler Zuchtverbände, die entschieden, dass der schweizerische Standard maßgeblich sei. Das führte zur Gründung der FCI im Jahr 1911, des größten internationalen Dachverbandes. Dennoch setzten sich im Ausstellungsring die schweren, übergroßen, übertypisierten Bernhardiner weltweit durch. Gesundheit und Lebenserwartung gingen zurück, ein Umdenken war dringend erforderlich und heute sehen wir hier wieder leichtere, bewegliche Bernhardiner, deren hängende Lider nicht mehr blutunterlaufene, entzündungsanfällige Bindehaut freilegen. Das sehr unangenehme Sabbern konnte mit der Umstellung der Zucht auf straffere Gesichtshaut und festeres Bindegewebe insgesamt abgeschwächt werden.

EIGENER CHARAKTER

Der alte Bauernhund ist trotz vieler Generationen als Familienbegleiter kein Symbol für Gutmütigkeit, für das ihn viele halten. Auch er bewacht und beschützt sein Territorium und braucht sehr konsequenten Umgang in der Familie. Er ist kein Hund für sportlich ambitionierte Menschen. Der erwachsene Hund liebt zwar seine Runden, auch ein wenig Kopfarbeit, aber Entertainment braucht er nicht.
Er sollte einen angemessen weiten Lebensraum haben und nicht in der Enge eines kleinen Reihenhausgartens oder gar einer Stadtwohnung leben müssen.
2005 übernahm die Stiftung Barry die Zuchtstätte der Chorherren und widmet sich der Zucht gesunder, körperlich fitter Hunde. Eine beliebte Touristenattraktion sind herrliche geführte Bergwanderungen auf dem Pass mit Bernhardinern. Den Winter verbringen die Hunde in den modernen Anlagen in Martigny, wo sich auch ein Museum befindet.

TREIB-, HOF- UND BAUERNHUNDE

AUF BAUERNHÖFEN LEBTEN STETS HUNDE. IN ERSTER LINIE BRAUCHTE MAN ZUVERLÄSSIGE WACHHUNDE, DENN DIEBSTAHL VON NAHRUNGSMITTELN, VIEH UND GERÄTSCHAFTEN WAR EINE STÄNDIGE BEDROHUNG.

Diese Großen Schweizer Sennenhund-Welpen entwickeln sich zu stattlichen Gefährten mit starkem Willen.

Der Bauernhund musste beim Viehtreiben zur Hand gehen, Karren ziehen und bei der Jagd helfen, sofern die Bauern überhaupt jagen durften. Bauernhunde sahen, je nach Aufgabe und Lebensweise, sehr unterschiedlich aus. In den Bergregionen mit Almwirtschaft brauchte man einen größeren Hund, der mit dem Vieh umgehen konnte und Karren mit Milchkannen in die Molkerei und landwirtschaftlichen Produkten zum Markt zog.
Aber auch Händler ließen ihre Marktkarren von Hunden ziehen. Große Karrenhunde waren das Pferd des kleinen Mannes und gehörten bis zum Verbot in den 1950er Jahren in Belgien zum Beispiel zum Alltagsbild.
Nach dem Verbot, Hunde vor den Karren zu spannen, schien die anerkannte Rasse Belgischer Mastiff ausgestorben. Einzelne Exemplare konnten sich auf Bauernhöfen erhalten. Auf ihnen baute die Rückzüchtung auf.

HOFHUND-TYPEN

Wo Ackerbau vorherrschte, spielte ein wachsamer Rattenvertilger die größere Rolle. So prägten die Nachfahren von Herdenschützern, Saupackern und Bärenbeißern ebenso das bäuerliche Bild wie Spitze, Schnauzer- und Pinschertypen. Letztere habe ich unter den Einzeljägern näher beschrieben (Seite 140).
In entlegenen Tälern und Landstrichen bildeten sich einheitliche Hundetypen heraus, die sich vor Ort in Größe, Fellbeschaffenheit und Charakter bewährten. Niemand dachte dabei an Zucht. Hündinnen wurden selten gehalten, weil man keinen überschüssigen Nachwuchs wollte. Kastration war unüblich. Die Hündinnen erwiesen sich als Ausbruchkünstler und Rüden trafen genau zum richtigen Zeitpunkt aus den umliegenden Dörfern ein. Oftmals beherrschte ein Rüde die Szene und deckte immer wieder die gleichen Hündinnen.

Auch waren die Hündinnen sehr wählerisch und akzeptierten noch längst nicht jeden Freier. Wie wir heute wissen, ist dieses Verhalten wichtig für die Erbgesundheit der Hunde. Kannte man den Vater und hatte eine hohe Meinung von ihm, wurden nach Bedarf nur die vitalsten Welpen aufgezogen. Ebenso war es auch üblich, Welpen gleich nach der Geburt zu töten. Manchmal bevorzugte man bestimmte Farben und Fellzeichnungen.
Jeder Hundefreund ist stolz auf seinen schönen Hund, das war auch bei den Bauern nicht anders. Wer allerdings den Hund nur als Werkzeug betrachtete, dem war das Aussehen völlig egal. Auch bei der Behandlung der Hunde sah man große Unterschiede von gut versorgt bis hin zu vernachlässigt und gequält.

AUFGABEN DER HUNDE

Aus Gesners Thierbuch von 1669: „Diejenige so zur Hut und Beschirmung der Meyerhöffe gebrauchet werden sollen in alleweg scheußlich und dazu fetter und schwerer als die so das Vieh verhüten, eine scheußliche Stimme und Ansehen wie auch einen scheußlichen Kopff, ganz schwarze Farb und kurzen Leib haben, daß sie nicht allein mit ihrem Geschrey sondern auch mit der grausamen Gestalt die Diebe und Schelmen verjagen mögen. Gleicher Gestalt soll auch der seyn, so zur Hut der Ruder der Schiffe und Kauffmans-Güter in den Schiffen gehalten wird."

„Früh auf dem Wege" – Flämisches Hundegespann von Karl Uchermann, 1908.

Der Hofhund lebte meist an der Kette und niemand wagte es, sich ihm zu nähern. Seine Aufgabe war es zu melden. Am Gebell des Hundes konnte man hören, was seine Aufmerksamkeit erregte. Ausgeprägtes Territorialverhalten war Voraussetzung für einen guten Hofhund, der keine Neigung zum Streunen haben durfte, wollte er jemals von der Kette gelassen werden. In unserem Dorf durften Hofhunde gelegentlich mit aufs Feld. Passierten sie das Anwesen eines anderen Hundes und überschritten dabei die von ihm gesteckte Grenze, kam es zu heftigen Raufereien. Man kannte Hunde, denen man nicht ausweichen konnte und mied diesen

Auch der kleinste Schweizer Sennenhund, der Entlebucher, zeichnet sich durch eine starke Persönlichkeit aus.

Weg oder ließ den eigenen Hund zu Hause. Revierkämpfe sind immer ernst und können bis zum Äußersten gehen. Hunde, die tagsüber nicht frei laufen durften, wurden nachts von der Kette gelassen. Sie bildeten mit anderen Dorfhunden eine Jagdgesellschaft, und kam es zu Wildschäden, wurden die Hunde erschossen. Das war ärgerlich, aber nicht zu ändern, und neue Hofhunde zogen ein, denn immer gab es irgendwo Welpen.

DIE VERSORGUNG

War ein Hund krank, was sehr selten vorkam – meist handelte es sich um Verletzungen, die man selbst behandelte –, wurde keineswegs der Tierarzt gerufen. Der „Viehdoktor" kam aus Kostengründen nur in höchster Not für wertvolles Vieh, und auf Hunde verstanden sich die wenigsten. Auch die Kleintiermedizin ist eine Entwicklung unserer Zeit. Hofhunde waren robust, witterungsunempfindlich und genügsam. Fleisch war für den Tisch der meisten Bauern nicht alltäglich und schon gar nicht für den Hund. Beim Schlachten fielen kaum Abfälle an, selbst der Schweinedarm wurde zu Wurstpellen verarbeitet. Höchstens Knochen blieben für die Hunde. Übliche Nahrung war das Schweinefutter, Molke aus der Milchverarbeitung, Kartoffeln, Brot, Nach- und Totgeburten, die auf dem Misthaufen landeten.

Diese Berner-Sennen-Hündin genießt noch das traditionelle Leben auf dem Hof.

Hofhunde verbrachten ihr ganzes Leben am Hof, nur wenn sie als Transportmittel oder zum Viehtreiben gebraucht wurden, kamen sie aus dem vertrauten Umfeld heraus. Sie lebten ein weitgehend geregeltes, stressfreies Leben. Als Kind kannte ich jeden Hund im Dorf mit seinen Eigenschaften und seiner Lebensgeschichte. Viele waren mehr oder weniger reinrassige Schäferhunde. Ich lernte, dass man sich einem Hofhund – wenn überhaupt – nur mit Erlaubnis in Anwesenheit des Bauern nähern durfte, denn freundlicher Kontakt mit Fremden war unerwünscht. Manche Hunde genossen die Streicheleinheiten und schlossen scheinbar Freundschaft mit mir, war jedoch niemand auf dem Hof, wurde ich mit Knurren begrüßt und wusste, dass ich nicht weitergehen durfte. Andere wiederum ließen mich nur heran, wenn sie alleine waren. Sie wussten, dass sie keinen Kontakt haben durften, und kaum kam der Besitzer um die Ecke, schnappten sie! Das hat mich tief gekränkt und meine romantischen Vorstellungen über den Haufen geworfen, aber es waren gute Lehrjahre! Vom Hofhund gebissen zu werden war normal, wenn man ihn nicht respektierte. Vielmehr wäre er nicht lange Hofhund geblieben, hätte er einen Fremden passieren lassen!
Eine besondere Ausbildung brauchte ein Hofhund nicht. Er lebte mit den Menschen und Tieren des Hofes auf der Basis von gegenseitigem Respekt. Kinder lernten früh den respektvollen Umgang mit den Hofhunden. Die Hierarchie auf einem Bauernhof war klar: Der Bauer hatte das Sagen auf dem Hof, die Bäuerin im Haus. Niemals betrat ein Hofhund, oft schmutzig und von Ungeziefer geplagt, den Wohnbereich. Nur ältere Hunde durften nach Jahren treuer Dienste in manchen Familien den Luxus eines Platzes im Hausflur genießen, wenn die alten Knochen schmerzten. Die Familie beschränkte sich auf die Nutzung von Wohnküche und Schlafräumen. Nur Wohlhabende erfreuten sich für besondere Anlässe einer „guten Stube", die nie ein Hund betrat. Es gab klare Regeln, die von Kindern und Arbeitskräften befolgt wurden, und natürlich blieb dem Hund nicht verborgen, wer das Sagen hatte, und dem folgte er ebenso wie alle anderen Hofbewohner. Außerdem war der Mensch Herr über Leben und Tod – er schlachtete und teilte Futter zu. Machte sich ein Hund selbstständig, kam er nicht mehr von der Kette oder wurde ausgetauscht. Strafen für

Der Österreichische Pinscher ist Fremden gegenüber misstrauisch und ein unbestechlicher Wächter.

Der gelehrige Dänisch-Schwedische Hofhund wurde häufig als Zirkushund ausgebildet.

Missetaten folgten auf den Fuß und waren drastisch. Der Hund wusste immer, woran er war! Der Hofhund brauchte keinen Willen zu gefallen, er sollte nicht unterordnungsbereit sein, denn man erwartete von ihm die Verantwortung für Haus und Hof zu tragen, wenn der Bauer schlief oder abwesend war. Eine gewisse Eigenständigkeit war nötig, denn der Hund musste auch ohne direkten und ständigen Kontakt zu seinen Menschen seine Pflicht erfüllen.

HOFHUNDE HEUTE

Diese Hunde brauchen auch heute noch klare Regeln und haben das Bestreben, Regeln zu setzen, wenn der Mensch versagt. Darüber muss man sich absolut im Klaren sein. Beziehung ist auch bei diesen Hunden das Zauberwort, Erziehung alleine reicht nicht aus, um sie wirklich führen zu können.
Die alten Hofhunde wären sicher in Vergessenheit geraten, wenn nicht aus England die Ausstellungsszene nach Europa geschwappt wäre und das Interesse an Rassehunden geweckt hätte.
In manchen Ländern besann man sich in der Zeit des Nationalstolzes auf einheimische Hundeschläge und ernannte sie zu Rassen. Man wählte diejenigen Hunde aus, die der Initiator als rassetypisch bezeichnete und legte einen Standard fest, der sich von allen anderen unterscheiden musste. Das führte zu wenigen Zuchttieren, die aus der Menge gegriffen und oftmals nur über Fell, Farbe und Zeichnung definiert wurden, und die Festigung erwünschter Merkmale erfolgte durch Inzucht.

ÖSTERREICHISCHER PINSCHER

Ein typischer Hofhund ist der Österreichische Pinscher. Er ist wachsam, vertilgt Ratten und Mäuse. In der Familie ist er freundlich, Fremden gegenüber eher reserviert. Der arbeitsfreudige Hund ist ein Gefährte für sportliche Menschen.

DANSK SVENSK GARDHUND

Den dänischen-schwedischen Hofhund fand man bis vor einigen Jahren auch noch in Schleswig-Holstein auf den großen Bauernhöfen an. In Dänemark und Schweden konnte man ihn gerade noch vor dem Aussterben bewahren und er hat inzwischen sehr viele Freunde gefunden. Er ist ein robuster Gefährte, leicht zu erziehen, unkompliziert im Umgang mit anderen Hunden und stets zum Spielen aufgelegt. Die Neigung zum selbstständigen Jagen ist nicht ausgeprägt. Ein anpassungsfähiger Hund auch für Anfänger, die hundesportliche Aktivitäten lieben, aber keinen Hund haben wollen, der sie einfordert.

SPITZE

Der deutsche Spitz gehörte zum ländlichen Bild Deutschlands vor den Kriegen. Schon Luther beschrieb das „Mistbellerlein", das auf dem Misthaufen vor dem Haus thronend das Umfeld beobachte und alles meldete, was sich näherte. Auf die Miste kamen alle organischen Abfälle, was Ratten anzog, denen der Spitz nur zu gerne den Garaus machte, und so war der stets warme, erhöhte Platz bei den Hunden beliebt. Spitze sind sehr eng ihrem

Der Großspitz ist selten geworden und sein Bestand ist bedroht. Seine selbstbewusste Persönlichkeit verlangt eine Erziehung mit Fingerspitzengefühl.

Der Wolfsspitz war der Wächter großer Lastkräne. Ein Hund, der Präsenz zeigt und sich durchsetzt.

Revier verbunden und neigen daher nicht zu selbständigem Jagen oder Streunen. Der Spitz war überall beliebt, wo man keinen großen Arbeits- und Schutzhund, sondern einen aufmerksamen Wächter und Rattenvertilger brauchte. Spitze gab es in allen möglichen Größen und Farben, doch leider hat man sie nach nur geringen Größenunterschieden in separate Rassen aufgeteilt und züchtet dazu noch nach Farben getrennt, was zu Engpässen in der Zucht führt. So gehören einige Spitzschläge zu den ganz seltenen, gar vom Aussterben bedrohten Rassen. Außerdem macht ihn das Image als Kläffer und Hackenkneifer als Überbleibsel aus Uromas Zeiten nicht unbedingt begehrenswert, und so kann er sich nur bei ganz speziellen Freunden halten. Schade, denn der Spitz ist ein fröhlicher, anschmiegsamer, trotz des üppigen Haarkleids pflegeleichter Begleiter, der an Größe und Farbe für jeden etwas bietet. Angefangen vom Wolfsspitz, dem alten Wächter der großen Flusskähne, mit dem man so allerlei hundesportliche Aktivitäten unternehmen kann, bis hin zum Pomeranian, dem einst im ausgehenden 19. Jahrhundert so beliebten Zwergspitz.

Natürlich melden Spitze heute noch, aber man kann durch Erziehung und Zuchtauswahl damit umgehen.

Großspitz und Wolfsspitz brauchen eine sehr konsequente Erziehung; sie sind selbstbewusst und selbstständig. Unnötige Kläffer sind sie nicht, jedoch zeigen sie Territorialverhalten (siehe Saupacker, Seite 145) und ordnen sich nicht einfach so unter. Man muss sie schon zu nehmen wissen, um ihren ganz besonderen Charme zu genießen. Sie sind hervorragende Begleiter für Menschen, die sich gerne und viel im Freien bewegen, ohne ständig Aktion einzufordern. Speziell der Wolfsspitz wurde für abgelegene Bauernhöfe als Hofhund empfohlen, da er angeblich nicht wildert. Es mag sein, dass ihn seine Reviertreue an den Hof bindet, aber wer mit ihm in Wald und Flur spazieren geht, muss damit rechnen, dass er sich durchaus für Wild interessiert! Einen solchen Hund anzuschaffen, um ihn sorglos und ohne Erziehungsaufwand in wildreicher Gegend frei laufen zu lassen, kann eine Enttäuschung sein!

SCHWEIZER SENNENHUNDE

Die Schweiz war immer von Landwirtschaft geprägt. Fruchtbares Ackerland war rar und nur im Alpenvorland und in großen Tälern zu finden. Die Berge boten sich für die Viehwirtschaft an. Die Kühe wurden im Frühjahr auf die Almen getrieben, dort die Milch von den Sennern direkt verarbeitet und die Produkte mit Hundekarren zu Tal gebracht. Im Winter wurden die Rinder in den Dörfern gehalten. In den noch bis in die unmittelbare Vergangenheit abgeschiedenen Tälern entwickelten sich Bauernhundschläge, die Schweizer Kynologen, insbesondere Prof. Heim, zu Beginn des 20. Jahrhunderts in Rassen einteilten, mit Standard versahen und rein weiterzüchteten. Sie griffen aus einer Vielzahl von Hunden nur wenige, die sie typisch fanden, heraus und bestanden auf einer exakten dreifarbigen Zeichnung. Das engte den Genpool stark ein, und heute haben die Schweizer Sennenhunde nicht wenige Probleme durch diese scharfe Selektion auf Äußerlichkeiten, die sich unsinnigerweise bis heute fortsetzt. Bei den Berner

Der Große Schweizer Sennenhund ist ein imposanter Hund, der weiß, was er will.

Sennenhunden kann heute noch etwas zu viel Weiß das züchterische Aus für einen gesunden, lebensfrohen und altersfrischen Hund bedeuten. Leider trifft man die Schweizer Sennenhunde heute nicht mehr bei der Arbeit an. Vor den Karren gespannt werden sie nur noch zu sportlichen Wettbewerben. Es gelang mir mithilfe des Zuchtverbandes, eine einzige Appenzeller-Hündin im Almbetrieb zu finden. Heute führen ausgebaute Wirtschaftswege bis hoch auf die Almen, so dass das Vieh verladen werden kann. Der klassische Almabtrieb mit den wunderschön geschmückten Kühen dürfte nur mehr eine Touristenattraktion sein.
Längst haben sich die hübschen Hunde weit über die Grenzen ihrer Heimat hinaus etabliert. Sie sind jedoch alles andere als leichtführige Gefährten. Bestenfalls der Berner ist ein angepasster Hund, ruhig und gelassen, mit einiger Konsequenz leicht zu erziehen, während Appenzeller und Entlebucher temperamentvolle Dickköpfe sind, die eine sehr konsequente Führung und unbedingt Bewegung und Kopfarbeit brauchen, denn Langeweile geht für sie gar nicht. Der Große Schweizer ist keineswegs ein kurzhaariger Berner, er ist vielmehr ein dreifarbiger Rottweiler und nur für Menschen empfehlenswert, die mit solch starken, territorial orientierten, oftmals sehr eigenwilligen Persönlichkeiten umgehen können. Leider kommt der attraktive Hund schon beinahe in Mode und ich kenne niemanden, der sich nicht verschätzt hätte und viel Mühe mit seinem Hund – Rüde oder Hündin – hat.
Bernhardiner, Berner Sennenhund, Großer Schweizer Sennenhund kommen alle aus dem Topf der alpinen kurz- oder langhaarigen Bauernhunde. Langhaarigkeit ist züchterisch schon in einer Generation erreicht, da es rezessiv zu Kurzhaar vererbt wird und zwei langhaarige Elterntiere nur langhaarige Welpen bekommen können. Bei den Bernhardinern züchtet man beide Haarvarianten, beim Berner spezialisierte man sich auf Langhaar, beim Großen Schweizer auf das kurze Stockhaar. Auch beim Entlebucher fallen heute noch langhaarige Welpen!

GROSSER SCHWEIZER SENNENHUND

Der ehemalige Karrenhund der Hausierer und Marktfahrer, Hofhund der Bauern und Viehtreiber der Metzger war in der ganzen Schweiz verbreitet. 1908 fand Prof. Heim zwei „kurzhaarige Berner“ und baute darauf die Rasse auf.

BERNER SENNENHUND

1892 begann die Reinzucht dieses typischen Bauernhundes aus der Umgebung von Bern, der es gut 100 Jahre später zum Modehund schaffte. Der Berner ist bei guter Herkunft und Erziehung umgänglicher als der Große Schweizer, arbeitswillig, aber nicht übereifrig, handelt selbstständig wenn erforderlich, ist wachsam aber nicht aggressiv. Er geht gerne spazieren, ist aber nicht ausgesprochen lauffreudig. Berner Sennenhunde werden leider oftmals nicht alt.

Der schöne Berner Sennenhund hat sich mit seinem gelassenen Wesen zu einem beliebten Familienbegleiter und fast schon Modehund gemausert.

„Auf ein Wort!" Die Appenzeller-Hündin weiß genau, dass sie zu weit gegangen ist.

APPENZELLER UND ENTLEBUCHER SENNENHUND

Es gelang mir mit viel Mühe einen Züchter zu finden, der noch einen einheimischen Sennenhund bei der täglichen Arbeit am Vieh einsetzte. Als ich in den 1970er Jahren die Schweiz bereiste, gehörten sie noch zum ländlichen Bild und waren überall zu sehen. Beide sind echte Viehtreiber mit lauter, scheppernder Stimme und großer Durchsetzungskraft und Ausdauer, aber nicht zu groß und können geschickt ausschlagenden Rinderhufen ausweichen. Sie arbeiten selbstständig und sind daher eigenwillig, und man muss sie schon recht gut überzeugen, dass es besser ist, jetzt gleich zu folgen.

Es war ein Erlebnis, eine Appenzeller Hündin auf der Alm zu besuchen. Morgens in aller Frühe, kurz vor Sonnenaufgang wird das Vieh zum Melken hereingebracht. Es weidet nachts, um nicht von Mücken belästigt zu werden. Ständige Mückenabwehr beeinträchtigt den Milchertrag. Die Kühe finden den Weg zum Stall und einer extra Raufe Futter meist ganz alleine; dem Hund bleiben ein paar Nachzügler zum Beiholen. Er kennt seine Viecher und weiß genau, wenn eines fehlt und wo er es finden kann.

Mit Feuereifer rennt er los und schickt es nachdrücklich bellend und wenn nötig in die Hacken beißend auf den richtigen Weg. Das heutige Hochleistungsmilchvieh ist leichter zu treiben als früher das Alpenrind, und die Hunde müssen gebremst werden, um nicht zu heftig zuzufassen. Vor allem darf das schwere Euter nicht verletzt werden. Der Umgang mit Border Collies, die eher auf Distanz arbeiten und die man ausgebildet kaufen kann, ist für den Senn leichter, und somit haben sie Entlebucher und Appenzeller verdrängt!

Beide sind sehr arbeitsfreudige, aber auch eigenständige Hunde, was im Hundesport

Der Appenzeller-Hündin können die Kühe nicht schnell genug zum Stall kommen, doch eine Kuh gibt Widerworte.

Trainer-Tipp

Zur Arbeit dieser Hunde gehört, dass sie ihre laute, kräftige Stimme beim Treiben zu Hilfe nehmen. Diese Bellfreudigkeit wird heute als störend empfunden. Schon der Welpe muss lernen, dass er mit Bellen nichts erreicht und Stillsein belohnt wird. Wird der Besitzer laut und schimpft, bellt er in den Augen des Hundes mit und erreicht genau das Gegenteil.

schwierig zu vereinbaren ist. Sie machen alles mit Begeisterung mit, aber am liebsten zu den eigenen Bedingungen. Beim Agility würde es ihnen die größte Freude bereiten, ihr Frauchen über den Parcours zu schicken und es dabei bellend zu begleiten.
Sie brauchen Action und Bewegung, stellen den Besitzer vor immer neue Herausforderungen und bereiten Menschen, die das mögen, ein Leben lang viel Freude. Ihr derbes kurzes Fell ist pflegeleicht.
Sie passen sich allen Lebenslagen an, aber leider macht sich nun die enge Zuchtbasis auch bei ihnen negativ bemerkbar und stellt die Züchter vor große Herausforderungen. Umso wichtiger ist es, aus einer Zucht zu kaufen, die alle möglichen gesundheitlichen Vorsorgemaßnahmen trifft und diese dem Käufer auch offenlegt.

TREIBHUNDE

Aus den Hofhunden rekrutierten sich die Treibhunde. Jeder Hofhund musste auch beim Viehtrieb zur Hand gehen. Rinderzucht in großem Stil, über den eigenen Bedarf hinaus, begann erst im 18. Jahrhundert mit der Industrialisierung. Die junge Landbevölkerung wanderte in die Industriegebiete ab, Städte schossen aus dem Boden und die Bevölkerung musste Nahrungsmittel kaufen. Fleisch transportierte man oft Hunderte von Kilometern weit zu Fuß aus den Zucht- und Weidegebieten auf die Märkte.
Viehhändler sammelten das Vieh bei den Bauern ein und trieben es auf ausgetretenen Pfaden voran. Das schaffte man nur mit kräftigen Hunden. Aus verschiedenen Herden zusammengestelltes Vieh hat keinen Herdenzusammenhalt und ist sehr schwierig zu handhaben, insbesondere die Jungbullen. Die Treibhunde sorgten dafür, dass das Vieh zügig voranging ohne zu trödeln oder durch zu schnellen Schritt abzumagern und an Marktwert zu verlieren. Kein Tier durfte abhanden kommen und die Herde keinen Schaden in Ackerland und Gärten anrichten. Die Hunde waren mit einer großen Herde den ganzen Tag auf Trab und mussten auch dort eingreifen, wo der Treiber keinen Einblick hatte und nicht helfen konnte. Der Treibhund arbeitete weitgehend selbstständig. Er musste sich bei störrischem Vieh, vom Bullen über Schafe, Ziegen,

Der Bouvier des Ardennes treibt jeden Tag das Vieh von den Weiden zum Stall und schickt Trödler mit Nachdruck voran.

Die kurzbeinigen walisischen Bauernhunde, die Welsh Corgis, gelten als die Managertypen unter den Hunden.

Welsh Corgi Pembroke werden gelegentlich mit verkürzter Rute geboren. Als noch grundsätzlich kupiert wurde, fiel die Erbanlage nicht auf, die bei Rassen mit langer Rute als zuchtausschließender Fehler geahndet worden wäre.

Schweinen bis zu Gänsen, angemessen durchsetzen und sich Respekt verschaffen, ohne die Tiere zu verletzen.

Treibhunde für lange Viehtriebe mussten stets auch zuverlässige und kompromisslose Schutzhunde sein. Bei ihnen bewährte sich das alte Saupackerblut. Die Herden waren von beachtlichem Wert und Viehdiebe stellten ihnen nach. Die Hunde ließen niemanden unbehelligt herankommen. Gleichzeitig durften sie aber beim Trieb durch die Dörfer den dort lebenden Menschen nicht gefährlich werden. Sie brauchten ein feines Gespür für echte Bedrohung. Auf dem Heimweg benötigte der Treiber Personenschutz, denn er brachte die Einnahmen zurück zu den Bauern, und die Hunde waren nicht nur seine Lebensversicherung, sondern sicherten die Existenz der Bauern.

Nun muss man nicht glauben, dass die Hunde hoch geschätzt waren. Im Gegenteil, die Behandlung war, wie wir aus alten Berichten wissen, oft erbärmlich, und trotzdem taten die Hunde ihren Dienst. Es waren keine sympathischen Hunde, man hatte zwar Respekt, wollte jedoch mit den grimmigen, schmutzigen, ungepflegten Viehhunden nichts zu tun haben.

Mit der Entwicklung der Eisenbahn und dem Ausbau der Strecken in ländliche Gebiete verkürzten sich die Viehtrecks erheblich und damit wurde auch der Treibhund arbeitslos. Allerdings brauchten nach wie vor die Metzger vor Ort zuverlässige Hunde, und so konnten einige sogenannte Metzgershunde in der Rassehundezucht überleben.

Treibhunde sind keine bequemen Hausgenossen, sie haben einen eigenen Willen bei hoher Durchsetzungskraft und nutzen Schwächen ihrer Menschen schamlos aus. Sie übernehmen sofort die Führung und kontrollieren ständig ihre „Schutzbefohlenen“. Man muss verstehen sie zu motivieren und zu überzeugen, dann sind sie zuverlässige Begleiter, wenn auch immer bereit, selbst Entscheidungen zu treffen. Ausgesprochen territorial veranlagt (Territorialverhalten siehe Seite 145), sind sie nach wie vor wachsam. Die selbstsicheren Hunde sind sehr souverän im Umgang mit Mensch und Tier, da sie nicht in allem und jedem Gefahr wittern. Alle sind Spätentwickler mit langer Jugendphase. Erziehung und Beziehung müssen in dieser Phase gefestigt werden. Lässt man ihnen vieles durchgehen, nehmen sie spätere Einschränkungen und Maßregelungen oftmals nicht mehr hin. Bestenfalls zeigen sie sich stur gegenüber einem Menschen, den sie nicht ernst nehmen können. Das Treiben liegt ihnen im Blut, manche kneifen heute noch gerne in die Hacken!

KURZBEINIGE TREIBHUNDE

Auch bei den Bauern- und Treibhunden erwies sich die angeborene Kurzbeinigkeit (siehe Seite 70, Chondrodysplasie der Jagdhunde) als nützlich. War es bei drastischen Strafen verboten, im herrschaftlichen Revier zu wildern, durften die Bauern nur Hunde halten, die körperlich dazu nicht in der Lage sein sollten. Bauernhunden schnitt man zur Kennzeichnung die Schwänze kurz ab. Allerdings glaubte man früher, die Tollwut säße in der Schwanzspitze und traf diese „Vorsorgemaßnahme“. Auf kleinen Höfen mit wenig Vieh bewährten sich die anspruchslosen Kurzbeiner. Um das Vieh von Weide zu Weide und zum Stall zu treiben, reichten ihre Schnelligkeit, Wendigkeit und Ausdauer vollkommen aus. Als kräftige, mittelgroße Hunde auf kurzen Beinen konnten sie sich als Wachhunde effektvoll durchsetzen. Noch erhalten sind uns von diesen Hof- und

Trainer-Tipp

Treibball ist eine Sportart, die alle Treiber lieben. In vielen Hundeschulen wird sie angeboten. Einmal gelernt, kann man sie gut alleine mit dem Hund durchführen und ihn damit bestens bewegen und auslasten.

Treibhunden **Welsh Corgis**, die kurzläufige Form der Welsh Sheepdogs, **Lancashire Heeler** und **Westgotenspitz**. Allesamt kernige Hunde mit einer guten Portion Eigensinn und Durchsetzungsvermögen, klug, gelehrig und immer in Aktion.

ROTTWEILER

Im schwäbischen Rottweil trafen sich schon zur Römerzeit die Viehhändler mit ihren Herden, die Stadt war bis in die moderne Zeit ein wichtiger Umschlagplatz für Schlachtvieh. Die Metzger vor Ort übernahmen von den Treibern die Hunde, die ihnen beim Heimbringen und Umgang mit dem Vieh wertvolle Dienste leisteten. Noch bis in meine Kindheit war im Schwäbischen der Rottweiler der klassische Metzgershund, auch wenn er längst nicht mehr gebraucht wurde. Ich sehe noch unseren Metzger vor mir, gut genährt wie sein Hund, stolz vor dem Hoftor stehend, seine fettigen Hände auf dem Hundekopf ruhend. Der große Rüde war ein guter Freund von mir, nur streicheln mochte ich ihn nicht, weil sein Fell so fettig war. Heute rein hygienisch undenkbar! Der Rottweiler stand immer im offenen Hoftor und wir konnten mit unseren Hunden unbehelligt vorbeigehen. Damals war der Rottweiler, zu den anerkannten Diensthunderassen gehörend, in Hundesportkreisen sehr beliebt und ich habe nie einen erlebt, vor dem ich Angst hätte haben müssen. Aber ich zolle ihm Respekt! Die Helfer im Schutzhundesport arbeiteten gerne mit dem Rottweiler, denn wenn sie als Scheintäter vor dem angreifenden Hund stürzten, stellte sich der Rottweiler nur über sie, biss aber nicht nach. Man bezeichnete ihn als „ehrlichen" Hund. Der Nachfahre der Saupacker ist als junger Hund sehr temperamentvoll und auch erwachsen ein für seine Kraft und Größe behender Hund mit geschmeidigen Bewegungen und großer Ausdauer. Seiner Bezugsperson treu ergeben, sind ihm Fremde gleichgültig. Der ausgesprochen territoriale Hund, der sich durchzusetzen versteht, braucht eine sachkundige Führung und überfordert Menschen, die nicht mit ihm umzugehen verstehen. Dabei verträgt er keine strenge, harte Hand, sondern fordert sehr viel Konsequenz und Auslastung. Kein bequemer Hund!

Der Treib- und Schutzhund schwäbischer Viehhändler und Metzger, der Rottweiler, gehört zu den anerkannten Diensthunderassen.

Der Bouvier des Flandres wurde einst zum Transport von Schmuggelware eingesetzt.

Der leichtere Bouvier des Ardennes eignet sich besser für die Arbeit im Mittelgebirge.

Die Treiber sind territorial und besonders Rüden im Umgang mit fremden Rüden oftmals schwierig, da sie Respekt verlangen und nicht gerne klein beigeben.

Zu negativen Schlagzeilen kommt es leider, wenn Rottweiler aus einer Vermehrung ohne Beachtung des Wesens kommen, nicht konsequent erzogen und vielleicht sogar „scharf" gemacht werden. Darunter leidet die gesamte Rasse. Ich fürchte nicht den Rottweiler, ich fürchte inkompetente Besitzer!

BOUVIER DES FLANDRES

Dieser alte Viehtreiber- und Metzgershund stammt aus Flandern, das sich an der Küste von Holland bis Nordfrankreich erstreckt. Der derbe, zottige Hund musste unter härtesten Lebensbedingungen arbeiten. Er ist intelligent und gelehrig, doch sein Temperament und Selbstbewusstsein fordern konsequenten Umgang. Der ausgezeichnete Wach- und Schutzhund, der zu den anerkannten Diensthunderassen gehört, braucht Bewegung und Aufgaben.

BOUVIER DES ARDENNES

Die ausgestorben geglaubte Rasse wurde vor einigen Jahren durch Zufall wiederentdeckt, als ein Tierarzt in den Ardennen beruflich von Hof zu Hof reiste und immer wieder auf den gleichen Hundetyp stieß.
Der Ardenner ist leichter als der Flandres, was seiner bergigen Heimat Rechnung trägt. Er treibt selbstständig das Vieh zu den Melkstationen und in den Stall. Typisch ist es, dass er bei einbrechender Dunkelheit sein Revier abschreitet. Stets als Arbeitshund gehalten, braucht er eine Aufgabe und ist als Vollbluttreiber kein leichtführiger Hund.
Als rassetypisch bezeichnet man bei ihm eine angeborene Stummelrute.

SCHWARZER TERRIER

Das Kreuzungsprodukt zwischen russischen Terriern, Airedale, Riesenschnauzer, Rottweiler, Owtcharka, Laika und anderen Rassen wurde vom sowjetischen Militär zur Bewachung der Strafgefangenenlager und militärischen Einrichtungen gezüchtet. Allerdings war das Vorhaben nicht von Erfolg gekrönt, da die Hunde personenbezogener waren, als es sich für einen Diensthund mit ständig wechselndem Personal ziemte. Auf bedingungslose Schärfe gezüchtet, führte das bei Aufgabe der staatlichen Zucht

Schwarze Terrier sollten einst Wachhunde sein.

nach der Wende zu Problemen, als man die Hunde in Privathand abgab. Die Rasse würde heute nicht mehr existieren, wäre es den Hundefreunden nicht gelungen, im Laufe der folgenden Generationen einen umgänglicheren Hund zu züchten, der in den Plattenbausiedlungen Moskaus leben konnte und schließlich in aller Welt als Familienbegleiter Freunde fand.
Der Schwarze Terrier zeichnet sich durch ausgeprägtes Territorialverhalten (siehe Saupacker, Seite 145), aber auch durch souveräne Gelassenheit aus.
Der Schwarze braucht eine zweifelsfreie Rudelführung, damit nicht er entscheidet, wer herein darf und wer nicht. Unsicherheit und Inkonsequenz führen dazu, dass er für Ordnung sorgt und Verantwortung nach außen übernimmt. Dennoch ist der große Hund sensibel und verträgt keine unangemessene Härte. Der Schwarze Terrier ist sehr gelehrig. Er braucht keine stundenlange Bewegung, aber regelmäßige Ausgänge, verbunden mit Kopfarbeit. Da er seine Bezugsperson ungern aus den Augen lässt, neigt nur ein unausgelasteter, unerzogener Hund dazu, eigene Wege gehen.

RIESENSCHNAUZER

Der Riesenschnauzer erfreut sich eines Spitzenplatzes in der Beliebtheitsskala der deutschen Hundefreunde und genießt internationales Ansehen. Er gehört zu den anerkannten Diensthunderassen, wurde einst zum Einsatz bei Polizei und Militär gezüchtet, wo er noch vereinzelt anzutreffen ist.
Er ist ein Abkömmling der großen Treibhunde und steht den Bouviers nahe. Der große Bierschnauzer wurde als Begleiter der Fuhrunternehmer bekannt. In München gehörte er auf den Bock der mit Bierfässern beladenen Fuhrwerke, die wir heute beim Oktoberfest bewundern dürfen. Fuhrleute brauchten einen Bodyguard, der Pferde, Ladung und seinen Herrn zuverlässig beschützte. Niemand wagte es, sich mit einem großen, schwarzen, zottigen Ungetüm auf dem Wagen anzulegen. Das setzte natürlich beeindruckende Größe, Kraft und Wendigkeit voraus, was später dem Diensthund zugute kam. Mehr verlangte der Fuhrmann nicht. Er brauchte keinen unterordnungsbereiten, von ihm abhängigen, anhänglichen Hund. Der Hund sollte frei beim Fuhrwerk bleiben und ihm nicht nachlaufen.
Auch heute noch erfordert die Ausbildung des Riesenschnauzers einen Menschen, der es versteht, seinen Hund zu motivieren und zu überzeugen. Die in den ersten zwei Jahren überschäumend temperamentvollen Hunde strahlen ausgereift große Gelassenheit aus, die großen dunklen Augen schauen freundlich und unbefangen, tritt man ihnen ebenso entgegen.

Die als Bierschnauzer bekannten Riesenschnauzer bewachten in München mit Bierfässern beladene Fuhrwerke.

Der Australian Cattle Dog hat immer alles im Blick.

Mudi mit Steppenrindern in der Hortobágy-Puszta.

In einer klaren Beziehung stellt der gute Riesenschnauzer die Führung nicht infrage, lernt schnell und arbeitet gerne und zuverlässig mit. Bei unsicheren, nicht eindeutig kommunizierenden Hundeführern wird er versuchen die Führung zu übernehmen, was ihm in der Tat nicht schwerfällt. Erziehung allein macht ihn nicht zu einem gehorsamen Hund, er folgt nur aus Überzeugung. Deshalb ist ein unkontrollierter, unausgelasteter Riesenschnauzer mit Vorsicht zu genießen. Die hohe jagdliche Motivation mancher Exemplare gilt es zeitig in die richtigen Bahnen zu lenken.

AUSTRALIAN CATTLE DOG

Um die riesigen, wild im Outback weidenden Rinderherden zusammenzutreiben und die nervösen Tiere an den Pferchen zu handhaben, brauchten die Farmer stabile, durchsetzungsfähige Treibhunde. Aus den von britischen Einwanderern mitgebrachten Hütehunden und anderen Rassen züchteten sie diesen zähen, arbeitsfreudigen, intelligenten Hund. Für eine bessere Anpassung an das heiße, trockene Klima wurden Dingos eingekreuzt. Heute wird der Hund durch moderne Technik weitgehend ersetzt und die Rinder werden mit Hubschraubern, Flugzeugen und Quads zusammengetrieben. An den Pferchen jedoch ist ein Hund nach wie vor unentbehrlich. Mir ist es leider nicht gelungen, auf einer Farm in Australien einen echten Cattle Dog bei der Arbeit anzutreffen. Doch längst hat er sich als Familienbegleiter etabliert.
Der Cattle Dog ist intelligent und gelehrig, aber nicht leichtführig. Er weiß sich durchzusetzen und gehorcht nur zuverlässig nur einem Menschen, den er akzeptiert. Interessant ist, dass die Welpen weiß mit Farbflecken geboren werden. Die farbige Stichelung kommt erst später durch.

OLD ENGLISH SHEEPDOG

Der altenglische Schäferhund war bis zum Verbot des Rutenkupierens als Bobtail bekannt, das englische Wort für Stummelschwanz. Ich halte ihn für einen Nachkommen alter zotthaariger Herdenschützer mit Treib- und Hütehunden, die einst die Rinderherden aus den Bergregionen in die Großstädte trieben. Der Old English Sheepdog ist auch heute noch ein durchsetzungsfähiger, selbstbewusster und selbstsicherer Hund, der einer klaren Führung bedarf. Er ist gelehrig, arbeitsfreudig, wachsam und liebt hundesportliche Aktivitäten. Leider sieht Erfolg auf Ausstellungen übermäßig behaarte, in grotesker Form frisierte Hunde vor, die kaum Sympathie beim Publikum finden. Privat trifft man ihn meist geschoren an, um die sehr aufwändige Fellpflege zu umgehen. Vor allem, da er ein richtiger Allwetterhund ist und viel Bewegung in freier Natur schätzt.

Der Old English Sheepdog ist ein stattlicher, arbeitsfreudiger Hund, der hohe Ansprüche stellt.

DIE UNGARISCHEN TREIBER

Bei meiner Reise nach Ungarn traf ich die bekannten Rassen nicht mehr bei den Herden an, wohl aber begegnete mir ständig ein kleiner schwarzer Hund in den Dörfern. Inzwischen ist der **Mudi** eine anerkannte und weit über seine Grenzen hinaus bekannte Rasse. Er ist ein kleiner, wendiger, agiler Hüter mit guten Treibeigenschaften. Ich erlebte ihn an einer Herde ungarischer Steppenrinder. Seine Vielseitigkeit und Arbeitsfreude erfreuen heute Menschen, die gerne hundesportlich mit einem handlichen, temperamentvollen Hund unterwegs sind.

Der **Pumi** geht auf Terriereinkreuzungen mit den einheimischen Hunden sowie Hütehunden zurück, die mit Merinoschafen eingeführt wurden. Er eignet sich besonders gut zum Schweinehüten. Er fällt durch sein gelocktes Fell und spitzbübischen Ausdruck auf. Er ist quirlig, aktiv und immer zu jedem Unsinn aufgelegt.
Beide sind sehr wachsam, halten auf dem Hof Ratten und Mäuse kurz und werden zur Wildschweinjagd eingesetzt. Sie wissen sich mit Gebell durchzusetzen und sind sehr „gesprächig“. Beide brauchen eine konsequente Führung und viel Beschäftigung.

Der Mudi ist ein lebhafter, kleiner Arbeitshund, der alles mitmacht.

Der Pumi ist ein echter Bauernhund, dem keine Aufgabe zu schwierig ist.

Oben: Das Porträt eines typischen Fila São Miguel mit den charakteristisch rund abgeschnittenen Ohren. Selbstverständlich ist das hier nicht erlaubt.

Oben rechts: Ganz allein auf weiter Flur bewacht dieser Fila die teuren mobilen Melkanlagen.

Rechts: Schaut man genau hin, sieht man überall auf den Azoren die Hunde bei den Kühen.

Unten: Ein Fila beim Einholen der Kühe, die auf großen, von Mauern begrenzten Weiden grasen.

FILA SAO MIGUEL
der Viehtreiber der Azoren

Die Inselgruppe zwischen Europa und Amerika war einst wichtigster Stützpunkt portugiesischer und spanischer Seefahrer. Vor der langen Reise über den Atlantik zu den Kolonien wurden Reparaturen vorgenommen und Proviant gefasst.

Portugiesen und Spanier hatten immer wehrhafte Doggen an Bord, die sie grausam gegen die Eingeborenen ihrer eroberten Ländereien einsetzten. Diese Hunde hinterließen ihre Spuren. Da die wohlhabenden Inseln immer wieder von Seeräubern geplündert wurden, brauchte man einen starken, wehrhaften Schutzhund. Es entwickelte sich auf den Inseln São Miguel und Terceira ein ganz eigener Schlag, von dem sich nur der Fila São Miguel erhalten konnte.
In moderner Zeit trat die Bedeutung des Schutzhundes in den Hintergrund und man nutzte den Hund vornehmlich zum Viehtreiben. Die einheimischen Rinder der Azoren waren klein, sehr ursprünglich und nicht leicht zu handhaben. Erst mit dem EU-Beitritt begann die breit angelegte Milchwirtschaft mit subventionierten Kühen aus der EU, für die neues Gras angebaut werden musste. Schließlich fehlte es an der Vermarktung der Milchprodukte, was die Bauern in tiefe Schulden führte.

AUFBAU DER RASSE

Für die Milchkühe war ein durchsetzungsfähiger Treiber nicht mehr notwendig. Die wenigen Hunde, die es noch gab, wurden von portugiesischen Kynologen aufgrund alter Darstellungen erkannt und der Rasseaufbau begonnen. 1988 sah ich die ersten Exemplare im Zoo von Lissabon! Bei meinem Besuch auf den Azoren 1991 trafen wir nur noch wenige Hunde am Vieh an. 1995 wurde der Fila São Miguel offiziell anerkannt und wird heute als eine Art Nationalhund Touristen vorgestellt.

EIN TYPISCHER SAUPACKER

Der außerordentlich territoriale und durchsetzungsfähige, harte Arbeitshund war nie Familienbegleiter. Einige Exemplare traf ich bei den Melkanlagen angekettet. In einer Blechtonne mitten im Gelände zog eine Hündin Welpen auf. Einige Hunde lebten schon in Familien. Allerdings betonte Dr. Amaral, der sich der Zucht und Anerkennung verschrieben hatte, dass man das Wesen der Hunde züchterisch an die neue Rolle anpassen müsse, wenn sie eine weitere Verbreitung erfahren sollten. Dies aber sei nötig, um die Rasse überhaupt zu erhalten.
Ich durfte einige typische Hunde, die in der Familie lebten, bewundern. Ich brauchte keine Angst vor ihnen zu haben, aber man demonstrierte mir eindrucksvoll, wie blitzschnell die Hunde von absoluter Gelassenheit in den Verteidigungsmodus umschalteten und ihr Auto oder Frauchen beschützten.
Beim Besuch eines Züchters geschah ein kleines Missgeschick: Als wir vom Hof fuhren, verfolgte uns der Rüde und mein Begleiter am Steuer wurde bleich: „Er hat in den Reifen gebissen!" Ich wollte es nicht glauben, aber tatsächlich – der Reifen musste ersetzt werden.
Wer mit dem Fila São Miguel umzugehen versteht, darf sich eines intelligenten, arbeitsfreudigen Hundes erfreuen, der sich eng an seine Menschen anschließt.

Gerne setzt man ihn auf dem portugiesischen Festland zur Saujagd ein, da er, seinem Namen entsprechend („filar" = fangen, zupacken), mutig die Sauen stellt. Aber auch als Wachhund großer Anwesen wird er sehr geschätzt.

HÜTEHUNDE

HERDENSCHUTZHUNDE UND HÜTEHUNDE WERDEN OFT IN EINEN TOPF GEWORFEN. BEIDES SIND HIRTENHUNDE, ABER MIT VOLLKOMMEN UNTERSCHIEDLICHEN AUFGABEN.

Der Herdenschutzhund hat eine enge Bindung zu den Schafen. Sie gehören zu seiner Familie und er kann sich frei unter ihnen bewegen, ja sogar soziale Pflege findet zwischen Schaf und Hund statt. Der Herdenschützer ist ein Teil der Herde, der sie gegen alle Eindringlinge beschützt. Der Herdenschützer akzeptiert den Schäfer, aber er orientiert sich nicht an ihm.
Der Hütehund hingegen ist der verlängerte Arm des Schäfers und muss die Schafe nach seinen Wünschen bewegen. Er nutzt für seine Arbeit die Instinkte der Schafe gegenüber Raubtieren: Flucht und Zusammenrotten. Der Hund muss Jagdverhalten demonstrieren und sich mit den Zähnen Respekt verschaffen.
Natürlich lernen die Schafe im Laufe der Zeit, wann sie einen Hund ernst nehmen müssen und befinden sich nicht in ständiger Panik. Aber ohne Respekt vor dem Hund machen sie, was sie wollen. Der Hütehund muss sich ständig unter der Kontrolle des Schäfers befinden und auf kleinste Anweisungen blitzschnell reagieren. Die Bindung zwischen Schäfer und Hund ist eng und beide bilden eine Einheit.
Schon als Kind lernte ich mit meinem ersten Hund, dass Schäferhund nicht gleich Schäferhund ist. Mit meiner Colliehündin durfte ich auf dem Platz des Schäferhundvereins arbeiten, doch wurde mein geliebter schottischer Schäferhund unfreundlich als „Frikadelle" bezeichnet, weil er nicht bereit war, den Scheintäter mit kräftigem Biss festzuhalten. Vielmehr stellte Ilka in gebührendem Abstand den „Feind". Mit ihr konnte ich mich absolut sicher fühlen, ohne

befürchten zu müssen, dass sie zubeißt. Für den einzigen damals angebotenen Hundesport, die Schutzhundprüfung, reichte das natürlich nicht aus. Das veranlasste mich zu gründlichen Nachforschungen zur Herkunft der Rassen und deren ursprünglichen Aufgaben. Ein Abenteuer, das mich bis heute fesselt.

Meiner Meinung nach finden wir gerade unter den Hütehundrassen sehr viele hervorragende Familienbegleiter, denn der Hütehund arbeitet eng mit dem Menschen unter dessen Kontrolle und Einfluss zusammen. Er liebt die Teamarbeit, weil nur sie zum Erfolg führt.

Voraussetzung ist eine hohe Unterordnungsbereitschaft, denn ein Hund, der die Anweisungen des Schäfers stets infrage stellt und nicht sofort ausführt, ist unbrauchbar. Dennoch muss er, mit hoher Intelligenz ausgestattet, Eigeninitiative entwickeln, wenn der Schäfer keine Anweisung erteilen kann; der Hund darf keine Marionette sein. Ist er zu sehr auf Anweisung angewiesen, taugt er ebenfalls nicht für die Arbeit.

Lebenslange Unterordnungsbereitschaft bedeutet, eine gewisse Kindlichkeit bis ins hohe Alter zu bewahren. Darum lieben Hüter ein Leben lang Spiel und gemeinsame Arbeit mit ihrem Menschen und dominieren im hundesportlichen Bereich, nur angefochten von den Retrievern, die ebenfalls eine hohe Unterordnungsbereitschaft zeigen sollen.

Hütehunde wie dieser Australian Shepherd machen mit Begeisterung alles mit.

AUSGEZEICHNETE BESCHÜTZER

Hütehunde sind territorial, denn ihr Engagement für die Herde hängt mit Sinn für Besitz und damit ihrer Nahrungsgrundlage zusammen. Sie sind deshalb gute Wachhunde und manche sogar aktive Schutzhunde, denn kompromisslose Verteidigungsbereitschaft war bei einigen Hütehunderassen notwendig. Da sie aber, im Gegensatz zu den Herdenschützern,

Bewegung und Spiel am Strand ist nicht nur für diese Collies eine große Freude.

mehr an den Hirten als an die Herde gebunden sind, wollen sie ihre Menschen auf Schritt und Tritt durch Dick und Dünn begleiten.
Hütehunde gelten als leichtführig, weil sie selbst die Bereitschaft zeigen mitzuarbeiten, schnell lernen und gerne mit Ausdauer arbeiten. Das allerdings stellt Anforderungen an den Besitzer, der sich etwas einfallen lassen muss, um seinen Hund zu beschäftigen. Seine große Intelligenz lässt ihn blitzschnell auch alles Unerwünschte oder Unbeabsichtigte lernen. Es ist anstrengend, seinem Hund geistig immer einen Schritt voraus sein zu müssen! Alle Hütehunde sind sehr bewegungsfreudig, denn ihre Arbeit erfordert, unermüdlich auf den Beinen zu sein. Darauf ist ihr Stoffwechsel ausgelegt. Natürlich brauchen sie Ruhephasen, aber körperliche Auslastung ist Voraussetzung für einen im Haus angenehm ruhigen und nicht überdrehten Hund, der ständig Action einfordert.
Ein schnell lernender und damit einfach zu erziehender Hund entbindet aber nicht von Führungsqualitäten des Halters. Ganz im Gegenteil: Diese Hunde sind abhängig von einer souveränen, gelassenen Person, die weiß, was sie will und deren Körpersprache und Kommandos nicht widersprüchlich sind. Mit ihrer feinen Beobachtungsgabe entgeht ihnen keine Schwäche und sie reagieren unsicher, nervös, entwickeln merkwürdige Verhaltensweisen bis hin zu Aggressivität. Sie gehen auf die Emotionen ihrer Menschen ein, die sich vor dem feinen Gespür des Hundes nicht verbergen lassen, und setzen sie nach außen um. Natürlich gilt das für die meisten Hunde, die eine enge Beziehung zu ihren Menschen haben, aber beim Hütehund ist das besonders auffällig und ausgeprägt.

Trainer-Tipp

Hütehunde setzen bei ihrer Arbeit vorrangig die Augen ein und sind daher hervorragende Beobachter. Sie „lesen" die kleinste Gemütsregung in Mimik und Körperhaltung und reagieren sofort. Das ist eine Voraussetzung für ihre Arbeit auf Distanz, denn sie müssen ständig bereit sein, Hilfen und Anweisungen des Schäfers anzunehmen. Die Körpersprache muss klar und eindeutig für den Hund sein. Hüter arbeiten hervorragend mit Sichtzeichen.

Schäfer mit altdeutschem Tiger.

Das macht sie zu so wundervollen Gefährten, aber darin liegt auch die Schwierigkeit, sie richtig zu führen. Der Hütehund braucht einen Partner, auf den er sich zu 100% verlassen kann, denn nur so kann ein Team erfolgreich arbeiten. Ein unzuverlässiger Mensch mit Führungsschwächen macht einen Hüter wahnsinnig.
Es ist nicht Job eines Hütehundes, zu führen. Muss er mangels eines zuverlässigen Chefs selbst führen, damit die überlebenswichtige Ordnung ins Rudel kommt, ist er überfordert. Wurden die Ahnen seit Jahrzehnten nicht mehr für die Hütearbeit gezüchtet und ist er ein Typ, der gerne Führung übernimmt, dann füllt er diese Rolle konsequent aus. Beides führt zu sogenannten „Problemhunden". Bitte bedenken wir, dass der Hütehund als „Großwildjäger von Herdentieren" mehr als andere Rassen auf Teamarbeit und gute Organisation angewiesen ist. Er kann keine fünf gerade sein lassen, so oder so.

ZUCHT IST KUNST

Wichtig ist, dass der Züchter die erwünschten Wesensmerkmale im Auge behält. Das Züchten eines brauchbaren Hütehundes ist eine Kunst, die Schäfer mit Konsequenz pflegen. Aussehen spielt nur in Bezug auf die Anforderungen an

Schäfer im Oderbruch mit altdeutschen Füchsen. Der rechte Hund läuft unermüdlich in der Furche, der zweite ruht sich derweil aus.

den Hund eine Rolle. Nur innerhalb dieser Anforderungen erlaubt sich der Schäfer persönliche Vorlieben. Eine Zuchtauslese im Hinblick auf einen brauchbaren Hütehund finden wir nur dort, wo der Hund eingesetzt wird. Aber solche Welpen werden in der Regel nicht als Familienbegleiter abgegeben.

Gerade beim Hüter ist jede Verpaarung eine Gratwanderung, bei der Wesen und Persönlichkeit der Elterntiere sorgfältig in Betracht gezogen werden müssen, damit es bei den Nachkommen nicht kippt in zu devot bis ängstlich, nervös, wenig belastbar oder zu agil und fordernd oder gar aggressiv, wenn auch nur aus Unsicherheit heraus. Werden Hunde vorwiegend für Show oder Sport gezüchtet, überwiegen ganz spezielle Zuchtziele, die nichts mit der Hütearbeit zu tun haben. Die Eignung als Familienbegleiter steht selten im Vordergrund und wird oft als selbstverständlich gegeben hingenommen. Da aber die Mehrheit aller Welpen „nur" in Familien gehen, ist diese anspruchsvolle Aufgabe größte Aufmerksamkeit der Züchter wert.

Hinzu kommt, dass ihr Territorialverhalten oft nicht verstanden wird und ihre ursprünglichen Aufgaben unterschiedliche Schwerpunkte im Verhalten setzten, die nicht alle Hüter automatisch zu den „idealen" Familienbegleitern machen, als die sie oft angepriesen werden. Ein Züchter, der weiß was er tut, kann bei entsprechender Zuchtauslese das Verhalten beeinflussen und den neuen Anforderungen des Familienbegleiters anpassen. Deshalb ist die Bandbreite innerhalb der Rassen oft groß und erfordert vom Welpenkäufer Sorgfalt bei der Wahl der Rasse und des Züchters. Schön sind sie alle, und für jeden Anspruch ist der richtige Hund zu finden.

Liebevoll aufgezogen wird dieser Berger-Pyrenée-Welpe als künftiger Familienbegleiter.

Trainer-Tipp

Je nach Arbeitsanforderungen brauchen Hütehunde ihre Stimme zur Unterstützung ihrer Präsenz am Vieh. Hunde, die treiben, sind stimmgewaltiger als reine Hüter.
Hütehunde drücken gerne Gefühlsregungen durch Laute aus: Sie bellen, um Ungewöhnliches zu melden, aus Protest, aus Frust, aus Freude und reiner Mitteilsamkeit. Wer das nicht möchte, muss von klein an an der Kontrolle des Bellens arbeiten. Vor allen Dingen darf man sich nicht durch Bellen manipulieren lassen. Meldet der wachsame Hund, sollte man dies umgehend freundlich bestätigen und ihm zu verstehen geben, dass man die Situation im Griff hat und er sich nicht darum kümmern muss. Lässt man den Hund bellen, schimpft gar noch hinter ihm her, fördert das die Bellfreudigkeit. Wie bei einem unartigen Kind an der Supermarktkasse darf man sich nicht auf forderndes Gebell einlassen. Leider sehe ich immer wieder Leute, die ihrem Hund ein Leckerchen geben „damit er ruhig ist". Doch das bestätigt den Erfolg des Bellens. Kläfft er fordernd, egal wofür, muss das konsequent ignoriert werden, selbst ein Blick, ein böses Wort sind ein Erfolg und der Hund manipuliert seine Menschen!

Ein christliches Symbol: der Schäfer, der über seine Herde wacht – aber bitte mit Hund! Florenz im 14. Jh.

Der kleine Berghüter aus den Pyrenäen muss sich bisweilen mit der Stimme Nachdruck verschaffen.

AUFSTIEG DER HÜTEHUNDE

Hirte und Hund gehören seit Menschengedenken zusammen. Das Bild des Schäfers, der über seine Schafe wacht, wurde in der christlichen Religion zum Sinnbild.
Das Bewachen stand stets im Vordergrund. Hütehunde, die aktiv an den Schafen arbeiten, stehen auf der jüngsten Entwicklungsstufe in der Anpassung an veränderte Bedingungen der Schafzucht.
Spanien hatte bis ins 18. Jahrhundert das Monopol im Handel mit Wolle. Schafe wurden zwar immer und überall gehalten, aber die Wollqualität reichte nicht an die der Merinoschafe heran. Erst mit der Erfindung mechanischer Webstühle konnte man Wolle in großer Menge zu feinen Tuchen verarbeiten und die Schafzucht wurde weltweit zu einem lukrativen Geschäft, das ganze Nationen reich machte. Nach dem Fall des spanischen Monopols besserten europäische Schafzüchter mit spanischen Merinoschafen die Wollqualität ihrer Schafe auf. Abgesehen von Skandinavien, denn die kurzen Sommer und lange, schneereiche Winter eignen sich nicht für eine groß angelegte Schafzucht.
Verlademöglichkeiten per Bahn oder LKW gab es nicht. Abgesehen vom Transport per Schiff mussten die langen Strecken zu Fuß zurückgelegt werden. Mit den Schafen wanderten immer auch die Hunde. Ohne zuverlässige Hunde, die gleichzeitig die teure Fracht beschützten, wäre das nicht gegangen. Der Weg der Schäferhundrassen führte nach meiner Vorstellung mit den

**PERRO LOBO HERREÑO –
DER WOLFSHUND DER KANARENINSEL HIERRO**

Auf Hierro konnte sich der alte spanische Schäferhund erhalten. Die Fotos entstanden auf der Suche nach dem damals noch nicht anerkannten Dogo Canario. Auf die Frage nach einer einheimischen Hunderasse wurde ich immer auf diese Hunde verwiesen, für die man nicht einmal eine Bezeichnung hatte. Es war einfach der Hund von Hierro. Der Lobo Herreño wird wegen seiner wolfsähnlichen Fellzeichnung so genannt. Der sehr territoriale Hütehund ist ein ausgezeichneter Beschützer und seinen Menschen eng verbunden, aber Fremden gegenüber misstrauisch. Seit Kurzem ist er als Rasse anerkannt und wird als intelligenter, sportlicher Familienbegleiter geschätzt.

[a] Ein Schäfer im Zwiegespräch mit seinem Hund

[b] Ganz alleine treibt der Hund das verloren gegangene Schaf über die Straße zurück.

[c] Lobo Herreño in seiner Heimat

Schafen von Nordafrika, von wo aus sie die Berber im 12. und 13. Jahrhundert nach Spanien brachten, von Spanien nach Europa. Ich traf dem deutschen Schäferhund ähnliche Hüter auf den Kanaren und in Zentralspanien an. Dachte ich zunächst an Mischlinge mit Deutschen Schäferhunden, mir wurde aber schnell klar, dass vielmehr der Deutsche Schäferhund auch auf spanische Hunde zurückgehen muss. Die begleitenden Hunde vermischten sich mit einheimischen Bauernhunden und die Schafzüchter selektierten daraus die Hunde, die für ihr Umfeld und ihre Zwecke am besten geeignet waren.
Als Schafe noch Wohlstand bedeuteten, beweidete man mit den genügsamen Tieren, was immer zur Verfügung stand. Selbst magerste Böden reichten noch aus, um Schafe zu ernähren. Schafe in großer Zahl ohne Hunde zu managen ist undenkbar, und so entwickelten sich zahlreiche Hütehundschläge, angepasst an Klima und Umfeld.
Der Boom der europäischen Schafzucht war leider nicht von Dauer. Australien mit seinen unendlichen Weiten und für Schafe idealem Klima lieferte bald die beste Merinowolle. In Europa dient heute die Schafzucht meist nur noch der Landschaftspflege. Selbst das Fleisch wird billiger aus Neuseeland importiert als hier produziert. Die Wolle ist weniger wert, als es kostet sie zu scheren und zu entsorgen. Das führte zur Zucht einer neuen Schafrasse „Easy Care", deren Haare nicht kontinuierlich wachsen, sondern im Jahresrhythmus ausfallen, wodurch Kosten eingespart werden.
Wanderschäfer, die das ganze Jahr über mit ihren Herden unterwegs sind, sind selten geworden. Wohl sieht man heute mehr Schafe auf eingezäunten Koppeln weiden, die oftmals aus Liebhaberei gehalten werden und keines Hundes mehr bedürfen.
Dass wir uns so vieler Hütehundrassen erfreuen dürfen, liegt daran, dass der jüngste Spross der Hirtenhunde noch zu Beginn der Rassehundezucht überall seine Arbeit verrichtete und daher den Hundefreunden, die nach nationalen Rassen für eine „reinrassige" Weiterzucht suchten, ins Auge fielen und eine gute Zuchtbasis bot.

HÜTEHUNDE JAGEN NICHT?

Immer wieder höre ich von stolzen Besitzern eines Hütehundes: Hütehunde jagen nicht! Dieser Irrtum sitzt hartnäckig in den Köpfen vieler Menschen. Man braucht nur einen Border Collie an Schafen zu beobachten! Das sind die feinsten Jagdszenen! Todesurteil für jeden Hütehund ist, wenn er sich an Schafen vergreift. Dennoch stellen beispielsweise unbeaufsichtigte Border Collies die größte Bedrohung in den Augen schottischer Schaffarmer dar. Werden

Dieses Team schottischer Working Collies sieht sich auf der Jagd der Beute gegenüber.

Die Schafmutter sieht ihr Lamm durch den Hund bedroht. Keine leichte Sache für ihn, sie zur Umkehr zur Sammelstelle zu bewegen.

die Hunde nicht gebraucht, sperrt man sie weg oder kettet sie an. Niemals dürfen sie unbeaufsichtigt auf dem Hof frei laufen. Es kann passieren, dass man bei einem Schottlandurlaub nicht einen Hütehund zu Gesicht bekommt.

Je nach Bedarf wurden bei Hütehunden bestimmte jagdliche Sequenzen in der Zuchtauslese gefördert oder unterdrückt. Das Treiben von Wild in eine gewünschte Richtung ist eine Jagdsequenz. Schafe fürchten den Hund, der sich in Raubtiermanier heranpirscht, sie flüchten und der Hund verfolgt sie. Aber anstatt sie anzugreifen, treibt er sie dem Schäfer zu oder in eine von ihm angewiesene Richtung. Das Ergreifen, Festhalten und Töten der Schafe obliegt dem Schäfer. Die letzte Sequenz des Tötens muss der Hund „vergessen". Das bedeutet aber nicht, dass sich ein gelangweilter, unkontrollierter Hund nicht erinnern könnte.

Das Verhalten muss angeboren sein, antrainieren könnte man manches vielleicht mit großer Mühe, aber dazu hat ein Schafhalter keine Zeit und es wäre längst nicht so zuverlässig abzurufen wie angeborenes Verhalten. Man gibt jungen Hunden eine gewisse Zeit, das erwünschte Verhalten zu zeigen. Was dann nicht da ist, entscheidet über sein weiteres Schicksal. Doch selten irrt sich ein Schäfer bei der Auswahl seiner Welpen, die schon früh Ansätze zeigen.

Hinzu kommt, dass Hütehunde ihren Speiseplan immer durch erjagte Kleintiere aufbessern, die sich gerade bieten. Um großes, flüchtiges Wild zu jagen, müsste der Hund seine Herde verlassen. Aber ein Kaninchen im nahen Umfeld zu fangen, macht Spaß und ist lecker. Füchse sind Erzfeinde und walisische und schottische Farmer berichten voller Stolz, wenn ihre Hunde mal eben einen Fuchs fangen und töten, der der Herde zu nahe kommt. Fast jeder Hütehund ist bereit, einem Stück Wild nachzulaufen oder ein Kaninchen zu fangen, aber weit und ausdauernd selbstständig zu jagen, liegt ihm im Regelfall nicht.

Niemals dürfen die schottischen Schäferhunde unbeaufsichtigt frei laufen.

Der Westerwälder Kuhhund muss sich gegenüber dem jungen Charolais-Bullen durchsetzen.

Trainer-Tipp

Es gilt, frühe Ansätze zum Jagen zu erkennen und auf gemeinsames Jagen mit dem Menschen umzupolen. Zeigt ein Welpe Interesse an einer Wildfährte, heißt es ihm eine viel interessantere Beschäftigung anzubieten. Apportierübungen, Suchspiele usw. lenken ihn nicht nur von der Fährte ab, sondern garantieren Erfolg, bringen Lob und Belohnungen ein. Das ist dem Hütehund wichtig.
Mit einer Korrektur anzufangen, sobald sich der Welpe für Wild oder eine Fährte interessiert, versteht er nicht. Dem Entwicklungsstand und dem Charakter des Hundes angemessene Korrekturen sollten nur dann erfolgen, wenn der Hund sich nicht auf die Alternative einlässt. Oftmals genügt bei sensiblen Tieren ein ungewöhnlicher Laut. Wichtig ist, den Junghund an der langen Schleppleine zu halten, bis Bindung und Gehorsam Freilauf auf den Waldwegen erlauben. Das entspricht auch den gesetzlichen Anforderungen.

Der Ruf, dass Hütehunde nicht jagen, beruht vermutlich darauf, dass sie im Regelfalle von der Leine gelassen nicht sofort auf und davon gehen. Es ist die enge Bindung des gut erzogenen Hundes, die ihn nicht selbstständig jagen lässt. Er mag nicht ohne Herrchen oder Frauchen jagen oder auf eigene Faust streunen! Aber man sollte bei Junghunden schon aufpassen, dass sie nicht in den Genuss eines positiven Jagderlebnisses kommen. Durch ihre Unterordnungsbereitschaft und enge Bindung lassen sich viele Hüter vom Wild abrufen, aber immer wieder gibt es unter ihnen passionierte Hetzer. Blauäugig vorauszusetzen, Hüter könnten nicht jagen, ist gefährlich!

SCHNAPPEN UND KNEIFEN

Das wichtigste Werkzeug der Hütehunde ist ihr Gebiss, denn mit Hilfe der Zähne müssen sie sich bei den Schafen durchsetzen. Schafe sind clever und erkennen auf Entfernung, mit wem sie es zu tun haben. Zeigt ein Hund auch nur die geringste Schwäche, jagen sie ihn auf und davon. Allerdings darf er die Schafe nicht verletzen. Schon ein zu heftiges Ziehen an der

Wolle verursacht schmerzhafte Hämatome unter der Haut und schmälert den Verkaufswert. Doch er muss hin und wieder an vorbestimmten Stellen herzhaft zupacken, um sich zu wehren und ernst genommen zu werden. Drohen, Schnappen und Kneifen sind Ausdrucksformen der Hüter, die oft falsch verstanden werden.

Der Hüter als Familienhund muss frühzeitig lernen, dass das Einsetzen der Zähne nicht erwünscht ist. Schon der Züchter darf bei seinen Welpen „Kneifen in Mensch" nicht dulden und muss sich die natürliche Beißhemmung zunutze machen. Der Besitzer muss das konsequent fortführen und besonders die Kinder einweisen. Ebenso muss der Welpe – vorzugsweise schon beim Züchter – lernen, sich an allen Körperteilen pflegen zu lassen, auch in Rückenlage. Dies ist besonders wichtig für lang- und zotthaarige Rassen, die aufwendiger Pflege bedürfen, bei der es schon mal ziept. Es ist ein häufiges Problem, dass sich Hunde nicht bürsten lassen wollen und aus diesem Grund verwahrlosen und sogar abgegeben werden. Schon die ersten Ansätze zum Schnappen müssen energisch abgewehrt werden. Meist genügt es, sich einmal richtig durchzusetzen. Man sollte jedoch immer prüfen, warum der Hund schnappt. Eine unerkannte Verletzung könnte ihm Schmerzen bereiten. Der Hund darf unangenehme Empfindungen anzeigen, aber nicht zu heftig oder gar verletzen. Niemals darf man sich ins Bockshorn jagen lassen und nachgeben. Das würde sich auf die ganze Beziehung zum Hund negativ auswirken.

Trainer-Tipp

Kneift der Welpe, quietscht man mit hoher Stimme „Au" und schiebt ihn weg. Fragt er nach und versucht es wieder, muss man konsequent und liebevoll, aber doch eindrücklich bei dem Verbot bleiben. Niemand in der Familie darf es dulden, denn eine Person kann nicht für den Rest der Familie erziehen, da schon die Welpen genau wissen, mit wem sie was machen können. Wichtig ist Spielzeug zu vermeiden, das zwar quietscht, wenn es gebissen wird, sich aber nicht wehrt. Sonst lernen die Welpen immer rücksichtsloser zuzubeißen und die natürliche Beißhemmung geht verloren.

Dieser Beardie-Welpe wird einmal ein üppiges Fell haben und muss früh lernen, dass Pflege schön ist.

DIE FLACHLANDHÜTER

Ich teile die Hüter in Gruppen ein, die sich sowohl vom Aussehen als auch vom Naturell her deutlich voneinander unterscheiden: Flachlandhüter, Heidehüter und Berghüter.
In den flachen, fruchtbaren Niederungen Europas entwickelte sich intensiver Ackerbau. Schafe durften nur zugewiesene Flächen beweiden und mussten über Wege und Straßen zu den Weiden geführt werden. Am Morgen sammelte der Schäfer in den Dörfern die Schafe der Bauern ein und brachte sie am Abend zurück. Das bedeutete, die großen Herden mussten geschlossen zügig vorangetrieben werden und durften nicht in Gärten oder Ackerland einbrechen. Der Schäfer brauchte mehrere Hunde, die die Herde zusammenhielten und nicht duldeten, dass am Wegesrand genascht wurde. Die Hunde mussten unter Kontrolle und Kommando des Schäfers arbeiten, trotzdem Eigeninitiative zeigen und selbstständig eingreifen und sich gegenüber einer großen geschlossenen Herde durchsetzen.
Da sich die Herden oft unweit von Verkehrswegen und Siedlungen aufhielten, bestand ständig die Gefahr, dass Schäfer von Viehdieben überwältigt und Schafe gestohlen wurden. Zuverlässige Schutzhunde sicherten Leben und Existenz. Es verwundert daher nicht, dass belgische, holländische und deutsche Schäferhunde die Voraussetzungen für wehrhafte Dienst- und Sporthunde im Bereich der Schutzhundausbildung erfüllten und sich bis auf den heutigen Tag bestens bewähren.
Diese harten Arbeitshunde mit ausgeprägtem Territorialbewusstsein verteidigten kompromisslos ihre Menschen einschließlich deren Hab und Gut. Mit den schmutzigen, grimmigen Schäferhunden war nie gut Kirschen essen und niemand wollte mit ihnen zu tun haben. Ich lernte als Kind, dass man sich einer Herde tunlichst nicht nähert, und weiche heute noch respektvoll mit meinen Hunden aus.
Geführt wird die Herde vom Schäfer, dem handzahme Leittiere auf Ruf oder Pfiff folgen und mit ihnen die ganze Herde. Die Hunde laufen vor der Herde, flankieren und schließen nach hinten ab. Sie sichern die Herden im Straßenverkehr oft unter Einsatz des eigenen Lebens. Die Arbeit der Hunde besteht weiterhin darin, die Schafe beim Grasen zu überwachen. Der Schäfer weist den Hunden zuvor kenntlich gemachte oder natürliche Grenzen der Weide zu. Über diese „Furche“ hinaus darf kein Grashalm abgefressen werden und der Hund schreitet

Der Schäfer führt die Herde an. Der Hund sorgt dafür, dass sie geschlossen folgt.

diese Grenzen unermüdlich ab. Durch ständiges Umrunden oder dicht vor den Schafen Herlaufen sorgen die Hunde dafür, dass die Schafe die zugewiesenen Flächen geschlossen in angemessener Zeit gründlich abgrasen.
Flachlandhüter sind meist größer als Heide- und Berghüter und bewältigen ihre Arbeit tagaus, tagein in unermüdlichem, weit ausgreifendem Trab mit gelegentlichen Sprints und Galoppphasen.
Als Familienbegleiter stellen sie hohe Anforderungen in Bezug auf Beschäftigung und Bewegung. Sie sind keine Mitläufer, sondern brauchen die Möglichkeit, Energie, Arbeitseifer und Intelligenz umsetzen zu können. Da sie stark territorial veranlagt sind – ihr Revier ist dort, wo sich die Herde aufhält –, sind sie wachsam und verteidigungsbereit. Umso mehr, wenn sie nach ihrer Laufbahn als Hütehunde seit vielen Generationen als Schutzhunde gezüchtet wurden. Sie sind vielseitig in den meisten hundesportlichen Aktivitäten einzusetzen und bis ins hohe Alter aktiv und arbeitsbereit. Vielmehr hält sie Arbeit jung! Bei klarer und konsequenter Führung und enger Bindung an ihre Menschen sind sie zuverlässige, wunderbare Gefährten, die ganz in ihren Bezugspersonen aufgehen.

Der junge Saarloos Wolfhond zeigt deutlich Misstrauen im Ausdruck gegenüber dem Fotografen.

WOLFSHUNDE

Schon zu Beginn der Zucht des Deutschen Schäferhundes hatte man den Wolf als Vorbild vor Augen – ein Tier, das seit Jahrhunderten gefürchtet und dennoch bewundert wird. Der Mythos Wolf erregte zu allen Zeiten die Gemüter. In den USA sind Wolf-Hund-Kreuzungen sehr beliebt und inzwischen auch ein Problem. Schon zu Beginn der Zucht des Deutschen Schäferhundes versuchte man durch Wolfseinkreuzungen den Hund „wilder“ zu machen. Doch rasch stellte man fest, dass dieses „wild“ ein Nachteil war. Kein Wunder, denn im Laufe von Jahrtausenden erschuf der Mensch mit großer Mühe den Hund als zuverlässigen Begleiter und Helfer.
Verhalten, das das Wildtier zum Überleben braucht, wurde beim Hund über viele Generationen verändert, um ein einfacheres Zusammenleben und -arbeiten zu gewährleisten. Das alles kann eine einzige Kreuzung zunichte machen. Dennoch gibt es zwei anerkannte Rassen, die aus unterschiedlichen Motiven heraus gezüchtet wurden.

Der Tschechoslowakische Wolfshund zeigt sehr ursprüngliches Verhalten.

SAARLOOS WOLFHOND

Der niederländische Hundefreund Leendert Saarloos versuchte sich an der „Verbesserung" der Haushunde und kreuzte Schäferhund mit Wolf. Ziel war ein Blindenführhund für seine erblindete Frau. Er betrieb starke Inzucht und erreichte sein Ziel nicht. Dennoch fanden die schönen Wolfshunde ihre Freunde und wurden als Rasse anerkannt.

TSCHECHISCHER WOLFSHUND

Hier kreuzte das Militär Schäferhund mit Wolf, um einen Diensthund für die Grenzpatrouille zu erhalten. Wissenschaftliche Begleitung und harte Selektion führten das Experiment für diesen Aufgabenbereich zum Erfolg.

Dazu gehört klare Kommunikation unter Hunden, ebenso wie zwischen Mensch und Hund.

Dennoch halte ich Wolfskreuzungen für einen Rückschlag und eher fragwürdiges Experiment, denn Wolfsverhalten schlägt auch noch nach Generationen durch. Wolfshundewelpen brauchen sehr frühe Prägung und sorgfältige Sozialisierung, damit sie sich in unserer Umwelt relativ stressfrei zurechtfinden.

Die Haltung erfordert fundierte Kenntnis in Wolfs- und Hundeverhalten, sehr viel Zeit, Einfühlungsvermögen sowie ausbruchsichere Unterbringung. Wolfshunde sind sehr intelligent und erfinderisch, die Sinne schärfer und das Reaktionsvermögen schneller als bei den meisten Hunden. Das gesamte Instinktrepertoire einschließlich Sozialverhalten ist intakt, die Jagdpassion ausgeprägt.

Wolfshunde sind ihrem Rudel eng verbunden und Trennung, Alleinsein, versetzt sie in Panik. Sie springen durch geschlossene Fenster und setzen alles daran, ihr Rudel zu finden. Dabei zerstören sie Türen und untergraben oder überwinden selbst hohe Zäune. Das muss man verstehen und darauf Rücksicht nehmen. Für ein beengtes Leben in der Stadt sind sie nicht geeignet. Sie sind sehr misstrauisch allem Fremden gegenüber. Besonders beim Saarloos sah ich häufig extreme Vorsicht und Fluchttendenz.

Nur für gesunde sportliche Menschen, die ihrem Hund großzügigen, gut gesicherten Lebensraum bieten und viel Zeit aufwenden können, ist solch ein Hund ein reizvoller, wenn auch nie bequemer Kamerad. Leider kommen besonders die „Tschechen“ in Mode, da das wolfsnahe Aussehen viele Menschen anspricht. Nach wie vor muss die Zucht mit großer Sorgfalt betrieben werden. Wehe wenn sie in die Hände von Vermehrern gerät, die nur das rasche Geld vor Augen haben!

DEUTSCHER SCHÄFERHUND

Die erfolgreichste Rasse aller Zeiten ist zweifellos der Deutsche Schäferhund.
In Deutschland gibt es viele Hütehundschläge vom Flachland- bis zum Heidehüter. Aus ihnen schufen ein paar Leute um Rittmeister von Stephanitz einen vielseitig einsetzbaren Diensthund. Von Stephanitz’ militärische Laufbahn brachte ihn weit herum, und der Hundefreund beobachtete mit großem Interesse alle Hunde. Sein Wissen ging weit über das Interesse an seiner Rasse hinaus und sein Werk „Der Deutsche Schäferhund in Wort und Bild“ birgt eine Fülle von Informationen mit interessanten Fotos.
Im ausgehenden 19. Jahrhundert waren Hundeausstellungen und Rassehunde der letzte Schrei, vor allem Importrassen wie Collie und Airedale Terrier ließen einheimische Hunde in Vergessenheit geraten. Beide hatten als Diensthunde der Briten in den Kriegen weltweite Berühmtheit erlangt. Ihre Verdienste blieben dem deutschen Militär nicht verborgen und man suchte für die teuren Importe aus Schottland eine Alternative. Außerdem förderte der Nationalstolz das Interesse an einheimischen Rassen.
Von Stephanitz sah diesen Ersatz in den preiswert in großer Zahl zur Verfügung stehenden deutschen Hütehunden, deren herausragende Fähigkeiten er erkannte. Ihm war auch klar, dass die Schafzucht an Bedeutung verlor und diese fähigen Hunde aussterben könnten, ohne dass ihr Potenzial genutzt wurde. Daher widmete er sich einheimischen Schlägen und züchtete daraus den Deutschen Schäferhund. Dabei bevorzugte man dem Zeitgeist entsprechend den wolfsähnlichen Hund. Weiße, weißgezeichnete oder merlefarbene Hunde waren verpönt.
Die Zuchtbemühungen galten dem Diensthund für Militär, Polizei und Zoll. Um die Fähigkeiten messen zu können und Züchtern und Ausbildern Auswahlkriterien an die Hand zu geben, wurden Prüfungsordnungen ausgearbeitet, die in der sportlichen Schutzhundprüfung aufgingen, die Jahrzehnte lang der bedeutendste Hundesport überhaupt war.
Leider ließ der Kriegseinsatz nicht lange auf sich warten. Tausende von Hunden mussten rasch rekrutiert und ausgebildet werden. Das bedeutete schematische, mit Zwang verbundene Ausbildung ohne Eingehen auf die Befindlichkeit des einzelnen Hundes. Bestehen konnten nur Hunde, die unter solchen Bedingungen nicht einbrachen. Ihnen galt die Zuchtauslese noch bis vor kurzer Zeit oder bei manchen Züchtern noch heute, denn leider werden immer noch Hunde – und ganz besonders unverständlich im Bereich des Hundesports – auf diese Weise ausgebildet. Auch diese Eigenschaft bringt er mit, denn das Leben der Schäfer war hart und entbehrungsreich und die Hunde waren Werkzeug, mit dem oft genug nicht pfleglich umgegangen wurde und das trotzdem funktionieren musste.

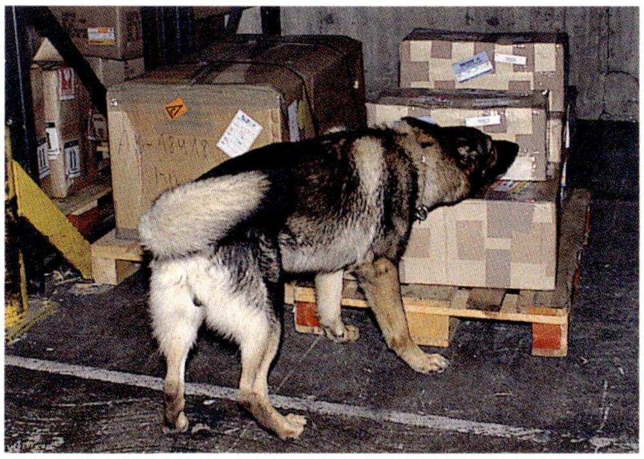
Deutscher Schäferhund im Frachtgutraum eines Flughafens bei der Suche nach Schmuggelware.

Der Polizeihund kann über Geruchsspurenvergleich Täter ermitteln helfen.

Kaum ein Hund ist so vielseitig einsetzbar wie der Deutsche Schäferhund. Hier als Lawinensuchhund.

Der Bergrettungshund spürt verunglückte Bergwanderer auf.

Wie einst Collie und Airedale wurde der Deutsche Schäferhund Kult für alle Soldaten, die diese Hunde an der Front erlebten. Die Hunde überbrachten trotz widrigster Umstände, Lärm und Beschuss Meldungen, verlegten Kabel und spürten Verwundete auf. Mit Sprengstoff in Satteltaschen auf dem Rücken, wurden sie unter feindliche Panzer geschickt und mit ihnen zur Explosion gebracht. Bei Kriegsende ging so mancher herumirrende Schäferhund mit zurück in die Heimat der alliierten Soldaten, die zu Hause ihre Taten rühmten. Zwar hasste man die Deutschen, ihren Hund aber liebte man, und so nannten ihn Engländer und Amerikaner einfach „Alsatian“ – Elsässer. Es ist noch gar nicht so lange her, dass die offizielle Bezeichnung „German Shepherd“ eingeführt wurde. Inzwischen musste „des Deutschen liebstes Kind“ vielerorts seine Spitzenposition als beliebtester Hund aufgeben. Einmal schwankt stets die Mode, zum anderen hat sich der Lebensstil der Menschen verändert. Die einst so wichtige Funktion des Beschützers oder Aufgaben beim Militär wurden durch moderne Technik weitgehend überflüssig, reine Suchhunde durch andere Rassen ersetzt.

Der Deutsche Schäferhund braucht auch als Familienbegleiter Bewegung und Aufgaben.

Einst beherrschten Deutsche Schäferhunde alle hundesportlichen Bereiche.

Ein eingespieltes Team mit freudig arbeitendem Hund ist eine Augenweide.

Der Deutsche Schäferhund war jahrzehntelang *der* Sport- und Diensthund, heute hat ihm der belgische Malinois den Rang abgelaufen. Eine Umfrage bei einer Polizeihundschule ergab, dass man leichtere, gewandtere Hunde mit höherer Arbeitsintelligenz, guten Nerven, weniger auf den Ärmel fixiert wünscht, die praxisorientierter arbeiten. Man sucht heute Züchter, die ihren Welpen eine sinnvolle Aufzucht bieten, die Bewegungssicherheit, Umweltverträglichkeit, Spiel- und Beutetrieb fördern. Man will keine Hunde mehr, die mit inzwischen verbotenen technischen Hilfsmitteln „zurechtgebogen" werden müssen, sondern die freudig und in enger Beziehung zu ihrem Führer arbeiten.

Außerdem gerät der Deutsche Schäferhund immer wieder in negative Schlagzeilen als Beispiel für eine falsche Zuchtstrategie bezüglich Körperbau, Gesundheit und Wesensauslese zugunsten eines Showtyps, der immer noch sehr, sehr viel Geld von Liebhabern aus aller Welt einbringt. Obwohl die Welpeneintragungen drastisch fallen, führt der Deutsche Schäferhund mit Abstand auf Platz 1 der Welpeneintragungen und steht weltweit auf Platz 2.

Der Deutsche Schäferhund ist ein anspruchsvoller Arbeitshund, der eine konsequente Führung mit klaren Ansagen und Aufgaben braucht. Er ist temperamentvoll, voller Kraft, stets aufmerksam und zu Action bereit. Ein sportlicher Hund für sportliche Menschen, der überschüssige Energie auspowern muss und als reiner Familienbegleiter zu anspruchsvoll ist. Der Sinn für das eigene Revier macht den Schäferhund zum zuverlässigen Beschützer, aber territoriale Hunde sind eben nicht „everybody's darling". In Hundegruppen setzen sich Schäferhunde mit ihrer ganz eigenen Art durch und sorgen für Ordnung und gesittetes Benehmen. Vorwärtsgehen und zufassen wurde stets von ihnen verlangt. Das setzen sie auch im Umgang mit fremden Hunden um. Der Mut nach vorne zu gehen wird beim künftigen Schutzhund von klein an gefördert und ich wurde mit meinem angeleinten Whippetrüden beinahe vom Übungsplatz verwiesen, als ihn ein Junghund frech anhopste und er ihn mal kurz in seine Schranken verwies. „Niederlagen" darf so ein

Trainer-Tipp

Wer einen Deutschen Schäferhund als Familienbegleiter halten möchte, sollte darauf achten, dass die Welpen wirklich mit Familienanschluss aufwachsen und nicht nur für die Besichtigung ins Haus geholt werden. Die Prägungs- und Sozialisierungsmaßnahmen des Züchters müssen dem künftigen Familienbegleiter gelten, nicht dem Sporthund. Dennoch kann man mit solch einem Hund sportlich aktiv sein. Der Deutsche Schäferhund darf keinesfalls auf den Schutzhund reduziert werden, denn er leistet Hervorragendes in allen Bereichen der Sucharbeiten vom Rettungshund über den Lawinensuchhund bis zum Mantrailer, ebenso bei Spezialaufgaben wie dem Auffinden von Sprengstoff, Geld, Leichen, Schimmel usw.

Langhaar

Langstockhaarige Schäferhunde werden immer wieder geboren. Bis vor kurzem galten sie als Fehlschlag, wurden hingenommen, da sie sich gut verkaufen ließen, durften aber nicht zur Zucht eingesetzt werden. Langhaarschäferhunde, früher nannte man sie „altdeutsche", fanden ihre Liebhaber deshalb außerhalb des SV, bei denen die Zucht des Familienbegleiters im Vordergrund stand. Inzwischen wurde der Langstockhaar mit Unterwolle offiziell anerkannt.

Ein besonders schöner Langstockhaar.

Hund gar nicht erst kennenlernen! Normale Kommunikation mit anderen Hunden offenbar auch nicht, und so muss man sich nicht wundern, dass Schäferhunde besonders bei Kleinhundebesitzern gefürchtet sind. In der richtigen Hand ist der gehorsame Schäferhund jedoch ein guter Familienbegleiter, der sein Leben für seine Menschen gäbe und auch in der Öffentlichkeit ein gutes Bild abgibt.
In den letzten Jahren wurde durch Leistungshüten des Verein für Deutsche Schäferhunde (SV) e.V. der Herdengebrauchshund stark gefördert. Dennoch sieht man selten einen Deutschen Schäferhund an der Herde und schon gar nicht vom Showtyp. Herdengebrauchshunde sind unscheinbarer, meist grau oder schwarz, von leichterem Körperbau mit kürzerem, geraden Rücken und steileren Winkelungen der Gliedmaßen, die weniger mit kraftvollem Schub, sondern federleicht ausdauernd traben.
Der Deutsche Schäferhund wird in zwei Schlägen fast schon separat gezüchtet: der sogenannte Leistungshund und der Ausstellungshund. Betrachtet man die hoch bewerteten Hunde der großen SV-Siegerschau, findet man graue oder schwarze Hunde bestenfalls unter „ferner liefen".
Anders als bei vielen anderen Rassen bedeutet aber Ausstellungshund nicht, dass er als Familienbegleiter gezüchtet wird. Schäferhunde wachsen heute noch häufig in Zwingern, oft Großzuchtanlagen auf, und für die Zuchtzulassung ist nach wie vor die Überprüfung der Schutzhundeignung Voraussetzung.
Diensthunde werden speziell gezüchtet oder die Behörden greifen auf Leistungszuchten zurück.

SCHUTZDIENST

Die Schutzhundprüfung (SchH) war einst als Zuchtkriterium für den Diensthund gedacht und bis in die 1980er Jahre der beliebteste Hundesport. Sie besteht aus drei Teilen: Fährtenarbeit, Unterordnung und Schutzdienst.
Die Fährtenarbeit sollte beim Aufspüren von Verbrechern nützlich sein.
Mit Unterordnung bezeichnet man Gehorsamsübungen, die in der Tat eine völlige Unterordnung des Hundes verlangten. Diensthunde mussten in kürzester Zeit fertig ausgebildet sein und für jeden Hundeführer arbeiten. Eine stereotype Ausbildung mit gleichen Kommandos war Voraussetzung, einer militärischen Ausbildung nicht unähnlich. Bindung und Beziehung durften keine Rolle spielen, sondern waren bei ständig wechselnden Hundeführern ein Nachteil. Der Gehorsam musste jederzeit abrufbar und 100% zuverlässig sein. Es galt, Kommando ausführen, egal unter welchen Umständen. Einen mitdenkenden, in Frage stellenden Hund konnte man nicht brauchen.
Der Schutzdienst stellt höchste Anforderungen an einen Hund. Er soll einen durch Polster geschützten „Scheintäter" suchen, stellen, Verteidigungsbereitschaft zeigen und seine Flucht vereiteln. Dabei muss er gezielte Hiebe auf Schultern und Widerrist mit einem sogenannten Softstock aushalten und fest in den gepolsterten Arm des Angreifers beißen. Vor allem aber muss er auf Kommando sofort aus- und vom Scheintäter ablassen. Auch für den Diensthund gilt die Verhältnismäßigkeit der Mittel, und ein verfolgter Straftäter sollte nicht unnötig zu Schaden kommen.

Als die Schutzhundausbildung in Privathand in öffentliche Kritik geriet, nannte man sie „Vielseitigkeitsprüfung“ (VPG), die letzte Bezeichnung in der FCI ist IPO, nach Internationaler Prüfungsordnung.
Dass eine so umfangreiche Ausbildung für einen Diensthund angemessen sein mag, stelle ich nicht in Abrede, aber eine Sportart, die beinhaltet, dass ein Hund Menschen hetzt und geschlagen wird, finde ich ausgesprochen fragwürdig. Wenn man, wie propagiert, den „Beutetrieb“ – was immer man auch darunter versteht – anspricht und mit dem Schutzdienst ein „natürliches Bedürfnis“ des Hundes erfüllen möchte, warum ausgerechnet bei der Verfolgung und durch Angriff auf einen Menschen? Ein Hund geht ja nicht mal eben so auf eine Prüfung. Es wird wenigstens einmal in der Woche trainiert, zu attackieren, festzuhalten, loszulassen, und das über Jahre.
Allerdings ist das Interesse am Schutzhundsport drastisch zurückgegangen; die wenigen noch existierenden Vereine haben Mühe, genügend Prüfungsteilnehmer zu finden.

WEISSER SCHWEIZER SCHÄFERHUND

Die Existenz dieser Rasse erinnert an einen Schildbürgerstreich! Er ist nichts anderes als ein weißer Deutscher Schäferhund. In den USA und Kanada gibt es keine Zuchtbestimmungen, und daher wurden weiße Welpen nicht aus der Zucht ausgeschlossen wie hier in Deutschland. Weiße Welpen können von farbigen Elterntieren fallen, denn es gab schon zu Beginn der Schäferhundezucht weiße, die aber, wie bei den meisten Hütehunden, als Arbeitstiere aus verschiedenen Gründen verpönt waren.
Die ersten weißen Schäferhunde kamen aus den USA über die Schweiz nach Deutschland und waren den hiesigen Schäferhundleuten ein Dorn im Auge. Trotzdem wurden die Weißen in ganz Europa populär. Da sie nicht als Deutsche

Weißer Schweizer Schäferhund beim Agilitytraining.

Weißer Schweizer Schäferhund als ausgebildeter Rettungshund bei der Trümmersuche.

Der Malinois ist berühmt für seine Sprungkraft.

Immer aufmerksam – die schöne Malinoishündin.

Schäferhunde bezeichnet werden durften, auch wenn diese Rassebezeichnung in den amerikanischen und kanadischen Originalahnentafeln stand, nannte man sie Amerikanisch-kanadische Weiße Schäferhunde. Schließlich war die Population so gediehen, dass sich Schweizer Hundefreunde anschickten, die weißen Schäferhunde als separate Rasse offiziell bestätigen zu lassen. Die Weißen Schweizer Schäferhunde sind etwas großrahmiger als die deutschen. Da sie in den USA seit vielen Generationen als reine Familienbegleiter gezüchtet wurden und Schutzhundausbildung sowie Ausstellung für sie keine Zuchtziele waren, sind sie, möglicherweise auch aufgrund der Farbe, etwas sensibler und weicher im Wesen.

Der tiefschwarze Groenendael ist ein attraktiver Familienbegleiter.

BELGISCHE UND HOLLÄNDISCHE SCHÄFERHUNDE

Das sich historisch zwischen Nordfrankreich und den Niederlanden ausdehnende Flandern ist die Heimat typischer Flachlandhüter. Beide Rassen entstammen zweifellos einem Hundeschlag, da sich politische Grenzen ständig verschieben und kein Schäfer sich daran hält. Mit dem Wunsch nach nationalen Hunderassen wurden sie Ende des 19. Jahrhunderts züchterisch aufgeteilt. Auch in diesen Ländern wurden brauchbare Dienst- und Sporthunde angestrebt, aber es bestand nicht die Zielsetzung, in so großer Zahl so viele Hunde für den Kriegsdienst – bis Ende des Zweiten Weltkriegs waren es Hunderttausende – auszubilden. Daher hat sich der Hund charakterlich anders als der Deutsche Schäferhund entwickelt.

Der Tervueren ist ein arbeitsfreudiger, sensibler Begleiter für sportliche Menschen.

BELGISCHE SCHÄFERHUNDE

In Belgien konzentrierte man sich auf drei Typen, die sich aus den zahlreichen Hütehunden herauskristallisierten. Bei Sichtungen vieler Hunde wurden nach den Idealvorstellungen der Kynologen bestimmte Tiere ausgesucht, auf die die Zucht aufgebaut wurde. Mit Inzucht festigte man rasch die gewünschten Typen.
Den Belgischen Schäferhund gibt es in unterschiedlichen Farben und Haararten, die man nach ihrem Herkunftsort benannte. Das Kreuzen untereinander wird je nach Land unterschiedlich gehandhabt.

Der seltene Lakenois oder Laeken ist ein selbstbewusster Hund, der weiß was er will.

Auch wenn die Hunde im Charakter gleich sein sollen, so kann man doch Unterschiede beobachten. Der schwarze langhaarige **Groenendael** war einst der Gebrauchshund schlechthin, während der rot oder grau-schwarz gewolkte langhaarige **Tervueren** immer der Schönling war und nicht zuletzt durch Collieeinkreuzung sensibler ist.
Der **Malinois** war bis in die 1980er-Jahre hierzulande nahezu unbekannt, galt aber in Frankreich und Belgien schon als hervorragender Gebrauchshund im dortigen anspruchsvollen Schutzhundsport.
Heute führt der „Mali" bei Leistungswettbewerben auf den Spitzenplätzen und ist überall als Diensthund anzutreffen. Reine Diensthundezuchten legen auf Aussehen keinen Wert und Kreuzungen mit Deutschem und Holländischem Schäferhund sind zu vermuten.
Der Malinois gilt in manchen Kreisen schon als „durchgeknallt", weil er kaum zu bremsen ist und immer auf Hochtouren läuft. Das ist

Holländische Schäferhunde in allen drei Fellarten: links Kurzhaar, Mitte Rauhaar, rechts Langhaar.

einer übertriebenen züchterischen Selektion zu verdanken, die letzten Endes dem Hund zum Nachteil gereicht. Für den Hundesportler besticht er durch seinen Arbeitsstil voller Eleganz bei akkurater und freudiger Ausführung. Auch bei ihm unterscheidet man zwischen Show- und Leistungszucht. Besonders beim Malinois muss man auf die Herkunft und das Zuchtziel der Züchter achten. Ein Hund aus einer Leistungszucht gehört in entsprechende Hände. Man muss sich darüber im Klaren sein, dass man zwar schöne Erfolge im Sport erzielen kann, aber im täglichen Leben dieser ausgeprägte Arbeitseifer und die niedrige Reizschwelle hohe Ansprüche an den Halter stellen. Der Malinois ist kein Hund, der nur mal so eben mitläuft. Er ist eine Aufgabe, der man gewachsen sein muss. Er ist daher nur wirklich sportlichen Menschen zu empfehlen, die auf Jahre hinaus mit dem Hund intensiv arbeiten möchten.
Der sehr seltene rauhaarige **Laeken** ist ein selbstbewusster, ausgeglichener Hund, der weiß, was er will.

HOLLÄNDISCHE SCHÄFERHUNDE

Sie erwachen gerade aus ihrem Dornröschenschlaf und finden immer mehr Liebhaber. Ihre Wurzeln sind die gleichen wie beim Belgier, doch spezialisierte man sich auf gestromte Fellfarbe. Der Holländer war auch in seiner Heimat noch vor wenigen Jahren selten anzutreffen und wurde von einer Handvoll engagierter Liebhaber gepflegt. Der unscheinbare Hund ohne jegliche züchterische Übertreibungen war stets ein Familienbegleiter mit bester Eignung für den Hundesport.
Auch hier gilt der Langhaar als weicher und sensibler als der Kurz- und Rauhaar. Er ist ein arbeitsfreudiger, aber ausgeglichener Hund, der weder ausschließlich für Schönheit noch Leistung gezüchtet wurde. Ein Hund für bequeme Menschen ist er trotzdem nicht, aber wer sportlich aktiv sein möchte, findet in ihm einen guten Gefährten. Auch im Diensthundebereich ist er immer häufiger anzutreffen.

FRANZÖSISCHE SCHÄFERHUNDE

Frankreich hat drei imposante Schäferhundrassen: Den attraktiven langhaarigen Briard oder Berger de Brie, den stockhaarigen Beauceron oder Berger de Beauce und den sehr seltenen rauhaarigen Picardie, den Berger Picard. Alle drei zähle ich zu einer Übergangsform zwischen Herdenschutz-, Treib- und Hütehunden, die entsprechend den Anforderungen an einen vielseitigen Bauernhund in den unterschiedlichen Landschaften gezüchtet wurden.
Der langhaarige **Briard** wurde wegen seiner auffälligen Erscheinung beinahe zum Modehund, doch wurde schnell erkannt, dass er keinesfalls nur puschelig und süß ist. Sein Fell wurde immer üppiger und pflegeintensiver und mit der Popularität schlichen sich Wesensprobleme ein.
Der **Beauceron** war in Frankreich der klassische Diensthund, der gerne von Polizei, Zoll und Militär eingesetzt wurde.
Der rauhaarige **Picardie** ist ein charmanter Dickkopf, der sich durchzusetzen weiß.
Die Französischen Hirtenhunde zeichnen sich durch ausgeprägtes Territorialverhalten, Selbstständigkeit, Intelligenz und Arbeitsfreude aus.

Der Berger de Beauce – ein Hund für Kenner.

Der Berger Picard ist ein charmanter Dickkopf, der sich durchzusetzen weiß.

Die ausgezeichneten Wach- und Schutzhunde gehören nicht zu den unterordnungsbereiten Hunden und bedürfen einer konsequenten, verständnisvollen Führung und Erziehung. Von fremden Hunden fordern sie Respekt ein. Fremde Menschen sind ihnen gleichgültig, Freiheiten sollte man sich als Fremder allerdings nicht herausnehmen. Frühe Prägung und sorgfältige Sozialisierung bei konsequentem Setzen von Grenzen sind unerlässlich. Die Franzosen sind Spätentwickler mit jugendlichen Flausen im Kopf, bis sie gut drei Jahre alt sind. Alle brauchen Bewegung und Beschäftigung und eignen sich für vielerlei hundesportliche Aktivitäten. Sie sind keine Hunde für Anfänger und solche, die nur einen attraktiven Hund suchen, denn sie stellen immer wieder die Führung ihrer Bezugspersonen in Frage und man muss sich in den Augen des Hundes stets aufs Neue bewähren.

Der Berger de Brie wurde aufgrund seiner auffallenden Erscheinung beinahe zum Modehund.

Oben: Ein guter Schäfermeister hat zu seinen Hunden ein inniges Verhältnis.

Oben rechts: Der Harzer Fuchs ist eine Hundeschönheit und hat auch als Familienbegleiter Freunde gefunden.

Rechts: Die beiden Gelbbacken flankieren die ziehende Herde.

Unten: Schäfer mit altdeutschen Hütehunden noch vor der Wende im Thüringer Wald.

ALTDEUTSCHE
die alten Hütehund-Schläge

Deutschland erfreut sich vieler schöner Hütehundschläge. Doch wann immer ich auf Schäfer traf, sie auf ihre Hunde ansprach und nach der Rasse fragte, erhielt ich die Antwort „Mischling".

Ich verstand das nicht und bohrte nach: „Holen Sie ihre Hunde aus dem Tierheim?" Natürlich nicht. Hundenachwuchs züchtete man selbst oder bezog ihn von befreundeten Schäfern.
Es waren also keine x-beliebigen Mischlinge, sondern man hatte einfach keine Rassebezeichnung für sie. Man nannte sie Tiger, Stumper, Schwarzer oder Fuchs, je nach Aussehen. Nur vereinzelt widmeten sich die Schäfer traditionellen Schlägen.
In der ehemaligen DDR wurde die Schafzucht staatlich gefördert und die Hunde zuchtbuchmäßig erfasst. Nach der Wende wurden viele Herden aufgelöst. Arbeitslose Schäfer töteten ihre Hunde, weil sie keine angemessene Lebensweise für sie sahen. Wertvolle Zuchtunterlagen wurden vernichtet. Nur wenige Schäfer blieben ihren Schafen und Hunden treu. Ihnen verdanken wir einige schöne Hütehunderassen. Betreut werden sie von der Arbeitsgemeinschaft Altdeutscher Hütehunde. Die Leistung als Hütehund hat vor dem Aussehen Vorrang, doch erscheint mir die Einteilung nicht immer sinnvoll. Farbe und Haarbeschaffenheit von mehr oder weniger kurzem Stock- bis Langstockhaar können keine Rassedefinition ausmachen, sondern der Gesamttypus ist entscheidend, denn er entspricht den Anforderungen in den unterschiedlichen Arbeitsbereichen.

Unter den Altdeutschen finden wir Flachlandhüter mit Übergang zum Heidehüter. Berghüter gibt es nicht, da sich die Schafzucht höchstens bis in die Mittelgebirge erstreckt und die Schafe immer in Herden gehütet werden und nicht frei laufen wie einst in den Pyrenäen oder heute noch in Großbritannien.

HÜTEHUNDE IN DER FAMILIE

Die Schäfer sind nicht an einer Zucht nach Standard interessiert, die eine Schönheitszucht fördern könnte. Aber es kommen immer mehr Hunde in Privathand als Familienbegleiter, weil nicht so viele Hütehunde gebraucht wie Welpen geboren werden. Außerdem können Hütehunde kaum kostendeckend unter den Schäfern gehandelt werden, so dass bei regelmäßig züchtenden Schäfern der Verkauf als Familienbegleiter durchaus in Betracht gezogen wird. Ich finde es schade, dass man sich nicht auf die Anerkennung einiger altdeutscher Schläge einigen und sie der Rassehundezucht zuführen kann. Da die Schafzucht immer weniger Ertrag bringt und viele Schäfer aufgeben, wird es eines Tages auch die Hunde nicht mehr geben. Lediglich den hübschen Harzer Fuchs oder den Schafpudel findet man vereinzelt in Privatzuchten. Die Hunde sind arbeitsfreudig, intelligent, für alle möglichen hundesportlichen Aufgaben bestens geeignet und nicht nur aufs Hüten fixiert. Sie sind zuverlässige Wächter und verteidigungsbereit, aber als Schutzhunde werden sie schon lange nicht mehr gebraucht und diese Eigenschaft züchterisch nicht gefördert.

Australian Shepherds in den beliebten Farben red tri, red merle, blue merle und black tri.

AUSTRALIAN SHEPHERD

Anders als sein Name vermuten lässt, stammt er aus den USA und nicht aus Australien. Der Name geht wohl auf die Hunde zurück, die mit Abertausenden von Schafen in die USA importiert wurden. Die auf Collietypen zurückgehenden Hunde vermischten sich mit den Hütehunden der Siedler, die aus Schottland, Irland, Spanien und dem Baskenland mit in die neue Heimat Amerika gereist waren.

Die bunten Hunde gerieten durch Vorführungen auf Rodeoveranstaltungen ins breitere Licht der Öffentlichkeit und waren viele Jahre lang ein Geheimtipp für Farmer und Hundesportler. An einer offiziellen Rasseanerkennung war man nicht interessiert, da sie keinesfalls als Showhund nur auf Schönheit gezüchtet werden sollten. Diese Entwicklung ließ sich jedoch nicht aufhalten und der Aussie trat als international anerkannte Rasse seinen Siegeszug in alle Welt an.

Ob es die Ähnlichkeit zum Collie macht, die ihm einen Ruf als idealer Familienhund beschert, kann ich nur vermuten. Jedenfalls ist er es nur unter Vorbehalt.

Der Aussie ist von Hause aus ein Bauernhund, der alle Aufgaben auf einer amerikanischen Farm erledigt. In Amerika ist tatsächlich alles größer und weiter und Rinder- und Schafherden zählen nicht Hunderte, sondern Tausende Köpfe. Die Tiere leben frei in unermesslichen Weiten und werden nur gelegentlich zusammengetrieben. Das ist harte Arbeit für Mensch und Hund und nicht vergleichbar mit den Aufgaben europäischer Farmhunde. Treibhundeigenschaften mit heftigem Durchsetzungsvermögen und körperlichem Einsatz sowie selbstständiges Arbeiten sind unerlässlich.

Machen Kojoten und verwilderte Hunde den Farmern zu schaffen, müssen die Hunde das Vieh schützen.

Australian Shepherds lieben hundesportliche Aktivitäten.

Spiel und viel freie Bewegung brauchen sie unbedingt.

Aussiewelpen sind allerliebst.

Aussies sind ausgesprochen territoriale Hunde, die bereit sind, ihr Eigentum und das, was sie dafür halten, konsequent zu verteidigen. Sie sind arbeitsfreudig und lieben Action. Ihre starke Persönlichkeit verlangt nach souveräner Führung und gemeinsamer Beschäftigung. Der Aussie ist kein bequemer Hund, der einfach nur so in der Familie mitläuft.
Sein größtes Problem ist jedoch, dass die meisten Aussies aus unkontrollierten Zuchten kommen und keine wirklichen Anforderungen an die Zuchttiere gestellt werden. Daher gibt es beim Aussie nicht nur Verhaltensprobleme, sondern man trifft immer wieder gesetzwidrig gezüchtete Merletiger an, die blind oder taub oder beides sein können; häufig landen diese armen Tiere in Notvermittlungsstellen. Auch sind Aussies vom Aussehen her sehr unterschiedlich und man spricht von Show- und Arbeitslinien. Da es aber keine Überprüfungsmöglichkeiten gibt, sagt der Begriff Arbeitslinie nicht wirklich etwas aus. Man muss schon sehr genau hinschauen, was der jeweilige Züchter unter „Arbeit" versteht. Der Aussie boomt geradezu in den letzten Jahren, und leider werden Aussies oftmals nur für den schnellen Profit produziert. Besonders reizvoll erscheint es dann noch, wenn sie ohne Papiere von einem Bauernhof kommen. Die Tatsache, dass sie dort geboren wurden, macht sie nicht zu besseren Arbeitshunden, wenn nicht wirklich mit den Zuchttieren gearbeitet wurde. Wer sich einen Aussie als Familienhund ins Haus holen möchte, tut gut daran, sich intensiv mit Zuchtzielen und Aufzuchtbedingungen des Züchters zu beschäftigen, um keine Enttäuschung zu erleben.

Selbst Toben im Wasser mögen Australian Shepherds sehr gerne.

Der Merlefaktor

Hier handelt es sich vereinfacht ausgedrückt um eine unvollständige Farbverdünnung, die bewirkt, dass die Grundfarbe heller und dunkler erscheint. Damit diese wunderschöne Farbzeichnung auftreten kann, muss eines der Elterntiere ein Merle sein. Sind jedoch beide Eltern Merle und verdoppelt sich das Gen, verschwindet das Farbpigment fast vollständig, was in der embryonalen Entwicklung gleichzeitig in die Entwicklung von Augen und Gehör eingreift. Die Folge sind taube und blinde Hunde, bei manchen fehlen sogar die Augäpfel gänzlich. Aus diesem Grund fällt die Zucht dieser Hunde unter die Qualzucht nach dem Tierschutzgesetz und ist verboten. Aber wo kein Kläger, da kein Richter. Viele wissen gar nicht Bescheid über den Sachverhalt, so dass diese unglücklichen Hunde immer wieder geboren werden.
Der Merlefaktor ist eine alte und häufige Färbung der Hütehunde, kommt aber auch beim Dackel, Deutscher Dogge und anderen vor. Bei den altdeutschen Hütehunden ist der Tiger sehr beliebt, allerdings sind Weißabzeichen verpönt. Bei Vermeidung der Dopplung darf man sich dieses faszinierenden Farbschlages ohne Reue erfreuen, denn es gäbe keine Merles, wenn sich die Farbe je bei Arbeitshunden als Nachteil erwiesen hätte. Der Merlefaktor wird nie versteckt im Erbgut getragen und kann nicht überraschenderweise auftreten. Ein Elternteil muss immer Merle sein.

Der Schafpudel arbeitete einst in den inzwischen urbar gemachten deutschen Heideregionen.

DIE HEIDEHÜTER

In sandigen, trockenen Heide- und Steppengebieten mit oft dornigem Bewuchs finden wir hauptsächlich zotthaarige Hütehunde, deren dichtes Fell Augen und Haut vor Verletzungen schützt. Es bewährt sich hier besser als auf lehmigen Böden in regenreicheren Gebieten, wo es ständig feucht und schmutzverkrustet wäre. Die Hunde werden im Sommer mit den Schafen geschoren, da sich niemand um Fellpflege kümmert, und keine der alten zott-

Der Polnische Niederungshütehund war ein robuster Bauernhund.

haarigen Rassen hat bei der Arbeit jemals so langes und üppiges Fell wie heute die gepflegten, bestens ernährten Showhunde.
Der Bewuchs der Heide ist nicht so nahrhaft wie saftige Wiesen auf fetten Böden, so dass die Schafe mehr Fläche brauchen, um satt zu werden. Die Schafe werden vom Schäfer betreut und grasen weit verstreut auf diesen Brachen, wo keine Gefahr besteht, in Ackerland einzubrechen. Deshalb braucht man keinen Furchenläufer. Vielmehr sind die Heidehüter lebhafte Treiber, die die Schafe einsammeln und auf dem Weg von der Weidefläche zum und vom Stall zusammenhalten. Auch sie arbeiten eng mit dem Schäfer zusammen, müssen aber auf größere Distanzen arbeiten und selbstständig handeln.
Diebstahl war kein großes Problem, da Einfangen und Abtransport viel zu beschwerlich waren. Es genügte ein wachsamer Melder.
Heidehüter sind allesamt sehr agil, lebhaft, auch bellfreudig und verspielt, oft ein Leben lang. Sie sind recht eigenständig und ergreifen gerne die Initiative. Als Familienbegleiter sind sie robust, lernen schnell und freudig, aber sie wissen auch ihren eigenen Kopf mit viel Charme durchzusetzen. Bei konsequenter Erziehung, Beschäftigung und klarer Führung ohne Härte sind sie ein steter Quell der Freude.

SCHAFPUDEL

In den Weidegebieten im Osten Deutschlands war der Schafpudel der einst weit verbreitete Heidehüter. Einige wenige Exemplare überstanden die Wende und werden inzwischen auch als Familienbegleiter gezüchtet.

PON

Aus den weiten Niederungen Polens kam der Polnische Niederungshütehund zu uns. Er war ein vielseitig einsetzbarer Bauernhund, der als Hofhund sehr territorial und daher wachsam und verteidigungsbereit ist. Der PON ist ein liebenswerter Dickkopf, der gerne sein Ding macht.

SCHAPENDOES

Der typische Heidehüter der Niederlande wurde in den letzten 40 Jahren aus wenigen, noch auffindbaren Exemplaren und mithilfe des Bearded Collie zurückgezüchtet.
Er hat sich sehr schnell als Familienhund bewährt und wurde über die Grenzen seiner Heimat hinaus beliebt. Er ist lebhaft, wachsam, aber insgesamt umgänglicher, da beim Schappendoes Verteidigungsbereitschaft nicht gefragt war, sondern die Eignung als Familienbegleiter im Vordergrund der züchterischen Bemühungen stand.

Der Schapendoes konnte gerade noch vor dem Aussterben bewahrt werden.

Der Cão da Serra de Aires hütet auch heute noch im Süden Portugals.

CÃO DA SERRA DE AIRES

Der charmante zottelige Hüter aus dem Süden Portugals dürfte einer der Vorfahren der nördlicheren zotthaarigen Heidehüter sein, die mit den Schafen kamen. Er wird heute noch im Alentejo an Rindern, Pferden, Schafen, Ziegen und Schweinen eingesetzt, die er nicht nur hütet und treibt, sondern auch bewacht. Er ist ein sehr intelligenter, arbeitsfreudiger Familienbegleiter für sportliche Menschen.

Ein fliegender Flokati kann nur ein gepflegter Puli sein …

PULI

Der Hütehund Ungarns ist eher ein Treiber mit starkem Durchsetzungsvermögen und laut schepperndem Gebell. Sein Einsatzgebiet war die weite Steppenlandschaft, die „Puszta" Ungarns, die sich heute auf wenige begrenzte Gebiete beschränkt.

Die ursprünglichen Schafe und Rinder Ungarns, Zackelschafe und Steppenrinder, sind nicht so einfach im Umgang wie unsere Koppelschäfchen oder Milchkühe und lassen sich nur von einem starken, Respekt einflößenden Hund beeindrucken.

Der Puli ist sehr klug und gelehrig, aber er weiß seinen Kopf durchzusetzen und braucht eine konsequente und sichere Führung, sonst setzt er sich auch in der Familie durch.

Das Schnürenfell wird für Ausstellungshunde in jahrelanger Mühe gepflegt. Die Haare wachsen nicht kontinuierlich wie beim Schaf, sondern das ausfallende spindelförmige Haar verwickelt sich in die Locken des nachwachsenden, wenn es nicht ausgekämmt wird. Damit das Fell nicht zu dichten Platten verfilzt, wird es in Schnüren auseinandergezupft. Man darf aber nicht vergessen, dass dieses Fell mit eingeschlossenem Schmutz sehr schwer und für den Hund eine große Belastung sein kann. Die Bezeichnung „Pusztabehaarung" für schöne lange Schnüre ist irreführend. Arbeitshunde werden jedes Jahr mit den Schafen geschoren. Bis zur Schur wird keine Fellpflege betrieben und die Hunde wirken struppig und schmutzig.

Dieser Puli ist ein Showchampion, und bei seiner ersten Begegnung mit Schafen hütete er sofort, als hätte er nie etwas anderes getan.

RENTIERHÜTEHUNDE

Sehr selten anzutreffen sind die schwedischen und finnischen Rentierhütehunde. Auch sie sind durchsetzungsfähige, sehr ausdauernde Treiber riesiger Herden in den Weiten der Tundra, aber auch als Familienbegleiter beliebt.

ISLANDHUND

Mit den Islandpferden kam dieser hübsche kleine Spitz nach Deutschland und erfreut sich einer kleinen Fangemeinde. Der Islandhund wird in seiner Heimat zum Treiben der Pferde und Schafe eingesetzt. Er ist sehr bellfreudig, um seine Bemühungen, sich den Tieren gegenüber durchzusetzen, zu unterstreichen. Wach- und Verteidigungsbereitschaft brauchte er nie, deshalb ist er ein freundlicher, aufgeschlossener und unkomplizierter Hund, der allerdings Bewegung und Beschäftigung liebt und kein Hund für bequeme Menschen ist.

Einer der seltenen Schwedischen Lapphunde.

Die lebhaften, gelehrigen Islandhunde erfreuen sich wachsender Beliebtheit.

Oben: Um hinter die Schafe zu gelangen, überquert der Hund die Herde rasch über die Rücken der Schafe.

Oben rechts: Schaffarmer Neil Kristiansen trainiert erfolgreiche Arbeitschampions.

Rechts: Eine Arbeitschampion-Hündin.

Daneben: Mit großer Sorgfalt wird der Welpe an die Arbeit mit den Schafen herangeführt. Er darf keine Angst haben, soll aber auch nicht zu dreist sein.

Unten: Ohne zuverlässig arbeitende Kelpies könnten Australiens Schaffarmer ihre Arbeit gar nicht bewältigen. Ein guter Hund ist unersetzlich.

DER KELPIE
der Hütehund Australiens

Der klassische australische Hütehund ist nun auch außerhalb seiner Heimat als Arbeitshund und in jüngster Zeit als Sporthund anzutreffen.

Die Vorfahren dieses hervorragenden Hütehundes waren kurzhaarige schottische Collies, aus denen australische Schaffarmer gezielt Hunde für die Arbeit im heißen trockenen Outback züchteten. Das erste in Australien abgehaltene Sheep Dog Trial gewann 1872 die Hündin „Kelpie". Sie wurde berühmt und ihre Nachkommen waren begehrt. Schließlich verband man den Namen Kelpie mit diesen Hunden.
In den Weiten Australiens werden die Schafe nicht gehütet, sondern sie grasen frei. Die Hunde werden beim Zusammentreiben und der Handhabung der riesigen Herden mit Tausenden von Schafen an den Sammelstellen eingesetzt. Auch wenn moderne Technik das Pferd ersetzt hat und die Tiere nun mit dem Quad aus der Wildnis zu den Sammelstellen getrieben werden, sind Hunde nach wie vor unersetzlich. Überall im Gelände, wohin der Mensch während des Zusammentriebs nicht gelangen kann, braucht man Hunde. Insbesondere auf „Yard Dogs" kann man im Umgang mit den vielen Schafen auf der Farm, an den Pferchen und beim Verladen nicht verzichten. Die Hunde ersetzen nicht nur teure Arbeitskräfte, sie können auch viel mehr leisten. Gute Hunde sind daher hoch begehrt und werden teuer gehandelt. Selbstständiges Arbeiten auf Distanz bei Gehorsam auf den Punkt ist gefragt. Wach- und Schutzverhalten wurden beim Kelpie nicht gebraucht.

Besonders gut kultiviert haben die Kelpies das Überqueren der Schafrücken, denn es ist bei den riesigen Massen dicht gedrängter Schafe schneller und effektiver, über die Rücken hinweg zu arbeiten.
Kelpies passen sich allen Anforderungen sehr gut an. Einen der ersten Kelpies in Deutschland erlebte ich bei einem Hütewettbewerb. Obwohl er eigens aus Australien angereist und vollkommen fremd war, gewann er auf Anhieb den Wettbewerb mit einer kleinen Gruppe von Schafen. Auch in den Hochburgen der Schafzucht wie Schottland werden immer mehr Kelpies zum Eintreiben der Schafe eingesetzt. Bei der Arbeit an den Schafen bellt er nur auf Kommando und gehört daher zu den nicht zum Kläffen neigenden Hütern.

KELPIES IN DEUTSCHLAND

In Deutschland finden wir mehr Kelpies vom Arbeitstyp, sogenannte Working Kelpies.
Sie sind sehr schnell und wendig, relativ klein und unscheinbar, während die Ausstellungshunde eher kräftiger und behäbiger sind.
Die Arbeitshunde eignen sich gut für vielerlei hundsportliche Aktivitäten und meistern alles, was mit Schafen zu tun hat, ob große Herde oder kleine Gruppen auf der Koppel. Sie sind mit Konsequenz gut zu führen, nicht zu selbstständig, hochintelligent und fügen sich rasch in ein Leben als Familienbegleiter ein.
Doch keinesfalls darf der passionierte Arbeitshund unterschätzt werden, denn er ist und bleibt ein Arbeitstier, dem nicht langweilig werden darf!

DIE BERGHÜTER

Berge geben nie fruchtbaren Boden her, sondern werden bis zur Bewuchsgrenze für die genügsamsten Haustiere wie Schafe und Ziegen genutzt. Pro Schaf braucht man noch mehr Fläche, und so fand man ursprünglich in den Bergen keine ziehenden Herden, sondern die Tiere wurden auf die Weideflächen zum freien Grasen getrieben. In manchen Regionen leben die Schafe halb wild und werden nicht ständig vom Hirten mit Hund betreut. Der Hund gehört zum Schäfer und geht ihm zur Hand, wann immer er sich mit den Schafen beschäftigt. Berghüter müssen gehorsam und selbstständig zugleich sein, um sich auf kilometerweite Distanz vom Schäfer lenken zu lassen und vor Ort eigenständig zu entscheiden, was zu tun ist. Man braucht einen intelligenten, unterordnungsbereiten Hund, der körperlich außerordentlich leistungsfähig ist. Der Berghüter bewältigt im Galopp mühelos weite Entfernungen auf schwierigstem Terrain. Er muss Hindernisse leicht überspringen und sich auf schmalen Pfaden an Steilhängen sicher bewegen. Noch mehr als andere Hüter benötigt der Berghüter hervorragende Augen und Ohren, um mit dem Schäfer über Kilometer in Kontakt bleiben zu können und um weit entfernte, auch versteckte Schafe zu finden, wobei er Augen, Ohren und Nase einsetzt.

Die selbstständig arbeitenden Berghüter brauchen eine klare und konsequente Führung, sonst geben sie in der Familie den Ton an.

In den unwegsamen Bergen bis hin ins Hochgebirge bestand kaum die Gefahr des Viehdiebstahls in großem Stil, sondern es genügte ein wendiger, agiler, kleinerer Hund, der zwar heftig beißen konnte, aber keine wirkliche Schutzfunktion ausübte.

In Großbritannien kommen bei den großen „gatherings“, wenn die Schafe von den Bergen getrieben werden, viele Farmer mit ihren Hunden zusammen, die sich nicht nur vertragen, sondern auch Hand in Hand arbeiten müssen. Berghüter sind daher in der Regel sozialverträglich, da im Gelände kein Territorium verteidigt wird. Dennoch kann es zu hundeüblichen Auseinandersetzungen kommen, aber Raufer werden grundsätzlich nicht geduldet.

Berghüter brauchen viel Bewegung und Kopfarbeit, aber keine Dauerbespaßung, denn der Hund eines Bergbauern oder Farmers ist nicht tagaus, tagein mit den Schafen beschäftigt, sondern wird oft nur wenige Male im Jahr beim Zusammentrieb eingesetzt.

Feines Gehör

Hütehunde zeichnen sich durch sehr feines Gehör aus. Sehr sensibel müssen sie auf leiseste Hörzeichen auf weite Entfernung blitzschnell reagieren. Vermutlich zeigen Hütehunde deshalb gelegentlich eine erhöhte Geräuschempfindlichkeit.

An steilen Felsabhängen führt der Welsh Sheepdog die Schafe auf schmalen Pfaden zu den Sammelstellen.

Mit Pfiffen lenkt der Farmer den Hund, der die Schafe vom gegenüberliegenden Bergrücken herantreibt.

WELSH SHEEPDOG

Meine Besuche bei Farmern in Wales und Schottland im Laufe der letzten 30 Jahre gewährten mir Einblick in das Leben eines Hütehundes vom Typ des Berghüters. Gespräche mit älteren Farmern führten mich in die Vergangenheit. Daher kann ich sehr ausführlich auf diesen Hundetyp eingehen, der noch wie seit Generationen seiner Arbeit nachgeht.

Der Welsh Sheepdog ist keine anerkannte Rasse, wird jedoch von der Welsh Sheepdog Society züchterisch betreut. Dort werden nur Welpen eingetragen, deren Eltern bewiesen haben, dass sie die typische Arbeitsweise beherrschen. Sie wurde 1997 gegründet, nachdem die Farmhunde nicht mehr bei der ISDS – der International Sheepdog Society – registriert werden konnten. Bislang registrierte man neben den Border Collies sogenannte „working sheepdogs", die alle anderen Schläge umfassten. Nun erforderte die Eintragung den Nachweis von Leistungshüten, wie sie für Border Collies geschaffen wurden. Das lehnten die Farmer mit ihren Arbeitshunden rundweg ab, denn sowohl Bearded Collie als auch Welsh Sheepdog unterscheiden sich in ihrer Arbeitsweise vom Border Collie und man trainiert sie normalerweise nicht für Hütewettbewerbe. Das führte zur Gründung der Welsh Sheepdog Society und der Working

Ein starker Bock lässt sich nicht so schnell vom Hund einschüchtern.

Um die dicht an die Mauer gedrängten Schafe zu bewegen, muss der Hund über die Rücken hinweg arbeiten.

Bearded Collie Society, die sich speziell ihren Rassen widmen wollten. In Nordengland gibt es noch den „Fell Dog“, auch Irland hat einen ähnlichen Hüter. Noch gibt es keine Zusammenschlüsse der Farmer wie in Wales oder bei den Beardies.

Der Welsh Sheepdog unterscheidet sich in seiner Arbeitsweise erheblich von der des Border Collie. Er zeigt fast kein „Auge“, d.h. er arbeitet aufrechter und nicht so sehr auf Distanz wie der Border, bei dem dieses Verhalten seit dem 19. Jahrhundert züchterisch fixiert wurde. Jeder Hund zeigt zwar Anschleichverhalten, eine ererbte Jagdsequenz, aber nicht so extrem. Für die praktische Arbeit auf einer großen Farm ist dieses fixierende Verhalten des Border Collie nicht brauchbar, wie mir Farmer und Berufsschäfer sowohl in Wales als auch Schottland erklärten. Die Hunde müssen sich durchaus mit körperlicher Präsenz bei den Schafen durchsetzen, um sie in dem unübersichtlichen, schwierigen Gelände mit oft hohem Bewuchs in die gewünschte Richtung zu treiben. Mit Arbeit auf Distanz nur mit Auge ist es hier nicht getan.

Wales lebte einst von der Rinderzucht, daher sind die Vorfahren des Welsh Sheepdogs Viehtreiberhunde. Den Umgang mit Rindern und Pferden beherrschen sie heute noch perfekt. Auf den grünen Hügeln von Wales weideten die Rinder ebenso weit verstreut und halb wild wie heute die Schafe. Da sie der Fleischgewinnung dienten, mussten sie nicht gemolken werden, sondern die Milch kam, wie von der Natur vorgesehen, den Kälbern zugute.

Ältere Farmer erinnern sich, wie die Rinder von den Hunden über weite Strecken von den Weiden zu den Verladestationen getrieben wurden. Noch in den 1950er Jahren besaßen die Farmer weder eigene Transportfahrzeuge noch Quads, sondern trieben die Tiere mit Ponys und Hunden. Heute noch kann man die alten Drover Lanes, die Treiberpfade, in der Landschaft sehen.

Der Hund hat seine große Bedeutung als Helfer des Farmers verloren, und wenn man sieht, wie die Männer auf ihren „Motorponys“ über die Berge brettern, frage ich mich, wann die Hunde nur noch Hobby sein werden. Vielleicht habe ich die letzten arbeitenden Generationen erlebt!

Früher waren die Welsh Sheepdogs größer als heute. Eine Vermutung der alten Farmer ist, dass man der Hündin nur ein, maximal zwei Welpen je nach Bedarf beließ. Sie sollte schnell wieder arbeiten, und die wenigen Welpen genossen optimale Aufzuchtbedingungen. Heute ziehen die Hündinnen acht bis zwölf Welpen auf, da inzwischen die hübschen Welsh Sheepdogs auch als Sporthunde und Familienbegleiter Abnehmer finden.
Die erwachsenen Tiere leben frei auf dem Hof, den sie selbstständig nicht verlassen. Anders als ich es in Schottland erlebte, sichert man nur die jungen Hunde. Früher machten sich die Rüden zu benachbarten heißen Hündinnen auf und kamen nach ein paar Tage mit deutlichen Spuren von Raufereien um die Angebetete zurück. Nur der Sieger hatte das Privileg, für die nächste Generation zu sorgen. Manche Farmer überließen so den Hündinnen die Wahl, andere legten Wert auf einen bestimmten Rüden, der sich als Hütehund auszeichnete.
Heute werden die Hunde viel seltener eingesetzt als früher und es gibt viele Tage, an denen es nichts zu tun gibt. Sie faulenzen tagelang herum, sind dann aber, wenn sie gebraucht werden, fit genug, um tagelang hart zu arbeiten.

Der Border Collie arbeitet in geduckter Haltung auf Distanz.

Niemand braucht einen Hund, der ständig die Tiere auf dem Hof „hüten“ will, um die Füße läuft, Unsinn anrichtet und einfach nur stört oder gar aus Langeweile streunt und Gefallen am Schafhetzen findet. Aus diesem Grund widmen sich die walisischen Farmer wieder den Hütehunden ihrer Vorfahren.
Ich traf allerdings auch bei Farmern, die mit Welsh Sheepdogs arbeiten, Border Collies an, die sie eigens für sportliche Hütewettbewerbe ausbilden. Diese Trials sind beliebtes Wochenendvergnügen, von örtlichen Wettbewerben bis hin zu Weltmeisterschaften.

Die Welsh Sheepdogs stellen sich auf die Arbeit an Schafen, Rindern, Pferden und Gänsen ein.

AUSWAHL UND AUFZUCHT DER WELPEN

Die Auswahl der Welpen überließ man der Hündin. Man legte die Neugeborenen in einiger Entfernung ab und behielt die, die sie zuerst ins Nest zurückbrachte. Lange Zeit hielt ich diese früher allgemein übliche Welpenauswahl für fragwürdig, aber heute weiß ich, dass die Hündin die fittesten und instinktsichersten neugeborenen Welpen zuerst in Sicherheit bringt. Sollten mehrere Welpen belassen werden, wählte man den furchtlosesten und den scheuesten sowie Welpen mit breitem Kopf für viel Raum für das Gehirn, mit schwarzer Nase, Gaumendach und Pfotenballen. Gute Pigmentierung war immer ein wichtiges Kriterium für Arbeitshunde. Wir wissen heute, dass Farbe mit hormonellen Vorgängen zusammenhängt und das Achten auf gute Pigmentierung sinnvoll ist. Sicher hatte jede Farmerfamilie ihre eigenen Vorstellungen und Erfahrungen. Die Fellfarbe spielte bei der Auswahl keine Rolle und war dem persönlichen Geschmack vorbehalten, der sicher auf dem Umfeld beruhte, so dass der Hund zu jeder Jahreszeit auf Entfernung hin gut sichtbar war. Das kann der Grund dafür sein, dass man in verschiedenen Regionen bestimmte Farben bevorzugte.

Allerdings vermeidet man heute noch viel Weiß, mit der Begründung, dass einem weißen Hund die Lämmer nachlaufen! Andere sagten, weiße Hunde könnten sich weniger gut durchsetzen.

Ich lernte eine 16 Jahre alte Hündin bei bester Gesundheit kennen, die bis zu ihrem elften Lebensjahr jedes Jahr Welpen aufzog. Sie blieb genau sieben Tage bei dem Wurf, wollte dann wieder mit zur Arbeit und kam nur zum Säugen zu den Welpen. Das Gleiche habe ich in Australien erlebt. Nach Aussage des Farmers hält das dem Zyklus entsprechende Austragen und Aufziehen von Jungen gesund bis ins hohe Alter. Das gelte auch für Rinder, Pferde, Schafe.

Die Welpen kommen nach und nach aus ihrem Nest und erkunden die Umwelt nach eigenem Ermessen. Welpen erregen immer die freundliche Aufmerksamkeit der Familie und werden so auf Menschen geprägt. Was die Sozialisierung angeht, so erleben sie alles, was sie für ein Leben als Hütehund brauchen. Diese Hunde werden auf einer Farm geboren und dort sterben sie auch. Sie fahren bestenfalls auf dem Truck mit zum nächsten Viehmarkt, aber Urlaub, Shows, Sport, das alles ist ihnen fremd. Früher wurden die Welpen mit frischen toten Kaninchen ernährt. Die Hündinnen würgten den Welpen Futter vor und wichtige Mineralien und Spurenelemente nahmen die Welpen mit dem Schmutz am Gesäuge auf, wenn die Hündin von der Arbeit zum Säugen hereinkam. Die über Generationen gesammelten Erfahrungswerte der Farmer sind alle fundiert, wenn auch nicht immer „wissenschaftlich bewiesen".

Die Welpen wachsen im Stall auf und lernen alles kennen, was sie für ihr späteres Leben brauchen.

Aus dem Stand müssen die Hunde Gatter, Mauern und Zäune überspringen.

EIN BLICK IN DIE VERGANGENHEIT

Eine Ausbildung gibt es in dem Sinne nicht. John Decimus Davies, der 1993 im Alter von 80 Jahren starb, hinterließ seine Erfahrungen seinem Enkel, der sie uns schildert. Man gibt den Welpen gut ein Jahr Zeit. Welpen von guter Abstammung, die eine gute Chance bekommen, werden in aller Regel brauchbare Arbeitshunde, jedoch entwickeln sich manche einfacher als andere. Er brachte seinen Welpen „Steh" und „Stopp" schon sehr früh bei. Im Alter von acht Monaten, wenn sie schnell genug waren, um eine Herde zu überholen, begann die richtige Ausbildung. Beginnt man zu früh und der Hund schafft das nicht, entwickelt er die Angewohnheit, die Schafe zu hetzen anstatt zu hüten. Als junger Mann arbeitete er als Viehtreiber und berichtete, dass drei oder vier Tage Treibarbeit ausreichen, um einen jungen Hund zu einem kompetenten Hütehund zu machen. Er strafte seine Hunde nie selbst ab, sondern überließ diese Arbeit einem erfahrenen Hund, auf Walisisch „ci dal", was „Fanghund" bedeutet, der in der Lage war, einzelne Schafe auszusondern und festzuhalten. Verhielt sich ein junger Hund nicht angemessen, verjagte die Herde zum Beispiel in alle Himmelsrichtungen, bekam der „ci dal" die Anweisung, den Missetäter abzustrafen, der anschließend schutzsuchend zu seinem Herrn rannte und den Fehler niemals wieder beging.

Die Praxis, junge Hunde von erwachsenen Hunden erziehen zu lassen, ist heute noch aktuell. Hunde können das viel besser und der Farmer genießt das volle Vertrauen des Junghunds. Junghunde werden mit großer

Der Blick des Welsh Sheepdog spricht Bände.

Das erste Mal bei den Schafen weiß der Junghund instinktiv, dass Ausreißer zur Herde getrieben werden müssen.

Sorgfalt an ganz bestimmte Schafe herangeführt. Man achtet peinlichst darauf, dass sie keine negativen Erfahrungen machen und lässt ihnen freien Lauf. Niemals werden sie für zu heftiges Handeln bestraft, sondern der Farmer fängt den Hund wieder ein und lobt ihn. Bremsen kann man den älteren Hund immer, aber verloren gegangenes Selbstbewusstsein gegenüber den Schafen gewinnt ein Hund nie zurück. Die Schafe wiederum merken sofort, mit wem sie es zu tun haben und treiben einen schwachen Hund auf und davon.

Fügt sich ein Hund nicht ein oder lässt sich schwer kontrollieren, wird er nicht behalten. So der wunderschöne „Useless“ – nutzlos –, den ich sofort hätte mitnehmen können. Er war noch kein Jahr alt, aber so eifrig, dass er nur losstürmte und Unheil stiftete. Der Farmer macht sich keine Mühe mit solch einem unbeeindruckbaren Hund. Wie ich das bei allen anderen Arbeitshunden erlebt habe, sind die wichtigen Eigenschaften angeboren; zeigt sie ein Hund nicht in dem erwünschten Maß, dann ist er eben „useless“ und hat erst recht nichts in der Weiterzucht verloren, wofür die Besten gerade gut genug sind.

Mr. Davis ließ seine Hunde, ich sah es auf vielen Farmen, immer auf dem Hof frei laufen. Selten streunten sie oder machten Unsinn. Sie schliefen auf den Steinstufen vor der Haustür, was angeblich Flohbefall vorbeugte. Sie wurden nicht hysterisch, wenn es mal einen Tag oder zwei nichts zu tun gab. Aber bei ihm gab es nur wenige faule Tage, denn er arbeitete immer mit seinen Hunden, um ihre Fähigkeiten zu fördern. Seine Hunde arbeiteten bis ins Alter von 14 Jahren und wurden meist 15 bis 20 Jahre alt – viel älter als die Hunde heute. Damals waren die Hunde so wertvoll für den Farmer, dass er ständig um ihr Wohlergehen bemüht war. Davis' Hunde wurden niemals geimpft, heute müssen sie das im Rahmen der Gesundheitskontrolle der Farmtiere, was der Amtstierarzt ebenso wie das regelmäßige Entwurmen überprüft.

ERNÄHRUNG DES FARMHUNDES

J. D. Davies berichtet dazu: Vor dem Fertigfutter wurden die Hunde mit Tischresten (die Farmersfrau kochte alles frisch), hauptsächlich Brot, Knochen und Buttermilch ernährt. Er schlachtete alte Schafe und kümmerliche Lämmer für die Hunde, wobei die Hunde nach einem herzhaften Mahl drei Tage ohne Futter auskamen. Niemals wurde das Fleisch frisch nach dem Schlachten noch warm verfüttert, vermutlich um die Hunde nicht auf den Geschmack zu bringen, selbst Schafe zu töten. Des Weiteren ließ man sie alle toten und verwesenden Farmtiere,

Vögel und Wild ebenso wie die sehr nährstoffreichen Nachgeburten in der Lammzeit fressen. Leider müssen seit einigen Jahren tote Tiere aufgrund von EU-Richtlinien zur Seuchenvorsorge für teures Geld offiziell entsorgt werden, selbst Nachgeburten von den Weiden. Ob es hygienischer ist, dass der Abdecker zu bestimmten Zeiten von Farm zu Farm fährt und möglicherweise Krankheiten überträgt, ist die große Frage. Aber alle Tiere sind gekennzeichnet und die Entsorgung wird überwacht.

Heute bekommen die Farmhunde handelsübliches Trockenfutter. Ich habe sehr viele sehr alte Hunde gesehen, die noch aktiv arbeiteten. Topfit mit 14 Jahren, noch eifrig mit 16 bei schneeweißem Gebiss. Allerdings waren sie noch in den Genuss der natürlichen Nahrung gekommen! Wie sich Wurmkuren, Impfungen und industriell gefertigte Nahrung auf Dauer auswirken, bleibt abzuwarten.

ERZIEHUNG DES FARMHUNDES

Der Hund muss möglichst viele Verhaltensweisen mitbringen, sie werden gefördert und der Junghund niemals gebremst. Man verwendet viel Sorgfalt darauf, dass er bei der Arbeit keine schlechten Erfahrungen macht und zu früh an Aufgaben herangeführt wird, die er körperlich noch nicht bewältigen kann. Die sensiblen Hunde lassen sich rasch entmutigen! Die natürlichen Anlagen werden gefördert. Alle Kommandos dienen der Kommunikation bei der Arbeit und machen für den Hund Sinn. Manchmal sieht er die Dinge anders, wobei es durchaus sein kann, dass er Recht hat, aber etwas dagegen spricht, das er nicht wissen kann. Dann muss er schließlich gehorchen, doch auch dies führt zum Erfolg und festigt die Stellung des Schäfers. „Herrchen hat immer Recht, auch wenn ich manches nicht verstehe…“ Irgendwelche Übungen, die nichts mit der Arbeit zu tun haben, sind dem Hund fremd. Beigebracht wird schon dem Welpen „Stopp“. Alle anderen Worte oder Pfiffe lernt der junge Hund an der Seite des Althundes, und seine Aktionen werden mit dem belegt, was er tut.

Selbst die Gänse treibt der Hund aus dem Fluss auf den Hof.

Geht er links, ertönt das Signal für links. Es gibt eine Anweisung, die Schafe beizubringen oder wegzutreiben, und das so lange, bis das „that'll do" („es reicht") ertönt. Für das Fotografieren war das „Stopp" sehr angenehm, denn der Farmer konnte den Hund ein Stück weit schicken und dann anhalten lassen. Aber nicht zu oft, denn der Hund hatte schnell raus, dass das sinnlos war. Darauf lachte der Farmer und gab den Hund frei. Natürlich versteht der erfahrene Hund viele Worte und es ist, als ob sich der Farmer und sein Hund leise, fast wortlos unterhalten. Laut wird er nur, wenn dem noch unerfahrenen Hund wirklich das Temperament an den Schafen durchgeht, und dann wird der Farmer auch sehr schnell, um ihn abzufangen und Schlimmes zu verhindern! Doch an den Schafen straft er einen „durchgegangenen" Hund nicht ab, denn es konnte nur passieren, weil er unaufmerksam war.
Bei den vielen Begegnungen mit den Farmern war ich jedes Mal aufs Neue fasziniert von der Wertschätzung und Liebe zu ihren Hunden, auch wenn sie nie ins Haus und aufs Sofa kommen. Pedro musste aufgrund eines Unfalls eine schwere Operation mit langer Genesungsphase durchstehen; die hohen Kosten waren sicher ein Opfer für die Familie. Er war ein begehrter Zuchtrüde und kam fast 15 jährig bei einem Unfall ums Leben.
Über den Tod hinaus sind die Taten guter Hund Gesprächsthema, und dabei steht manch hart gesottenem Farmer ein Tränchen im Auge.

BORDER COLLIE

Liebling der Medien – König über Schottlands Schafe – der klügste Hund der Welt – Weltmeister im Agility – Dog Dance – Obedience – Schauspieler in Film und Fernsehen ... Gibt es etwas, das der Border Collie nicht kann? Wer möchte sich nicht mit so einem Hund schmücken?
Keine Hunderasse hat in den letzten Jahren solche Aufmerksamkeit erregt und wurde damit zum Wunschhund schlechthin. Doch von nichts kommt nichts, und so bedürfen die Höchstleistungen der Hunde fähiger Trainer und Besitzer, die unendlich viel Zeit in ihr Hobby mit dem Hund investieren.
Einfach nur Familienbegleiter ist der Border Collie nicht!
Der Border Collie entstammt den Schafzuchtgebieten im Norden Englands an der Grenze (= border) zu Schottland. Als im ausgehenden 18. Jahrhundert mit der boomenden Industrie in England die Schafzucht richtig Geld einbrachte, vertrieben die Grundbesitzer ihre seit Jahrhunderten in Schottland ansässigen Pächter und Kleinbauern, um das Land frei zu machen für groß angelegte Schafzucht – eines der dunkelsten Kapitel in der Geschichte Großbritanniens. Mit den Schafen wanderten die Hunde aus Nordengland nach Schottland.
Die schottischen Farmhunde zogen mit den Vertriebenen in die neue Heimat und bildeten den Grundstock für Hütehunde in der Neuen Welt – Australien, Süd- und Nordamerika.

Der Border Collie sammelt die Schafe im schottischen Hochland ein.

Hütewettbewerbe, die Trials, spielen eine wichtige Rolle im sozialen Leben der Farmer.

Collie ist ein gälisches Wort für „nützlich", manche sehen einen Zusammenhang mit den schwarzköpfigen „coaly" Schafen.
Im 19. Jahrhundert schon waren Hütewettbewerbe ein beliebtes Hobby der Farmer, und als die ersten Borders mit ihrem eleganten, geduckten Stil auftauchten, wurde das schnell zum Vorbild und sogar Rassekennzeichen des Border Collie. In der beliebten Fernsehserie „One Man and His Dog", die alle wichtigen Wettbewerbe in Großbritannien übertrug, wurden die bekanntesten Champions und ihre Trainer vorgestellt. Es war interessant zu sehen, dass die Farmer für die Arbeit andere Hunde hielten als für die Wettbewerbe. Auch Farmer in Wales besaßen neben ihren Welsh Sheepdogs Border Collies, weil sie deren „style" so liebten. Hütetrials sind nach Monaten anstrengender Arbeit eine beliebte Abwechslung und sozialer Treffpunkt der Farmer. Außerdem sind ausgebildete Border Collies und Nachkommen berühmter Champions ein lukrativer Exportartikel in alle Welt.
Ein schottischer Schäfer klagte mir sein Leid. Er hatte Mühe, noch brauchbare Hüter für sein großes Gebiet mit vielen Schafen zu finden, da das Einkreuzen eines Trialchampions die Leistung sofort schmälerte, die er für seine Arbeit brauchte. Viele Farmer, für die die Schafe nur Nebenerwerb sind, setzen für höheren Verkaufswert der Welpen diese Champions zur Zucht ein. In Gelände mit dichtem Bewuchs, in dem sich Schafe verstecken, kommt das Fixieren mit den Augen in geduckter Haltung einfach nicht an. Müssen viele Schafe bewegt werden, muss der Hund dicht heran und sich mit Körpereinsatz durchsetzen. Um das zu erreichen, kreuzte man Bearded Collie ein.
In Australien war der Border Collie längst als Rasse anerkannt und ein beliebter Ausstellungshund. Erst mit den immer populärer

Border Collies dominieren auch die Agility-Turniere.

werdenden Agility- und Obedience-Wettbewerben wurde in Großbritannien der Wunsch laut, endlich Border Collies als anerkannte Rasse eintragen, ausstellen und züchten zu können. Ehe Australien eine internationale Anerkennung erwirken konnte, wurde der Border Collie schließlich in Großbritannien anerkannt.

Nicht ohne heftige Diskussionen, denn die Liebhaber der Arbeitshunde wollten mit allen Mitteln verhindern, dass der Border Collie zur Showschönheit und ein Modehund wird. Nach wie vor werden die Arbeitshunde bei der ISDS (Seite 235) eingetragen, und es gibt nun zwei Zuchtrichtungen, die Arbeits- und die Showhunde.

Der Border Collie hat als Arbeitshund alle Schafzuchtgebiete dieser Welt erobert. Dass er aber alleine auf sich gestellt hütet, ist falsch. Der Border arbeitet immer sehr eng mit dem Schäfer zusammen und führt seine Anweisungen aus, auch wenn Kilometer zwischen den beiden liegen.

Auffallend ist nicht nur die geduckte Haltung und das Fixieren der Schafe mit den Augen, sondern auch der relativ große Abstand zwischen Hund und Schafen.

So lange die Schafe einzeln oder in kleinen Gruppen weiden und nicht in großen zusammenhängenden Herden, zu der das einzelne Tier immer strebt, ist die Fluchtgefahr der Schafe groß und der Hund muss mit viel Fingerspitzengefühl die Schafe dorthin bewegen, wo sie der Farmer haben möchte. Das geht nur mit Abstand, immer wieder Verharren, langsam weiter ziehend, rasch nach rechts oder links einschlagend, zeigen die Schafe auch nur geringste Anzeichen auszubrechen. Es ist faszinierend, dieser einmaligen Arbeitsweise zuzusehen.

Die Aufgaben bei Hütetrials sind schon fast reine Gehorsamsprüfungen auf gepflegtem Rasen, denn der Schäfer leitet den Hund mit Pfiffen nach rechts, links, voraus, zurück, weist ihn an, sich zu legen und sich langsamer oder schneller zu bewegen. Das Zusammenspiel zwischen Hund und Mensch ist fantastisch.

Diese Border Collie-Welpen werden, wie ihre Mutter, einmal im Hundesport aktiv werden.

Der freche Welpe hat mein Sonnenhütchen erbeutet und blitzschnell zerlegt.

Für den Farmer, der schnell seine Tiere von den Weiden zu den Sammelplätzen bringen will, ist diese Feinarbeit eher hinderlich und er bevorzugt einen „Huntaway" – den „Verjager" oder Treiber wie Welsh Sheepdog, Bearded Collie, auch Kelpie und den so benannten Huntaway, der eigens aus Neuseeland importiert wird.
Die Zucht eines guten Border Collies erfordert sehr viel Sachverstand, denn mit jeder Verpaarung müssen die erwünschten Eigenschaften der Elterntiere erhalten, ergänzt und verbessert werden. Nur dann hat man einen führigen, leicht lenkbaren Hund, der dennoch seine Intelligenz einsetzt und auch ohne Kommando das Richtige tut, aber nicht zu eigenständig arbeitet.
Diese Eigenschaften wären auch für einen sportlichen Familienbegleiter wünschenswert, doch die Zucht des Border Collies ist problematisch. Er ist inzwischen ein Modehund geworden und dominiert die Sportszene. Nur wenige Züchter arbeiten ihre Hunde an den Schafen und wissen um die wertvollen Eigenschaften. Aber gerade diese geben Welpen höchst ungern als Familienhunde ab, wenn überhaupt.
Abgesehen von wenigen seriösen Zuchten, die sich auf Sport- oder Showhunde spezialisieren, werden die meisten Welpen nur zum Verkauf vermehrt. Werden sie ab Bauernhof vermarktet, vermittelt das den Eindruck, sie entstammten einer „Arbeitslinie", ohne dass die Eltern jemals an Schafen arbeiteten.
Aber ohne sorgfältige Auslese der Zuchttiere schleichen sich schnell Wesensfehler von Übersensibilität und Nervosität bis hin zu aggressivem Verhalten ein. Vor allem ist ein „Arbeitshund" zwar ein Imageträger, aber als Familienbegleiter vollkommen ungeeignet! So gehören Borderbesitzer zu den besten Kunden von Hundetrainern und Verhaltensberatern, die nun den Menschen klarmachen müssen, dass sie nicht nur die falsche Rasse gewählt haben, sondern ihr Hund möglicherweise aufgrund seiner angeborenen Veranlagung dank mangelnder Sorgfalt des Züchters ein schwieriges Exemplar ist.
Border Collies kann man als Workaholics bezeichnen, die nicht ausgelastet Blättchen im Winde, ja sogar Schatten an der Wand fixieren und „hüten". Egal was man mit ihnen tut, sie fordern immer mehr, mehr, mehr mit Gebell ein. Spätestens wenn der Hund anfängt die Kinder zu hüten und in die Waden zu kneifen, hört der Spaß auf.
Border Collies sind wachsam, sollten bei der Arbeit aber nicht bellen.
Der Border Collie ist nur dann ein toller Hund, wenn er aus einer guten Zucht kommt und man bereit ist, den Hund geistig und körperlich seinen Bedürfnissen entsprechend auszulasten.

Das Auge – mit seinem Blick fasziniert er nicht nur Schafe!

Trainer-Tipp

Border Collies brauchen von Anfang an eine sehr konsequente ruhige Führung. Unausgeglichene Menschen, die keine klaren Botschaften an ihre Hunde vermitteln, verursachen beim Hund Stress und Frustration. Daraus entsteht häufig Aggression. Der Border ist ein hervorragender Beobachter und verzweifelt, wenn Kommando und Körpersprache nicht eindeutig oder gar widersprüchlich sind, und er ist schnell bereit, seinen Menschen zu korrigieren. Border Collies sind Kontrollfreaks, denn sie müssen die absolute Kontrolle über die Schafe ausüben. Das setzen sie auch auf die Familie um. Häufig beobachtet man Border Collies beim Agility, die ganz aus dem Häuschen geraten und ihre Besitzer festhalten. Das sind keine „Übersprungshandlungen“, sondern Korrekturen.

Schon der Welpe muss mit sehr viel Ruhe erzogen werden und der Besitzer die Kontrolle über Spiel und Spielsachen haben. Er darf sich nicht manipulieren und zur Ballwurfmaschine degradieren lassen. Niemals sollte man Action mit Action belohnen, sondern auf kontrolliertes Verhalten achten. Nur im Ruhezustand wird die gute Leistung des Hundes bestätigt. Alles andere muss ignoriert werden. Man braucht jedoch starke Nerven!

Farmer belohnen ihre Hunde weder mit Leckerchen noch mit Action irgendwelcher Art. Nur bei ganz herausragenden Leistungen gibt es ein Lob. Ein „genug“ bzw. „that'll do“ stellt den Hund sofort ruhig. Er konnte eine sinnvolle Aufgabe lösen und spürt die Zufriedenheit seines zweibeinigen Partners; das ist für ihn höchstes Lob!

Dabei geht es nicht um Quantität, sondern Qualität. Das erfordert Zeit, Einfallsreichtum und körperliche Fitness. Der Border Collie ist niemals ein Familienmitglied, das so nebenher mitläuft und als Spielgefährte der Kinder zufrieden ist. Wer den Platz hat und auf die Idee kommt, seinem Border ein paar Schafe oder Enten zur Verfügung zu stellen, handelt fast schon tierquälerisch an den Opfern, die der Hund mit Dauerstress belegt.

Es ist wichtig zu verstehen, dass diese übertrieben reagierenden Hunde auch keine brauchbaren Hütehunde wären, wenn sie auf einer Farm an Schafen arbeiten könnten.

Es ist deshalb gerade bei der populären, häufig vermarkteten Rasse unerlässlich, mit großer Sorgfalt den Züchter zu suchen, der die für die eigenen Interessen passenden Hunde züchtet. Nur dann wird der Border Collie seinem wunderbaren Ruf gerecht.

Beim Treibball ersetzen Bälle die Schafe. Die Hunde lieben es, die Bälle ins Tor zu treiben.

BEARDED COLLIE

Der Bearded Collie ist eine sehr alte Rasse, die hüten kann, aber auch hervorragend treibt und sich am Vieh durchsetzt. Dazu setzt er bei Bedarf seine laute Stimme ein. Er gehört zu den wenigen Rassen, die noch ihrer ursprünglichen Aufgabe nachgehen. Leider sind nur noch sehr wenige Bearded Collies bei den Farmern anzutreffen, aber die Rasse kann sich glücklich schätzen, diese Hunde noch zu besitzen. Leider sind sie den meisten Showzüchtern mit ihrem schlichten Arbeitskleid und anderen „Schönheitsfehlern" ein Dorn im Auge und drohen nach deren Meinung die Errungenschaften der Züchter zu zerstören, ließe man sie in die Zucht einfließen. Dass aktive Arbeit auf der Farm nur mit absolut gesunden Hunden möglich ist, wird gar nicht in Betracht gezogen. Dennoch gibt es einige wenige Begeisterte, die den alten Arbeitshund fördern und wieder in die Zucht einbringen. Aber Vorsicht – der Begriff „Working Beardie" besagt gar nichts. Ähnlich wie beim Border Collie bedeutet das nicht, dass ein solcher Hund jemals für die Arbeit an den Schafen gebraucht wurde. Die Tatsache, dass jemand mit einem weniger „hübschen" Beardie Agility oder Obedience betreibt, macht den Hund nicht zum „Arbeitsbeardie". Wer sich für den Working Beardie interessiert, sollte darauf achten, dass seine unmittelbaren Vorfahren wirklich an Schafen arbeitende Farmhunde waren.
Vor dem Zweiten Weltkrieg schien die Rasse verschwunden, aber es stellte sich heraus, dass ihr einige Farmer treu geblieben waren. Auf diesen Hunden, die viele Züchter heute so verpönen, sowie zotteligen Hunden unbekannter Herkunft entstand nach dem Krieg der heutige Bearded Collie. Es war ein Farm-Beardie, der so begeisterte, dass die Rasse wieder auf Ausstellungen gezeigt und gezüchtet wurde. Seither ist der Bearded Collie ein wunderbarer Familienhund, lebhaft, intelligent, freundlich und aufgeschlossen. Er passt sich in das Familienleben

Bearded Collies sind sehr gesellig und lieben gemeinsame Spiele.

Beardies sind wendig und schnell.

Agility ist für sie eine Sportart, bei der sie sich richtig austoben können.

Voller Elan arbeitet dieser Farmbeardie an den Schafen.

Trainer-Tipp

Der liebenswerte, arbeitsfreudige Clown verzeiht so manchen Ausbildungsfehler. Druck sollte man beim Welpen und in der Erziehung vermeiden, jedoch mit liebevoller Konsequenz arbeiten. Er liebt jede vernünftige gemeinsame Beschäftigung, sucht und apportiert gerne. Man kann alles zur gemeinsamen Freude mit ihm machen. Aber sobald die Aufgaben zu schematisch werden oder gar in Drill für Hochleistung ausarten, verweigert er die Gefolgschaft.

ein und ist auch für Anfänger ein angenehmer Begleiter. Natürlich muss er mit der nötigen Konsequenz erzogen werden, denn er versteht es meisterhaft, seine Menschen um den Finger zu wickeln und sie sich zu Dienste zu machen. Doch er begreift rasch, wenn er damit nicht durchkommt. Es gibt kaum eine hundesportliche Beschäftigung, die der Beardie nicht mit Begeisterung mitmacht.
In den letzten Jahren wird Hütearbeit für Familienhunde angeboten und der Beardie ist sofort in seinem Element!

Beardies sind wachsam und schlagen an, sind aber Fremden gegenüber freundlich und aufgeschlossen. Dennoch kann ein Beardie seine Menschen bei echter Gefahr durchaus verteidigen. Konsequent muss das Bellen für alles und jeden kontrolliert werden, wenn es stört. Das inzwischen überreiche, lange und oftmals zu seidige Haar bereitet leider vielen Beardiebesitzern Probleme, da es schnell verfilzt. Und wenn der Welpe nicht von klein an die Pflegeprozedur kennengelernt hat, kann sich der Hund widersetzen und Pflege wird zur Tortur.

Wie hell oder dunkel die schwarz, blau, braun und fawnfarben geborenen Welpen werden, weiß man nicht.

Aufgeweckt, pfiffig, immer dabei und zu allem bereit: der Pyrenäen-Hütehund

BERGER DES PYRENÉES

Der kleine Pfiffikus unter den Hütehunden ist ein lebhafter, arbeitsfreudiger und sehr anpassungsfähiger, vielseitig einzusetzender typischer Berghüter. Er ist leicht führig bei gebotener Konsequenz, aber er denkt immer mit, macht Vorschläge und stellt infrage. Mit einem Berger kommt nie Langeweile auf und es fällt nicht leicht, bei seinem Charme seinem kleinen dicken Bärenköpfchen Paroli zu bieten. Er ist ein wunderbarer Begleiter für sportliche Menschen und macht alles mit Begeisterung mit. Für bequeme Menschen ist er allerdings ungeeignet. Ein unausgelasteter Berger wird zur Nervensäge! Bergers sind sehr territorial, sehr wachsam, an Fremden nicht interessiert bis hin zu misstrauisch. Ängstlich soll ein Berger nicht sein. Sein ehemaliges Arbeitsgebiet waren die Pyrenäen mit ihren Hochweiden. Der kleine, geländegängige, trittsichere Hund trieb einst, sich mit Gebell Nachdruck verschaffend, Schafe, Ziegen und Pferde geschickt über schmalste Pfade zum Hirten und arbeitete in den unzugänglichen Höhen ganz auf sich allein gestellt. Ich durfte vor 40 Jahren dieses unvergessliche Schauspiel im Cirque de Gavarnie noch erleben. Leider hat durch veränderte Schafhaltung der Border Collie seinen Platz eingenommen und Bergers sind auf den Bauernhöfen kaum noch anzutreffen.

Trainer-Tipp

Bergers sind, weil sie ihre Stimme beim Treiben zu Hilfe nehmen mussten, recht bellfreudig. Von klein an sollte man auf jedes Bellen reagieren und dem Hund zeigen, dass der Mensch die Verantwortung übernimmt und alles in Ordnung ist. Bergers reagieren auf klare Führung ganz hervorragend. Fehlt sie, fühlen sie sich in der Verantwortung, sind damit meist überfordert und quittieren dies mit Hyperaktivität und Kläfferei.

Der Tibet Terrier ist ein Berghüter aus dem Hochland von Tibet. Gelehrig, lebhaft und arbeitsfreudig liebt er hundesportliche Aktivitäten.

Der Gos d'Atura kommt aus den spanischen Pyrenäen.

TIBET TERRIER

Seinen Namen gaben ihm Engländer, die ihn im Tibet kennenlernten, aufgrund seiner aufgeweckten quirligen Art. Er ist ein typischer Berghüter und nicht mit Terriern verwandt.

GOS D'ATURA

Der Gos d'Atura ist der spanische Pyrenäenschäferhund. Er ist dem kleinen Franzosen ähnlich, ebenfalls sehr lebhaft und bei hohem Durchsetzungsvermögen sehr arbeitsfreudig.

BERGAMASKER

Der Hüter-Treiber Norditaliens mit dem charakteristisch verfilztem Zottelfell ist ein lebhafter, aber nicht nervöser, gelehriger und arbeitsfreudiger Hund, der gerne mit seinen Menschen arbeitet.

Der Bergamasker aus den italienischen Alpen ist ein Hochgebirgshüter mit schützendem Zottelfell.

ABKÖMMLINGE DER BERGHÜTER

COLLIE

Im ausgehenden 19. Jahrhundert war der Collie der beliebteste und teuerste Modehund des Adels und der Reichen in Europa und Amerika. Bekannt wurde der bescheidene Hütehund durch seinen größten Fan, die Hundeliebhaberin Queen Victoria. Hundeausstellungen wurden zum Hobby der besseren Gesellschaft, und so wurde aus dem unscheinbaren Bauernhund eine farbenfrohe Showschönheit. Zu seinen Vorfahren gehören die Hütehunde aus dem Norden der Insel wie auch der Welsh Sheepdog, für den die leuchtende Zobelfarbe typisch ist. Die Einkreuzung von Barsoiblut liegt nahe, da beide Rassen bei Hofe gezüchtet wurden. Als ich vor 50 Jahren meine ersten Collies bekam, waren barsoiähnliche Hunde noch häufig anzutreffen, was sehr verpönt war. Doch ich sehe in dem eleganten Hund mit federleichtem Gangwerk, seiner vornehm zurückhaltenden Art, der sich eng seinen Menschen anschließt, sehr wohl den Barsoi.

Der Collie war für Generationen der Traumhund. Vor dem Zweiten Weltkrieg eroberte Lad, der Collie eines berühmten amerikanischen Schriftstellers, danach Lassie die Kinderherzen der Welt. „Lassie come home" ist einer der meistverkauften Bestseller überhaupt, danach

Collies sind sportlich gut zu motivieren und ein Leben lang verspielt.

entstanden Filmklassiker und über 600 Fernsehsendungen. Der Collie wurde zum Modeschlager und Massenverkaufsartikel. Das ist er zum Glück nicht mehr, sondern nach wie vor ein geschätzter Familienbegleiter.

Obwohl der Collie seit Beginn seiner Popularität nicht mehr als Hütehund gebraucht wurde, können viele heute noch hervorragend an Schafen arbeiten. Der Collie ist für alle hundesportlichen

Der Collie ist ein sehr guter Familienbegleiter, lässt sich leicht erziehen und passt sich allen Lebenslagen an.

Die einfühlsamen Collies erfüllten schon immer Kinderträume. Aber sie sind und bleiben Hunde!

Trainer-Tipp

Der Collie reagiert auf feinste Signale der Körpersprache und Gemütsregungen. Stellt man ihm lösbare Aufgaben, blüht er auf und genießt Lob für gemeinsamen Erfolg. Besonders der Langhaar fordert selten Action ein, so dass sein Bedürfnis nach sinnvollen Aufgaben oft übersehen wird. Das ist sehr schade für den Hund, denn über gemeinsame Arbeit festigt man die Beziehung und schenkt dem unterordnungsbereiten Hund Lebensfreude, Sicherheit und Selbstvertrauen. Lässt man ihn einfach laufen, weil er ja keine Schwierigkeiten macht, protestiert er selten durch Fehlverhalten, sondern zieht sich zurück und wird regelrecht depressiv. Das erkennen Colliebesitzer oft erst, wenn sie mit dem Hund anfangen zu arbeiten. Schon Welpen arbeiten gerne mit, lieben Such- und Apportierspiele, was die Beziehung festigt. Darauf kann man alle anderen hundesportlichen Aktivitäten aufbauen.

Aktivitäten geeignet und macht alles freudig mit, er wird aber nicht hysterisch, wenn es mal ruhiger zugeht. Härte und Drill verträgt er nicht. Sein sensibles, feinfühliges Wesen reagiert am besten auf liebevolle Konsequenz, die ihm Sicherheit und Führung vermittelt. Fehlt ihm das, ist er leicht überfordert, was sich in unsicherem Verhalten äußert.
Collies sind wachsam, im Ernstfall auch verteidigungsbereit, aber grundsätzlich Fremden gegenüber freundlich neutral, manchmal auch zurückhaltend, was nicht mit ängstlich verwechselt werden darf. Besonders zeichnet der Collie sich aufgrund seines einfühlsamen Wesens als Behindertenbegleit- und Therapiehund aus und eignet sich als Rettungshund und Mantrailer. Sehr angenehm ist sein souveränes Wesen Artgenossen gegenüber.
Da seit 150 Jahren als Show- und Begleithund gezüchtet, war er immer Modetrends unterworfen. Der Colliefreund, der sich mit den derzeitigen Showchampions nicht anfreunden kann, findet bei ein wenig Recherche immer seinen Traumhund.

Colliehündin in der Rettungshundausbildung.

KURZHAAR COLLIE

Er stand stets im Schatten seines glamourösen langhaarigen Vetters und war nie Modehund. Er ist ein Arbeitshund geblieben und im Wesen eher der durchsetzungsfähige, arbeitseifrige Treiber, der Beschäftigung einfordert. Langeweile ist ihm fremd, und er lässt sich immer etwas einfallen, um sie zu vertreiben. Er stellt höhere Anforderungen an seine Besitzer in puncto Erziehung und Auslastung und er ist ein hervorragender Sport- und Arbeitshund. Wer meint, der Kurzhaar sei nur eine pflegeleichte Variante des Langhaars muss wissen, dass er sehr viel Haare verliert, die schlechter von Textilien zu entfernen sind.
Kurzhaar- und Langhaar-Collie werden erst seit wenigen Jahrzehnten in Europa als getrennte Rassen geführt. In den USA ist gilt der Collie als eine Rasse mit zwei Haararten. Kurzhaar-Collies tragen deshalb häufig noch die Veranlagung für Langhaar, so dass in der Kurzhaarzucht noch langhaarige Welpen geboren werden. Sie sind häufig weniger üppig behaart als normale Langhaars und entsprechen im Wesen eher dem Kurzhaar. Ich konnte bei einigen Rassen beobachten, dass die langhaarigen Varianten sensibler sind als die kurzhaarigen. Eine wissenschaftliche Erklärung konnte ich bislang nicht finden.

Kurzhaar-Collies sind schnelle, robuste und für den Hundesport bestens geeignete Hunde.

GESELLSCHAFTS-HUNDE

SIE ERFREUEN MENSCHEN SEIT LANGER ZEIT ALLEIN DURCH IHRE ANWESENHEIT. IN JÜNGERER ZEIT WURDEN NEUE RASSEN EIGENS ALS FAMILIENBEGLEITER GESCHAFFEN.

KLEINHUNDE

WIR HABEN UNS NUN DAS GANZE BUCH ÜBER MIT HUNDEN BESCHÄFTIGT, DIE AUF DIE EINE ODER ANDERE WEISE FÜR DEN MENSCHEN GEARBEITET HABEN. HEUTE ERFÜLLEN DIE MEISTEN HUNDE DIE FUNKTION DES SOZIALPARTNERS.

Bolonka zwetna (oben) – farbige Bologneser – sind eine charmante Kreation aus Russland, bei der viele Rassen mitwirkten. Die robusten Kerlchen erfreuen sich wachsender Beliebtheit.

Ein berühmter amerikanischer Kynologe sagte einmal, nie seien Hunde für diese Rolle speziell gezüchtet worden. Ich kann das nicht bestätigen, denn wir haben eine Menge entzückender Begleiter, die seit Jahrhunderten, ja seit Jahrtausenden keine andere Aufgabe hatten, als das Herz ihrer Besitzer zu erfreuen.

Besonders ins Herz geschlossen wurden stets kleine Hunde. Sie sprechen unseren Fürsorgetrieb an, bleiben in unseren Augen ewig Kind und sind unserer erdrückenden Liebe ausgeliefert. Kleinhunde verdanken ihre geringe Größe einem Gen, das bis in die Anfänge der Domestikation im Mittleren Osten nachzuweisen ist und nur bei Wölfen dieser Region vorkommt, die man generell als Vorfahren unserer Haushunde betrachtet.

Ich kann mir sehr gut vorstellen, dass die ersten Winzlinge aufgrund der genetischen Mutation Neugier hervorriefen, und da sie sich nicht als Kümmerlinge, sondern als überlebensfähige Hunde erwiesen, sofort eine wichtige Nische im Leben der Menschen besetzten. In eine Höhle, Hütte, Haus oder Zelt, das sich viele Menschen teilen mussten, passte nur ein kleiner Hund.

Und er hatte große Vorteile: Er brauchte wenig Futter, meldete Fremde, jagte kleine Beutetiere, hielt Mäuse kurz und wärmte in kalten Nächten. In Notzeiten konnte man ihn essen. Er war der Gefährte der Frauen und Kinder und wuchs durch seine Nähe den Menschen mehr ans Herz als die reinen Gebrauchshunde, die bis in unsere Tage nur im Ausnahmefall Zutritt zum Wohnbereich hatten. Diese Nähe zum Menschen

Die Größe

Nicht verwechseln darf man klein mit kurzbeinig. So ist ein Bassethound zwar von der Höhe her klein, aber in Wahrheit ein großer Hund auf kurzen Beinen (siehe Chondrodysplasie Seite 70). Kleinhunde sind proportionierte kleine Hunde, unter denen auch Kurzbeinigkeit vorkommen kann.

förderte eine Auslese auf umgängliche Hunde, die sich eng an ihre Menschen anschlossen. Bei den Kleinen konnte man jede Variante, die die Natur schenkte, ohne Rücksicht auf Gebrauchseigenschaften aufziehen und das Ausgefallene dürfte schon immer interessant gewesen sein.
Kreuzungen mit normalen Hunden blieben nicht aus, und wir finden Minis aus allen Arbeitsgruppen.
Das erklärt, dass manche Rassen heute noch mit der Größe zu kämpfen haben, da sich die Erbanlagen aufspalten und man winzige und zu groß geratene Welpen in einem Wurf finden kann.

KLEINHUNDE – LUXUSHUNDE

Kleinhunde erlebten ihre Blütezeit dort, wo man sich Luxus leisten konnte und auch demonstrierte. Sie sind auf antiken Darstellungen ebenso wie auf unzähligen Gemälden über Jahrhunderte zu Füßen der Päpste, unter den Tischen wohlhabender Bauern und Kaufleute und am Busen feiner Damen zu sehen.
Gerade in unserer Zeit finde ich sie wie geschaffen für unseren Lebensstil und unsere moderne Umwelt. Wir wollen unsere Hunde überall hin mitnehmen. Der Kleinhund bietet sich als Reisebegleiter an, er darf mit im Flugzeug reisen, ist in Hotels willkommen, begleitet uns bis ins hohe Alter und immer häufiger sogar ins Seniorenheim. Er hat Platz in der kleinsten Hütte, ist leicht und handlich für ältere Menschen, findet seinen Lieblingsplatz auf dem Schoß von Rollstuhlfahrern, Hauptsache er darf bei seinen Menschen sein. Kleinhunde sind muntere Begleiter bei Spaziergängen und fühlen sich auch in einer Stadtwohnung wohl, wenn ein Park gut zu erreichen ist. Sie sind allemal ausdauernder als der normale Zweibeiner und begleiten auch Wanderfreunde. Radtouren genießen sie sicher im Körbchen und erholen sich bei sehr langen Wanderungen im Rucksack.

Der Kleinspitz war einst der Liebling des wohlhabenden Bürgertums und ist leider nur noch selten anzutreffen.

Selbst der Hundesport bietet viele Möglichkeiten für die Minis, wie beim Mini-Agility. Aber auch Obedience, Dog Dance, Longieren, Flyball, alles machen sie mit Begeisterung mit. Da sie gerne spielen und toben, kann man sie zwischendurch gut in der Wohnung und in einem kleinen Garten beschäftigen. Kurz, nach meiner Meinung wären 90% aller Hundehalter mit einem Kleinhund besser bedient als mit einem anspruchsvollen Jagd- oder Hütehund. Denn eines sind sie alle: Großartige Persönlichkeiten, die selbst den größten Macho unter den Hundehaltern, der sich nie mit so einer kleinen „Ratte“ in der Öffentlichkeit blicken lassen wollte, stolz neben seinem Winzling ausschreiten lassen.

KLEIN MIT GROSSEM HERZEN

Die Kleinen sind große Hunde im Herzen und im Geist. Sie erfüllen alle sozialen Bedürfnisse. Sie verstehen es meisterhaft, mit Menschen umzugehen und sie sich zum Sklaven zu machen. Sie schließen sich eng an ihre Menschen an, beanspruchen sie voll und ganz und vermitteln ein Gefühl von tiefer Zuneigung oder gar Liebe. Hier wäre eine psychologische Betrachtung zur Frage „Was ist Liebe?“ interessant. Motivationen wie Kontrolle, in Besitz nehmen, manipulieren sind in zwischenmenschlicher Beziehung nicht fremd. Auch Hunde vermögen so zu denken und zu handeln, wenn wir es zulassen. Dieses Gefühl, geliebt zu werden, veranlasst viele Menschen, ihren Hunden alles durchgehen zu lassen, um ihre Liebe nicht zu gefährden. Das ist genau der falsche Ansatz! Hunde lieben und respektieren nur zuverlässige Partner. Untergebene nutzt man schamlos aus. Innerhalb der Familie erweisen sich Kleinhunde oftmals als richtige Haustyrannen. Da sie niemanden wirklich verletzen können, mag das Verhalten zwar lästig sein, erregt aber keine Besorgnis und es fehlt die Einsicht, Aufwand zu betreiben um es abzustellen.

Doch ignorantes oder hysterisches Verhalten, Ängstlichkeit, Aggression unterschiedlicher Ursache ist ja nicht nur für den Halter „unbequem“, sondern beeinträchtigt vorallem die Lebensqualität des Hundes. Es zeigt an, dass in der Mensch-Hund-Beziehung etwas vollkommen schief läuft, der Hund ständig unter Stress steht und sogar unter der Dauerbelastung erkrankt.

Es kommt nicht auf die Befindlichkeit des Besitzers an und was er zu ertragen bereit ist, sondern Fakt ist, dass solche Hunde kein glückliches und entspanntes Leben führen dürfen. Dabei wollen sie wie jeder andere Hund eine ordentliche Rudelstruktur mit klaren Ansagen und verantwortungsvolle Menschen, die ihre Hunde vor Unheil bewahren, ohne sie überängstlich von jedem Kontakt mit größeren Hunden abzuhalten und Unsicherheit auf den Hund zu übertragen.

Kleinhunde sind im Kopf ganz normale Hunde. Sie haben das gleiche Sozialverhalten und funktionieren genau so wie jeder andere Hund. Sie stellen daher die gleichen Anforderungen an ihre Besitzer in Bezug auf Führungsqualitäten. Sie sind nicht dafür geschaffen, als putziges Accessoires auf dem Arm herumgeschleppt zu werden und als Puppe mit eigenem Kleiderschrank zu dienen!

Chihuahuas sind richtige kleine Manager, denen nichts entgeht.

Papillons lieben sportliche Aktivitäten wie hier beim Longieren.

Vier Generationen Zwergschnauzerhündinnen. Die älteste ist 15 Jahre und man sieht es ihr nicht an.

Es gibt natürlich genug Kleinhunde, die hautnahes Leben mit ihren Menschen zufrieden genießen. Schaut man genau hin, strahlen die Besitzer eine natürliche Autorität aus, der Hund hat seinen Platz und kann sich sicher fühlen.
Doch leider ist die Sachkunde um Hunde gerade bei Kleinhundehaltern erschreckend dürftig. Deshalb muss der Kleinhundebesitzer, wenn er seinen Hund wirklich liebt, unbedingt genauso Hundeverhalten lernen, Fachbücher lesen, Seminare besuchen, als ob er einen großen, anspruchsvollen Hund an der Leine hätte.
Ich kann Ihnen versichern, wenn Sie in Ihrem Winzling den Wolfsnachkommen erkennen mit all seinen faszinierenden Verhaltensweisen, dann werden Sie Ihren Hund erst richtig lieben! Und durch eine hundgerechte Beziehung einen herzerfrischenden Partner für – ein meist sehr langes – Hundeleben gewinnen!

Der kleine Shih Tzu hat keine Angst vor ungewöhnlichen Hindernissen.

Trainer-Tipp

Wie zu jedem Hund gehört auch zum Kleinhund eine konsequente Erziehung. Die Minis sind meist sehr schlau und lernen gerne alles, was man von einem Hund erwarten kann.
Ihre Intelligenz wird häufig unterschätzt, was zu Verhaltensstörungen führt. Beschäftigungen aller Art, natürlich immer angepasst an ihre körperlichen Möglichkeiten, sind für sie genauso wichtig für ein zufriedenes Leben wie für jeden Großen.

KLEINHUNDE IN GROSSER GESELLSCHAFT

Leider erlebe ich immer wieder, dass Menschen Kleinhunde zu sammeln scheinen und sich über Zank unter den Hunden und mangelnde Stubenreinheit wundern. Diesen Hunden fehlt jegliche Rudelführung, der Mensch greift immer an der falschen Stelle ein, treibt seine Hunde zum Wahnsinn, die ihren Frust irgendwo ablassen müssen. Dass sie unter permanentem Stress stehen, fällt meist gar nicht auf. Da sie ständig auf den Beinen sind und das Spazierengehen mit mehreren Hunden an der Leine lästig ist, fehlt ihnen meist trotz aller Hektik die nötige körperliche Auslastung. Denn die Kleinen sind erstaunlich ausdauernd und bewegungsfreudig. Hinzu kommt, dass sie oft zu fett gefüttert werden.
Da man viele kleine Hunde auf relativ engem Raum unterbringen kann, halten viele Kleinhundezüchter schlichtweg zu viele Hunde. Oftmals leben sie in übereinander gestapelten Käfigen, werden nur in den Garten gelassen und kennen keine individuelle Zuwendung oder Erziehung. Die Welpen werden oftmals ausschließlich in der Wohnung großgezogen und lernen nie, sich draußen zu lösen. Es ist bei mehreren Kleinhunden praktisch unmöglich, eine Stubenreinheitserziehung zu schaffen, weil man nie weiß, wer wann wohin gemacht hat. Rüden markieren gerne in der eigenen Wohnung.
Wer einen Kleinhund kaufen möchte, sollte sich den Züchter sehr genau ansehen. Diese Hunde sind robust und dürfen bei jedem Wetter ins Freie, die Zahl der Hunde im Haus muss überschaubar sein und der Züchter seiner Hunde Herr werden. Bringt er sie nur durch „Wegräumen" unter Kontrolle, sind Sie am falschen Platz! Vermuten Sie in jedem Zimmer ein paar Hunde oder stecken sie in Boxen, sind einfach zu viele da. Leider gibt es für die Hundehaltung im Haus keine Vorschriften wie für eine Zwingerhaltung. Auch Kleinhunde brauchen Sonne, Luft, Gras, Erde, Auslaufmöglichkeiten und individuelle Zuwendung. Vor allem sollte schon der Züchter um Stubenreinheit bemüht sein.

Unbefangen nimmt der Chihuahuawelpe Kontakt mit meinen Jungs auf, die gerne mit ihm toben würden!

Trainer-Tipp

Der kleine Chihuahua zeigt deutlich, dass er keinen Kontakt wünscht, obwohl der American Bulldog in freundlicher Spielaufforderung entgegen kommt. Der Besitzer sollte jetzt ruhig und gelassen zwischen beide Hunde treten und den Kleinen aus der Situation herausnehmen und darauf achten, dass der Sichtkontakt unterbrochen wird und der Große nicht nachspringt. Daher sind hektische Bewegungen zu vermeiden.

Der Chihuahua zeigt, dass er keinen Kontakt möchte. Der Besitzer sollte ihn aus der Situation nehmen.

Manche trainieren die Welpen auf Papier oder Wickelunterlagen oder gar aufs Katzenklo, dann muss man gar nicht mehr mit dem Hund raus. Was durchaus praktisch sein kann, sollte aber nicht zur Regel werden und den Kleinhund in die Wohnung verbannen.
Bei jemandem, der Hunde hortet – und mögen sie noch so erfolgreiche Showhunde sein – sollte man ebenso wenig kaufen wie beim Hundehändler, der mit Kleinhunden heutzutage richtig gut Geld verdient.

VORSICHT IST BESSER ALS NACHSICHT

Wichtig ist, dass die Welpen schon beim Züchter Umgang mit Hunden verschiedener vorzugsweise größerer Rassen kennen lernen. Manche halten eigens für diesen Zweck einen großen Hund!
Trotzdem darf man nicht vergessen, dass er eine Kleinstausgabe mit papierdünnen Schädelknochen und feiner Wirbelsäule ist. Der Kleinhundhalter trägt die Verantwortung für die Gesundheit seines Hundes und muss dafür sorgen, dass er zwar soziale Kontakte zu allen Hunden pflegen kann, aber nicht als Spielball größerer und kräftigerer Hunde dienen darf. Wer hier sagt „die machen das unter sich aus, das muss er lernen", handelt grob fahrlässig. Spielpartner müssen mit großer Sorgfalt ausgewählt werden. Es gibt Hunderiesen, die mit erstaunlicher Behutsamkeit mit den Kleinen umgehen. Ich kenne Haushalte mit mehreren großen Hunden, die von einem einzigen Chihuahua angeführt werden! Und es gibt Hunde, die nicht viel größer, aber kräftiger und schwerer sind und den Kleinen durch ungebührlichen Körpereinsatz verletzen können.

Überängstlich sollte der Besitzer nicht sein, aber nicht blauäugig, sondern gesunden Menschenverstand walten lassen, beobachten und rasch eingreifen, sprich alle Begegnungen unter seiner Kontrolle und Absprache mit dem anderen Hundehalter erfolgen.

Trainer-Tipp

Muss man seinen Kleinhund aus einer brenzligen Situation retten, dann nicht einfach nur auf den Arm nehmen, von wo aus der Kleine weiterpöbelt, zappelt oder schreit, sondern unter die Jacke, um Sichtkontakt zwischen den Hunden zu unterbinden. Es könnte sonst passieren, dass der Große den Kleinen aus dem Arm pflückt! Rennt ein Kleiner in Panik davon, kann das beim anderen Hund, erst recht bei mehreren, Jagdtrieb auslösen und den Kleinen zur Beute werden lassen. Zollt der Kleine einem großen keinen angemessenen Respekt, geht es um Hündinnen oder territoriale Konflikte, ist eine Auseinandersetzung immer lebensbedrohlich für den Kleinen, denn Hunde werten Signale, nicht die Größe. Was bei einer Rüpelei zwischen gleich großen Hunden mit Haaren im Maul oder einer Schramme endet, hat bei einem Kleinhund natürlich viel schwerwiegendere Auswirkungen. Also: Hundeverhalten lernen, mit kühlem Kopf und wachen Auges Hundebegegnungen nur kontrolliert ermöglichen. Vor allem nicht panisch werden, denn das überträgt sich auf den eigenen und den fremden Hund und lässt so manche Situation erst eskalieren.

Der Boston Terrier-Welpe hat sofort durchschaut, wie er an die Leckerchen kommt.

DIE KEHRSEITE DER MEDAILLE

Da die Kleinen nie eine Gebrauchsfunktion hatten, konnten sich die absonderlichsten Merkmale entfalten, die gerade in den letzten Jahrzehnten von den Züchtern in einem Maße übertrieben gefördert wurden, dass einige der Kleinhunderassen unter Qualzucht nach deutschem Tierschutzgesetz fallen.

Das Tierschutzgesetz regelt in §11b: „Es ist verboten, Wirbeltiere zu züchten..., wenn damit gerechnet werden muss, dass bei der Nachzucht...erblich bedingt Körperteile oder Organe für den artgemäßen Gebrauch fehlen oder untauglich oder umgestaltet sind und hierdurch Schmerzen, Leiden oder Schäden auftreten."

Es ist mir unbegreiflich, dass Liebhaber und Züchter dieser Rassen so gar kein Verständnis dafür zu haben scheinen und die Schönheitsrichter ungeachtet des Wohlbefindens der Hunde die extremsten Formen mit ersten Preisen belohnen, was sie wiederum für Züchter erstrebenswert macht. Sie alle lieben ihre Hunde und sehen ihr Leiden nicht! Auch die Käufer scheinen sich keine Gedanken zu machen, Hauptsache die Rasse ist skurril und gerade „en vogue".

Trotz aufklärender Kampagnen in Presse und Fernsehen halten Züchter unerschütterlich an ihren Zuchtzielen fest. Es steht zwar alles auf dem Papier, aber an der Umsetzung des §11b durch die Behörden hapert es. Solange der Gesetzgeber dies nicht regelt, werden solche Hunde weiter produziert und vermarktet. Es liegt einzig am klaren Verstand der Hundekäufer, solchen Auswüchsen durch Boykott den Boden zu entziehen. Was nicht verkauft werden kann, wird nicht produziert – es sei denn, der Züchter behält seine Welpen selbst, um weiterhin Ausstellungspreise zu gewinnen. Manche Rassezuchtvereine arbeiten glücklicherweise gegen den internationalen Trend ernsthaft an der Verbesserung ihrer Hunde.

Die meisten der modischen Hunde stammen jedoch nicht aus kontrollierter Zucht und ge-

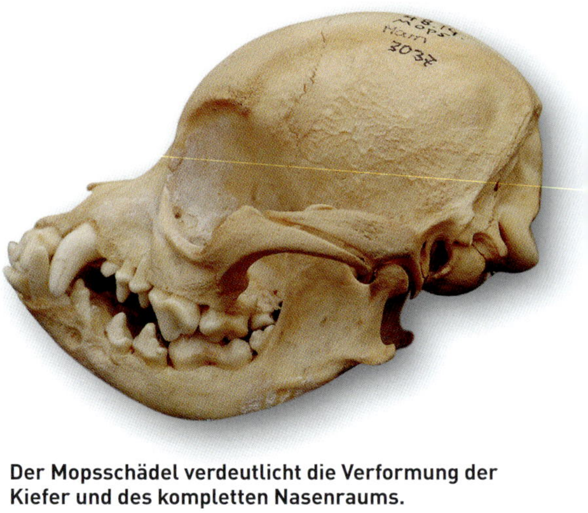

Der Mopsschädel verdeutlicht die Verformung der Kiefer und des kompletten Nasenraums.

langen über zweifelhafte Quellen in den Handel. Solche Welpen mögen zwar manche Extreme nicht so stark aufweisen, weil sich so mehr Welpen produzieren lassen (robuster, größere Würfe ohne Kaiserschnitt usw.), aber es gelangen auch Hunde in die Vermehrung, die keine Zuchtzulassung in Vereinen erhalten haben, die sich um die Gesunderhaltung ihrer Hunde bemühen, und es fehlt die sorgfältige Aufzucht. Verhaltensgestörte und kranke Welpen sind die Folge. Daher bitte niemals so ein „süßes Ding“ im Vorübergehen oder spontan per Internet kaufen! Sich intensiv mit der Rasse befassen, Hunde kennenlernen, ehe man sich entscheidet – dies trifft ebenso auf die ach so bequemen Minis zu. Auch bei den Kleinhunderassen gilt es beim Kauf große Sorgfalt walten zu lassen und nur aus seriösen Zuchten zu kaufen, die zugunsten des Wohlbefindens ihrer Hunde Übertreibungen den Kampf angesagt haben, auch wenn es Verzicht auf Showerfolge bedeutet.
Je weiter sich ein Hund von der Urform entfernt, desto größer die Wahrscheinlichkeit, dass er unter seiner unnatürlichen Form leiden muss! Warum ausgerechnet bei Hunden so starke genetische Veränderungen möglich sind, weiß ich nicht. Besonders die Veränderung der Köpfe ist von Generation zu Generation zu erzielen, sowohl in Richtung extrem als auch normal. Wird nicht auf extreme Formen selektiert, bildet sich immer die Naturform zurück.

BRACHYZEPHALIE

Mit Brachzaphalie (von „brachis“ kurz und „cephalus“ Kopf) bezeichnet man Kurz- oder Rundschädel.

Durch gezielte Zucht über Generationen entstanden verkürzte Kiefer, um das so genannte „Kindchenschema“ mit kleiner Stupsnase und großen runden Augen in rundem Gesichtchen zu fördern, das bei Mensch und Tier den Nachwuchs auf Anhieb kenntlich macht, den es zu schonen und zu beschützen gilt. Es verunstaltet die Hunde zu ewigen Babies, obwohl sie geistig und körperlich erwachsen werden. Folgen sind verengte Nasenlöcher und Nasenhöhlen, verlängerte und verdickte Gaumensegel, Kehlkopfveränderungen, zu große Zungen.
Betroffen sind laut Universität Leipzig hauptsächlich Mops, Französische und Englische Bulldoggen, Shih Tzu, Pekingese und Boston Terrier. Nicht alle Tiere müssen jedoch gleichermaßen unter dem Brachyzephalen Atemnot-Syndrom (BAS) leiden.
Zu erkennen ist es an allen schnarchenden, pfeifenden oder röchelnden Atemgeräuschen, häufigem Hecheln, die Hunde können nicht durch die Nase atmen oder beim Fressen keine Luft holen.
Besonders gefährdet sind die betroffenen Hunde bei Wärme. Hunde schwitzen nicht über die Haut, sondern regeln ihre Körpertemperatur über Verdunstungskälte der befeuchteten Oberfläche in der Nase. Bei den kurzen Nasen funktioniert das nicht mehr und die Hunde müssen vor Wärme und überhitzender körperlicher Anstrengung bewahrt werden, damit es nicht zum tödlichen Kreislaufkollaps kommt.
Schnarchen ist nicht rassetypisch oder gar ein Zeichen von Wohlbefinden, sondern von Atemnot, und Atemnot löst im Körper immer Panik aus, da sie lebensbedrohlich ist!

Chihuahuaschädel mit offener Schädeldecke. Man beachte die winzige Schnauzenpartie.

Die Totenmaske dieses Hundes macht erst deutlich, wie es unter Haut und Muskeln aussieht.

Nicht alle Kurznasen sind behindert. Dieser Bully bringt den Dobermannmix aus der Puste!

Zahnstein, Ernährung, Langlebigkeit

Kleinhunde leiden auffallend unter frühem und starkem Ansatz von Zahnstein. Auch Kleinhunde müssen gesund ernährt werden, sie können durchaus kräftig kauen und sollten gelegentlich auch rohes Fleisch und fleischige Knochen genießen dürfen. Wichtig ist, von klein an darauf zu achten, dass sich kein Zahnstein ansetzt. Der ist nicht nur unschön und verursacht Mundgeruch, sondern die darin gedeihenden Bakterien fördern Entzündungsvorgänge im Körper, belasten das Immunsystem des Hundes und seine Gesundheit schwer. Kleinhunde brauchen keine Dosenpampe, sondern artgerechtes Futter. Wichtig ist, dass sie schlank gehalten werden und Auslauf bekommen, der sie fit hält! Gesunde Kleinhunde können steinalt werden.

CHIHUAHUA

Top of the Pops ist der kleinste Hund der Welt. Er stammt aus Mexiko und wurde von Amerikanern entdeckt. Der Chihuahua geht nachweislich auf Hunde der Ureinwohner vor Eintreffen der Europäer zurück. Möglicherweise gehören zu seinen Vorfahren auch kleine Podencos der spanischen Eroberer, die als Rattenvertilger an Bord der Schiffe zum Schutz der Vorräte und Kleintierjäger im neuen Land mitreisten. Ihr energisches Auftreten, aber auch Ähnlichkeit sprechen dafür.

Seit sich Filmstars und High Society mit ihnen im wahrsten Sinne des Wortes schmücken und ganze Filme über diese Superhunde gedreht werden, ist der Chi „in". Chihuahuas (sprich Schiwawa) sind sehr lebhafte, in aller Regel selbstbewusste, sehr territorial veranlagte Hunde vom Typ „Ich regele alles!" Die kurzhaarigen mehr als die langhaarigen Chis, die durch Einkreuzung von langhaarigen Kleinhunden wie Papillon oder Pomeranian ein wenig gelassener sind.

Der Chihuahua braucht unbedingt eine sehr konsequente Erziehung und geistige Beschäftigung. Er ist hoch intelligent, erfasst alle Gemütsregungen und hat seine Menschen fest im Griff, wenn man es zulässt. Leider fällt er jedoch, wie jeder Modehund, Leuten zum Opfer, die ihn nur als Prestigeobjekt betrachten, ihn zwar heiß und innig zu lieben glauben, aber nicht bereit sind, angesichts vieler gesellschaftlicher Verpflichtungen auch noch Hundepsychologie auf ihre Fahnen zu schreiben. Dabei ist der Chi, mit dem gearbeitet wird, der Hund sein darf, ein ganz toller Partner, der sein Leben für seine Lieben gäbe!

Das Image des kleinsten Hundes der Welt trieb schreckliche Blüten mit übertriebener Zucht auf immer kleinere Exemplare. Bilder mit Chihuahuas in Weingläsern und Kaffeetassen gingen um die Welt. Das hatte seinen Preis. Das Bild des Schädels (siehe S. 263) macht deutlich,

Klein und sportlich aktiv, der Langhaar Chihuahua.

Kess blicken die beiden Kurzhaar Chihuahuas drein.

wie unnatürlich so ein Chihuahuakopf ist. Normalerweise fügen sich die Schädelknochen fest zu einer schützenden Kapsel um das Gehirn zusammen. Beim Chihuahua erschwert dies der erwünschte runde „Apfelkopf“ und das offene Schädeldach galt sogar als Rassekennzeichen. Man kann sich vorstellen was es heißt, wenn das Gehirn nur unter dünner Haut liegt. Im FCI-Standard von 2012 ist die offene Fontanelle ein ausschließender Fehler. Bei Chihuahuas aus Zuchten, die sich nicht daran halten müssen (der amerikanische Standard erlaubt dies ausdrücklich), ist auf eine geschlossene Schädeldecke unbedingt zu achten!
Inzwischen sind die ganz kleinen Exemplare nicht mehr das Maß aller Dinge, aber trotzdem sind Hunde zwischen 500 Gramm und 1,5 Kilogramm noch zugelassen. Hunde mit einem Gewicht über drei Kilogramm werden jedoch ausgeschlossen.

KONTINENTALE ZWERGSPANIELS

Papillon (Schmetterling) und Phalène (Nachtfalter) werden die beiden Vertreter aufgrund ihrer Ohrenhaltung genannt. Obwohl der Phalène die Urform darstellt und als kleiner Spaniel weit zurückzuverfolgen ist, ist er heute eine Rarität. Der Papillon ist jedoch auf dem besten Wege auf einen Spitzenplatz nicht nur unter den Kleinhunden. Er entstand durch die Einkreuzung von Chihuahua und Zwergspitz im Zuge der Rettung der alten fast ausgestorbenen Zwergspaniels. Durch sein keckes, fröhliches Wesen bezaubert er. Er ist klein, aber robust und ohne unerfreuliche Übertreibungen. Er weiß sich durchzusetzen, wenn man ihm keine Grenzen setzt, aber er akzeptiert sie bei konsequenter Erziehung und macht alles mit. Ehrgeizige Hundesportler führen ihn sogar zu Höchstleistungen.

Der Papillon mit großen Schmetterlingsohren ist ein lebhafter Hausgenosse.

Russkiy Toys sind anhängliche, gehorsame und sportliche Kleinhunde.

RUSSKIY TOY

Ursprünglich auf English Toy Terrier zurückgehend, wurde der Kleinhund nicht konsequent rasserein weitergezüchtet, war aber in den engen Wohnverhältnissen russischer Großstädte sehr beliebt. Vor etwa 60 Jahren begann die Reinzucht, und als langhaarige Exemplare auftraten, wurden sie weiter gezüchtet und sind heute die bei weitem beliebtere Variante. Der russische Zwerg ist ein charmanter, sportlicher und robuster Hund, der sich steigender Beliebtheit erfreut.

HAARLOSE HUNDE

Diese Laune der Natur, die beim Menschen als Krankheit gilt (Ektodermale Dysplasie), wird schon früh in der Literatur erwähnt. Haarlose Hunde konnten natürlich nur dort überleben, wo es das Klima zuließ. So finden wir sie in Südamerika und China. Es wurde auch von einem afrikanischen Nackthund berichtet, der jedoch nicht als Rassehund weitergezüchtet wurde. Buffon beschreibt sie ausführlich als türkische Straßenhunde.
Es handelt sich um einen so genannten Letalfaktor, d.h. reinerbig haarlose Welpen sterben noch im Mutterleib ab. Bei Haarlosen, die ein Gen für Haarlosigkeit und eines für Behaarung tragen, also mischerbig sind, kommen fehlende und leicht ausbrechende Zähne in unterschiedlicher Ausprägung vor. Obwohl haarlose Hunde nach deutschem Tierschutzgesetz unter Qualzucht fallen, werden sie bislang gezüchtet. (Auf anderer genetischer Grundlage beruhen die American Hairless Terrier, die es nur vereinzelt in Europa gibt).
Haarlose Hunde gibt es in allen Größen vom stattlichen Xoloitzcuintle (gesprochen Scholoietz-kwintli) aus Mexiko bis hin zum zierlichen Chinesischen Schopfhund.
Man weiß nicht sehr viel über ihre ursprüngliche Lebensweise. Da sie stets etwas Besonderes waren, wurden sie als Opfergaben für die Götter gepflegt und als Delikatesse verspeist. Arbeitshunde dürften sie nie gewesen sein. Es sind ausgeglichene, angenehme Begleiter, wachsam aber nicht aggressiv. Sie sind robuster als vermutet und können auch im Schnee toben. Im Frühjahr müssen sie vor Sonnenbrand geschützt werden. Die meisten Menschen finden haarlose Hunde einfach nur abartig, was mich als „nackten Affen" doch sehr wundert. Passen sie doch besser in unsere zentralbeheizte Welt als manche reich behaarte Rasse.

Schon Buffon berichtet von haarlosen Hunden als „Türkischen Hunden".

Wie ein kleines Barbie-Pony sieht dieser Chinesische Haarlose Schopfhund aus.

CHINESISCHER SCHOPFHUND

Der rührende Anblick einer Rollstuhlfahrerin mit ihrem Chinese Crested auf dem Schoß, völlig eins mit seinem gelähmten Frauchen, ebenso wie sie umsorgt von der Begleitperson, machte mir klar, dass diese Hunde eine Existenzberechtigung haben. Die reinlichen und umgänglichen Hunde verursachen dem Pfleger minimalen Aufwand und schenken ihren Menschen Lebensqualität.

Diese Hunde schließen sich ganz eng an ihre Bezugsperson an, können Fremden nichts abgewinnen, sind dennoch stolze Persönlichkeiten. Ich liebäugelte schon fast mit einem dieser entzückenden Ponys, bis ich auf einer Show sah, wie so ein Hund mit Rasierschaum und Nassrasierer bearbeitet wurde. Früher waren die Haarlosen nicht besonders attraktiv, heute sind sie oftmals viel größer und sehen mit ihrem herrlichen Haarschopf und Schweif wie kleine Barbie-Ponys aus. Doch die meisten haben eine mehr oder weniger starke flaumige Behaarung am Körper und werden für Ausstellungen wie eine Männerwange rasiert. Es ist nicht einmal auszuschließen, dass enthaarte Powder Puffs als haarlose Exemplare vorgeführt werden. Allerdings wird im VDH-Zuchtverein für die Zuchtzulassung ein Gentest verlangt, der das Gen für Haarlosigkeit nachweist. Auch wenn man haarlose Hunde akzeptiert, Hunde zu rasieren oder zu enthaaren, das geht meiner Meinung nach gar nicht! Auch nicht, wenn bei diesen Tieren Knochen und Zähne robuster sind und die Hunde ein vollständiges Gebiss haben sollten.

KLEINE HOF- UND STALLHUNDE

Kleine Exemplare der Spitze, Pinscher und Schnauzer waren zu Beginn der Rassehundezucht sehr beliebt. Allerdings hielt sich ihre Popularität als Schoßhund feiner Damen in Grenzen, die nicht ertragen konnten, wenn der kleiner Liebling eine erbeutete Ratte anschleppte. Eher verbindet man sie mit dem Bürgertum des 19. Jahrhunderts.

Die wenig auffälligen Hunde galten lange als spießige Überbleibsel vergangener Zeiten. Sie sind ihren großen Vettern seelenverwandt und von ausgeprägter Persönlichkeit, territorial veranlagt und lassen heute noch keine Maus ungeschoren über den Hof laufen. Sie sind sehr lebhaft, wachsam, zuweilen bellfreudig, und brauchen eine konsequente Erziehung bei klarer Führung. Gelehrig, klug, immer zu Aktion bereit sind sie nie langweilige Begleiter.

Zwergspitze – lebendige Fellkugeln mit viel Charme und Selbstbewusstsein.

ZWERGSPITZ

Die einst von Queen Victoria geliebte und daher populäre Rasse war nach dem Krieg fast vollkommen verschwunden und kam als Pomeranian über die USA in großer Farbenvielfalt zu uns zurück. Dort hatte man einen zierlichen, nicht mehr wirklich robusten Zwerg herangezüchtet, der durch sein keckes Auftreten besticht.

SCHIPPERKE

Der kleine Schäfer- oder Schifferspitz stammt aus Belgien. Auf den großen Lastkähnen hatte nur ein kleiner Hund Platz, dessen stete Wachsamkeit unerwünschte Gäste abhielt und der den auf Schiffen unvermeidlichen Ratten den Garaus bereitete. Heute ist der Schipperke ein Geheimtipp für sportlich orientierte Menschen, die einen unkomplizierten, pflegeleichten, wenn auch lebhaften Hund mögen, der sich leicht erziehen lässt und alles mitmacht. Der Schipperke ist ein unbestechlicher Wächter, der sein Revier voller Leidenschaft verteidigt.

JAPAN SPITZ

Diese kleine Ausgabe des Samojeden hat eine ganz andere Geschichte. Zu seinen Vorfahren gehören zwar auch weiße deutsche Spitze, aber in Japans engen, im wahrsten Sinne des Wortes papierdünnen Wohnverhältnissen hat kein Kläffer Platz. Man züchtete einen ruhigen, ausgeglichenen, freundlichen, wenig territorialen, aufgeschlossenen Hund, der sich wachsender Beliebtheit erfreut.

ZWERGPINSCHER

Die kleine Ausgabe des Pinschers ist lebhafter als der große Vetter, aber ein unkomplizierter Wohnungshund für Menschen, denen nicht an einem auffälligen Hund gelegen ist. Er schließt sich eng an seine Familie an, schenkt älteren alleinstehenden Menschen Gesellschaft und Zuneigung, er ist spielfreudig und lustig, zärtlich und selbstbewusst. Fremden kann der unbestechliche Wächter nichts abgewinnen.

Der Japan Spitz passt zur asiatischen Mentalität, er darf nie unangenehm auffallen.

Für Schipperkes wurden einst Bellwettbewerbe abgehalten und ihre Wachsamkeit besonders geschätzt.

Der Zwergpinscher ist ein anhänglicher Begleiter.

Prager Rattler erfreuten mit ihrer spritzigen Intelligenz böhmische Könige.

PRAGER RATTLER

Erst kürzlich anerkannt, erfreut sich dieser bis ins Mittelalter zurückzuverfolgende, selbstbewusste und lebhafte Begleiter böhmischer Könige wachsender Beliebtheit. Bei ihm sind mehr Farben als beim Zwergpinscher erlaubt.

ZWERGSCHNAUZER

Anders als sein Vetter, der Zwergpinscher, erfreut sich der Zwergschnauzer großer Beliebtheit in aller Welt. Er ist ein typischer Schnauzer im Handtaschenformat. Robust, kraftvoll, unermüdlich, ganz seinen Menschen zugetan, doch immer mit eigener Meinung. Regelmäßig fachgerecht getrimmt pflegeleicht, ist er ein Begleiter für alle Lebenslagen. Lebhafter als der Schnauzer, zuweilen aufbrausend und ruppig zu fremden Artgenossen, passt er sich aber gut sozialisiert an und bereitet ein langes Hundeleben viel Freude.

Trainer-Tipp

Ihre einst wichtige Funktion als Melder alles Fremden ist heute unerwünscht. Schon beim ersten Warn-Wuffen muss der Besitzer nachsehen, was die Aufmerksamkeit erregte und ohne Hektik dem Hund vermitteln, dass die Situation nicht bedrohlich ist. Hinter dem Hund herschimpfen bestätigt den Hund und veranlasst ihn, immer heftiger zu bellen, weil der Rudelverantwortliche nicht für Sicherheit sorgt. Nicht nur erzieht man sich so einen Kläffer, sondern erschüttert das Vertrauen des Hundes und macht ihn unsicher, auch wenn man meint, er sei ein kleiner Held. Das wiederum führt zu noch mehr Bellerei.

Der pfeffer- und salzfarbene Zwergschnauzer ist ein robuster Bursche, der alles mitmacht.

Leider ist der Affenpinscher nur noch selten anzutreffen, obwohl er ein reizvoller Hausgenosse ist.

Der Brüsseler Griffon ist ein anhänglicher Familienbegleiter voller Spiel- und Lebensfreude.

AFFENPINSCHER UND BELGISCHE GRIFFONS

Diese Hunde dürften eng verwandt sein und ihre kurzen Nasen auf die Einkreuzung von Mops zurückzuführen sein. Alle sind seltene Rassen für spezielle Liebhaber.

KLEINE TERRIER

YORKSHIRE TERRIER

Der Yorkshire Terrier ist das Ergebnis einer zu Beginn der Rassehundezucht erfolgten Mischung zwischen kleinen Terriern und Malteser. Der Yorkie ist eine Frohnatur, noch immer Terrier mit Leib und Seele, erstaunlich klug und anpassungsfähig. Leider trieb auch hier der Ehrgeiz Blüten mit immer kleineren Hunden mit auf dem Boden schleifendem Haarkleid, das sorgfältige Pflege mit geölten, aufgewickelten Haaren verlangt. Im Privatgebrauch wird man sie eher kürzen, und daher haben Familienhunde wenig Ähnlichkeit mit Showexemplaren. Im Handel vertriebene Hunde sind oft Kreuzungen mit robusteren Terrierhündinnen, die mehr Welpen werfen.

AUSTRALIAN SILKY TERRIER

Aus verschiedenen kleinen Terriern, u.a. dem Yorkie, gezüchtete Hunde mit seidigem, aber nicht überlangem Fell. Der Silky ist ein echter Terrier und passionierter Mäusefänger geblieben. Der unkomplizierte Begleiter ist leicht zu erziehen.

Das seidige Fell des Yorkshire Terriers bedarf intensiver Pflege, wenn es so aussehen soll.

Der Australian Silky Terrier ist ein lebhafter, gelehriger Begleiter und sehr anpassungsfähig.

Der English Toy Terrier bewachte einst in den Taschen seiner Herren die Wetteinnahmen.

ENGLISH TOY TERRIER

Diese kleine Ausgabe des Manchester Terrier ist ein reinlicher Wohnungshund.

KLEINE ASIATEN

In China, Tibet und Japan haben Hunde eine uralte Tradition mit engem Bezug zur Religion. Buddha wurde der Legende nach von einem kleinen Löwen begleitet, der sich bei Gefahr in einen großen verwandelte und ihn beschützte. Diese „Löwenhündchen" sollen den kleinen Löwen verkörpern.
Sie waren nur Menschen höherer Schichten vorbehalten, wurden verhätschelt und verwöhnt. Erziehung oder gar Disziplinierung durch ihr Personal war undenkbar. Stolzes Gehabe, dem Löwen gebührend, zeichnete sie aus. Deshalb galt die Auslese selbstbewussten Hunden mit souveränem Auftreten. Einst Lieblinge der Aristokratie, schätzen sie es heute noch, im Mittelpunkt der Familie zu stehen. Sie sind stolz, ein wenig arrogant, so als ob sie sich ihrer edlen Herkunft bewusst wären. Was natürlich Unsinn ist, denn sie sind vom Verhalten her ganz normale Hunde, die erzogen werden wollen und sich an alle Lebenslagen ihren Menschen anpassen. Die Rassen kamen erst im 19. und zu Beginn des 20. Jahrhunderts mit den Engländern nach Europa. Überreiches pflegeintensives Fell und viel zu platte Nasen wurden ihnen erst hier angezüchtet. Außer dem Pekingesen sind sie alle begeisterte Spaziergänger.

LHASA APSO

Das tibetanische Löwenhündchen wurde am Hof des Dalai-Lama gezüchtet. Der Apso ist in seiner Familie anhänglich und zärtlich, ohne seine stolze Persönlichkeit aufzugeben, wachsam und Fremden gegenüber misstrauisch.
Er ist ein gelassener, trotzdem lebhafter Haushund, der ausgiebige Spaziergänge liebt.

TIBET SPANIEL

Er war der Hund der einfachen Leute und nur die Besten durften in den Klöstern die Gebetsmühlen treten. Der Tibet Spaniel ist handlich, pflegeleicht, robust, wachsam ohne unnötig zu kläffen, schließt sich eng an seine Menschen an, ohne unterwürfig zu sein. Der ausdauernde Spaziergänger ist intelligent und gelehrig. Wie geschaffen für unser modernes Leben.

Lhasa Apso – das tibetanische Löwenhündchen ist ein selbstbewusster, gelehriger Hund.

Der Tibet Spaniel ist ein unkomplizierter, pflegeleichter und anpassungsfähiger Hund.

Der Shih Tzu ist ein temperamentvoller Kleinhund, dessen Kopf an eine Chrysantheme erinnern soll.

Der Japan Chin, ein fröhlicher anhänglicher Hund, der gerne und ausdauernd spazieren geht.

SHIH TZU

Nachkomme tibetanischer Löwenhunde, die als Gastgeschenke an den Chinesischen Hof kamen und dort mit kürzerer Nase weitergezüchtet wurde. Charmanter, robuster Kleinhund mit fröhlichem Temperament, intelligent und aufmerksam. Das Fell ist sehr pflegeintensiv.

PEKINGESE

Er war Jahrhunderte lang der chinesische Palasthund. Er sollte nicht weglaufen können und der Fürsorge bedürfen. Er wurde betreut und bekocht wie der Herrscher selbst und durfte sich alles erlauben. Ich kann mir sehr gut vorstellen, dass Hunde, die Stolz, Erhabenheit und Souveränität ausstrahlten, bevorzugt und unterwürfige Exemplare wenig geschätzt wurden. Nach wie vor gibt sich der Pekingese selbstbewusst und eigenwillig und er kann zuweilen erstaunlich aufbrausend und rauflustig sein. Sein Laufbedürfnis hält sich in Grenzen, denn in den letzten Jahrzehnten hat man seine ohnehin kurze Nase praktisch weggezüchtet, was Atmung und Wärmeregulierung beeinträchtigt. Die großen runden Augen sind empfindlich und können bei Stress aus dem Schädel treten. Der Pekingese ist ein trauriges Beispiel dafür, was Hundezüchter anrichten können.

JAPAN CHIN

Der Überlieferung nach kam er im 8. Jahrhundert aus Korea an den japanischen Hof, wo er das gleiche hohe Ansehen genoss wie der Pekingese in China. Anders als die Pekingesen, die zwangsläufig und nur mit Glas gefüttert als todgeweihte „Geschenke“ an die verhassten Europäer gingen, waren sie besonders wertvolle Präsente an das britische Königshaus und die deutsche Kaiserfamilie. Die quirligen Hunde laufen gern und ausdauernd. Sie sind sehr umgänglich mit Mensch und Tier, leicht zu erziehen und gehen ganz in ihren Menschen auf.

DIE BICHON-FAMILIE

Mumien kleiner weißer Hunde wurden schon in Pharaonengräbern gefunden und solche Hunde waren bis in die Moderne aus den Salons des Adels und der Reichen nicht wegzudenken. Seit Jahrtausenden erfüllten sie eine einzige Aufgabe: ihre Menschen zu erfreuen. Sie wärmten Seele und Körper, zogen die Flöhe ihrer Menschen auf sich und erfreuten auf vielerlei Weise die Damenwelt. Sie zeichnen sich durch unwiderstehlichen Charme, fröhliche Ausgelassenheit und Klugheit aus. Sie sind freundlich zu Mensch und Tier, lieben viel Bewegung und sind ausdauernde Spaziergänger. Abgesehen von der oftmals sehr aufwändigen Fellpflege erfüllen die Bichons alle Anforderungen, die man an einen Begleiter stellen kann. Genuss ohne Reue sozusagen.

Sie alle stammen ursprünglich aus dem Mittelmeerraum, gerieten zwischenzeitlich in Vergessenheit und überlebten im Zuge der Rassehundezucht. Erst jetzt erfolgte die Einteilung nach Rassen mit Zuchtauslese auf unterschiedliche äußere Merkmale.

Buffon führt in seinem Buch, deutsche Fassung 1773, das Bologneserhündchen an: „Vor einiger Zeit waren diese kleinen Zwerge von Hunden sehr in Mode. Man beförderte ihre Kleinheit gemeiniglich dadurch, daß man sie jung oft mit

Der Pekingese war ursprünglich vom Tibet Spaniel kaum zu unterscheiden.

Brandwein wusch, und ihnen wenig zu fressen gab; daher sie zuweilen die Grösse der Eichhörnchen kaum übertrafen, und von den Frauenzimmern als Favoritchen, in den Muffen getragen wurden. Jetzt gehöret ein solcher Hund, wie der Mops, schon unter die Seltenheiten. Vermuthlich hat man sie wegen der bei allen Hunden mit langen Haaren unvermeidlichen Unreinigkeit, wieder aus der Liste der thierischen Favouriten ausgestrichen; denn das Abscheeren der Haare war zugleich eine Beraubung ihrer vorzüglichsten Schönheit. Vom kleinen Budel scheinen sie die Schnautze, vom spanischen Wachtelhund das lange glatte Haar über den ganzen Leib zu haben. Sie heißen Maltheserhunde, weil die ersten dieser Art aus Maltha gekommen waren."

Zum Löwenhündchen schreibt er: „Herr Daubenton hält jetzo die Löwenhündchen für noch seltsamer, als die Maltheser oder Bologneser. In Deutschland scheinen sie es noch nicht zu sein, weil man sie daselbst in großen Städten immer noch ziemlich häufig unter den Günstlingen der Damen findet. Sie unterscheiden sich von der vorigen Art bloß darinn, daß ihr Leib und die Hälfte ihres Schwanzes nur mit kurzen Haaren bewachsen ist, da sie hingegen am Halse, auf den Schulterblättern, auf den vier Füßen und auf dem äußersten Theile des Schwanzes, eben so langes Haar als die Bologneserhündchen haben."

BICHON FRISÉ

Die Urform der spanischen, französischen und italienischen Kleinhunde.

Bichon frisé – die kleinen gelockten Schoßhündchen erfreuten über Jahrhunderte die feine Damenwelt.

Der Coton de Tuléar ist ein robuster, fröhlicher Hund. Das wattige Fell ist sehr pflegeintensiv.

Der Bologneser, mit seinen charakteristischen Locken, lebte einst an allen Adelshöfen Europas.

COTON DE TULÉAR

Der Legende nach strandeten um 1500 zwei weiße Hündchen vor Madagaskar, wo sie sich vermehrten. Die Franzosen nahmen einige nach Aufgabe ihrer Kolonie mit zurück. Später wurden auch auf Madagaskar verwilderte Exemplare in die Zucht aufgenommen. Das wattige Fell des „Baumwollhündchens" ist sehr pflegeintensiv.

HAVANESER

Italiener und Spanier brachten ihre Hündchen mit nach Kuba, wo sie in den feinen Kreisen sehr beliebt waren. Aber sie machten sich auch bei den Kleinbauern als Hütehunde nützlich, vertilgten Ratten und meldeten Fremde. Nach der Revolution schmuggelten Exil-Kubaner einige Exemplare in die USA, wo sie als Rasse gezüchtet wurden. Der robuste Havaneser erfreut sich einer großen Farbenvielfalt.

BOLOGNESER

Kleine weiße gelockte Hunde werden schon im 14. Jahrhundert in Zusammenhang mit der Stadt Bologna erwähnt. Sie gelangten als Gastgeschenke an europäische Königshäuser und

Der Havaneser überlebte auf Kuba als Bauernhündchen, wo er wachte, hütete und Ratten fing.

Der Bolonka zwetna blickt auf unterschiedliche Ahnen zurück und ist ein robuster Kleinhund.

Das Löwchen war vor Jahrhunderten populär und ist heute noch ein unkomplizierter Begleiter.

begleiteten einst Damen wie Madame Pompadour, Katharina die Große von Russland und Maria Theresia von Österreich.

BOLONKA

In Russland wurden die Nachkommen der Bologneser mit anderen Rassen gekreuzt. In der ehemaligen DDR war der in vielen Farben gezüchtete Bolonka zwetna ein beliebter Kleinhund, der jedoch erst vor Kurzem als nationale Rasse anerkannt wurdeund noch kein einheitliches Erscheinungsbild. Er ist ein robuster, fröhlicher Kleinhund.

LÖWCHEN

Ein am Hinterteil geschorenes Hündchen ist auf vielen alten Darstellungen zu finden. Erst nach dem 1. Weltkrieg machte sich eine belgische Züchterin daran, Exemplare der fast vergessenen Rasse zu suchen und die Zucht neu aufzubauen. Heute ist das Löwchen ein unkomplizierter Begleiter.

MALTESER

Lebhafte, fröhliche, sensible und zarte Variante der Bichons mit langem Seidenhaar, das wie Frauenhaar regelmäßig gewaschen werden muss.

Der Malteser ist ein sensibles, nur seinen Menschen zugetanes Hündchen

Mit pflegeleichtem Kurzhaarschnitt wirkt der Großpudel noch eleganter und die Haarkrone bewahrt den Pudelcharakter.

PUDEL

Seine Vorfahren waren die an allen Küsten Europas für die Wasservogeljagd genutzten Wasserhunde. Sie zeichneten sich durch ihr lockiges Fell aus, das Luft einschloss und besonders gut gegen Kälte isolierte. Kleine pudelartige Hunde – siehe Bichons – waren seit der Antike als Schoßhunde beliebt.
Der Pudel wurde schon früh zum Gesellschaftshund. Er galt als ungemein treu und klug und wurde gerne für Kunststückchen im Zirkus ausgebildet.
Die verschiedenen Größen der Pudel vom Großpudel bis hin zum winzigen Toy dürften unterschiedlichen Ursprungs sein. Sie werden zwar nach einem Standard gezüchtet, doch unterscheiden sie sich erheblich im Charakter.

So schön gepflegt sieht der weiße Großpudel im Alltag nur bei täglicher Pflege aus.

Der weiße Kleinpudel liebt sportliche Aktionen, springt und rennt mühelos und ausdauernd.

Zwergpudel, hier in der aparten Apricotfarbe und Modeschur, haben eine hohe Lebenserwartung.

Der Großpudel ist sehr gelehrig, kann jedoch ein willensstarker Hund, zuweilen passionierter Jäger sein, der anspruchsvoll in Bezug auf sinnvolle Beschäftigung und Bewegung ist. Für alle Aufgaben, die eine hervorragende Nase voraussetzen, ist der Großpudel geeignet. Er ist keinesfalls nur ein Mitläufer, sondern ein sehr temperamentvoller Hund für sportliche Menschen.

Mit funktionalem Körperbau ist der Pudel schnell, sprunggewaltig und wendig und bietet daher für die meisten hundesportlichen Aktivitäten beste Voraussetzungen.

Nicht nur die aufwändige Pflege der verschiedenen Frisuren, sondern auch ihr unnatürliches Aussehen schrecken Hundeliebhaber ab, sich für einen Pudel zu interessieren. Dabei sind Pudel bis auf die winzigen Toypudel hervorragende, anpassungsfähige, gesunde und robuste Begleiter. Wer nicht ausstellen will, kann das Fell kurz halten, muss sich nicht über Hundehaare ärgern und darf sich der schnittigen Figur eines eleganten Hundes erfreuen.

Die kleinen Pudel zeigen in aller Regel wenig Interesse an der Jagd, sind sehr anhänglich, leicht zu erziehen, freundlich und umgänglich.

Black and Tan ist eine in Deutschland erlaubte Farbe beim Pudel, hier ein Toy.

Ganz Model – die weiße Großpudeldame. Der alte Begriff Königspudel passte gut.

DIE KLEINEN SPANIELS

KING CHARLES UND CAVALIER KING CHARLES SPANIELS

Die Lieblinge englischer Könige stammen ursprünglich aus Italien, Anne von Kleve, vierte Frau Heinrichs VIII., brachte im 16. Jahrhundert kleine Spaniels mit nach England. Die Damen trugen sie unter den Gewändern, wo sie in den kalten Schlössern die Füße wärmten. King Charles I. war ihr glühender Verehrer, so dass sie nach ihm benannt wurden.
Erst im Zuge der Rassehundezucht wurden die Nasen immer kürzer. Um 1920 erinnerte man sich durch das Interesse eines amerikanischen Hundefreundes der ungeliebten Exemplare mit normalem Hundekopf und bezog sie wieder in die Zucht ein. Die kurznasigen nannte man King Charles und die langnasigen Cavalier King Charles Spaniel. Die Cavaliere traten einen ungeheuren Siegeszug in der ganzen Welt an und gehören heute zu den beliebten Hunderassen, wahrend der King Charles eher eine kynologische Rarität ist.
Die kleinen Spaniels sind liebenswerte, sanftmütige, fröhliche Gesellen. Sicher wurden bei der Rückzüchtung Spaniels eingekreuzt, und so finden wir bei den Cavaliers immer wieder jagdlich hoch motivierte Exemplare, die entsprechende Ersatzaufgaben lieben. Cavaliere sind ideale Hunde für sportliche Menschen, die einen kleinen, sanften Hund schätzen, dessen Pflege sich in Grenzen hält.

DIE KLEINEN DOGGEN

Sie sind die Renner der Saison – in Mode, teuer und begehrt. Da spielt es offenbar keine Rolle, wie es um die Gesundheit der Tiere steht. Alle drei gehören zu den brachyzephalen Rassen, die unter Qualzucht nach dem Tierschutzgesetz fallen, was offenbar Fehlzüchtungen und Vermarktung nicht verhindern kann.

Cavalier King Charles Spaniels – hier in der Farbe „Blenheim" – sind anpassungsfähige Begleiter.

Kings Charles Spaniel mit kurzer Nase.

Cavaliere lieben auch Apportierspiele.

Da seriöse Züchter, die für ihre Zuchttiere gesundheitliche Vorsorgemaßnahmen ergreifen, um möglichst wenig behinderte Tiere zu züchten, nicht genug Welpen liefern können, boomt der Handel mit Mops und Bully aus zweifelhaften Quellen.

MOPS

Uralte chinesische Hundefigürchen zeigen mopsartige Hunde mit Löwen-, oder Drachengesichtern. Die Holländer brachten Möpse aus China nach Europa. Im 19. und 20. Jh. war der Mops Sinnbild des Spießbürgertums als fett gefütterter Schoßhund ältlicher Jungfern. Dieses Image führte dazu, dass der Mops viele Jahre zu den ganz seltenen Rassen gehörte, bis vor einigen Jahren der Boom losbrach.
Der Mops ist leider ein Hund, der sehr gut als Prestigeobjekt herhalten kann, weil er sich mit Hingabe der Hauptaufgabe seines Lebens widmet: sich verwöhnen zu lassen. Er drängelt seine Menschen nicht zum Spazierengehen, fühlt sich auf Couch und Sessel wohl, ein bisschen Spiel und viel Fressen runden seinen Tag ab.
Der Mops ist gut für bequeme Menschen. Mit seinen großen Kinderaugen und der schwarzen Stupsnase erweicht er steinerne Herzen. Mit Erziehung hat er nicht viel am Hut, denn er tut eh was er will, was nicht heißt, dass er seinen Menschen nicht gelegentlich eine Freude macht und ihre Wünsche erfüllt. Ansonsten ist er freundlich und nie übelnehmerisch.
Der Mops hat aber auch Nachteile. Er haart fürchterlich das ganze Jahr kurze, schwer von Textilien zu entfernende Haare, hat oft einen strengen Eigengeruch und schnarcht. Letzteres finden die Besitzer eher witzig als störend; dass der Hund leiden könnte, auf die Idee kommen sie anscheinend nicht. Auch nicht, dass seine Bequemlichkeit anatomische Ursachen haben könnte.
Der Mops ist im Grunde seines Herzens ein fröhlicher Hund, nicht umsonst heißt es „mopsfidel", der sich gerne bewegen würde, wenn er könnte. Aber er muss sich seiner Behinderung anpassen.
Dabei wäre es gar nicht nötig, wenn nicht der üble Trend damit begonnen hätte, immer kurznasigere Hunde zu Champions zu küren. Um 1900 hatten die Möpse nämlich noch Nasen, konnten atmen und sich bewegen. Außerdem ist der Mops mit seiner aufgerollten Rute und dem platten Gesicht mit den großen, sehr verletzungsanfälligen Augen in seiner mimischen Kommunikation mit anderen Rassen stark eingeschränkt.
Wer meint, sein Leben sei nur noch mit Mops lebenswert, sollte sich diese Dinge vor Augen führen.

Der Mops 1773

Buffon schreibt 1773 über den Mops: „Diese Hunde sind im Kleinen, was der Bullenbeisser im Großen vorstelle. Sie unterscheiden sich vom letzteren bloß dadurch, daß sie eine mindere Größe, einen schwächeren Kopf, dünnere und kürzer Lefzen, eine schmälere und nicht so stumpfe Schnautz haben; übrigens gleichen sie den Bullenbeissern, sowohl in Ansehung der Gestalt ihres Körpers, als der Länge und Farbe der Haare. Sie stammen auch von ihnen ab, und sind bloß durch Vermischung mit anderen Hunden ein wenig ausgeartet. Diese Hundeart ist eine der sanftmüthigsten, und es ist sonderbar, wie man darauf verfallen konnte, den Mopsen gemeiniglich ihre hangende Ohren glatt vom Kopf wegzuschneiden."

Buffons Mops – ein schlanker Hund mit deutlicher Nase, deshalb weniger attraktiv?

Gesunde Hunde muss man züchten, wie Prof. Oechtering von der Universität Leipzig sagt, und nicht „reparieren". Er hat eine teure Laser-Operationsmethode entwickelt, die den armen Tieren Linderung von ihrer Kurzatmigkeit verschaffen kann, und inzwischen Hunderte von Möpsen, Bullys, Bulldoggen und andere Rassen, aber auch Perserkatzen operiert. Nur der vernünftige Welpenkäufer, der die Auswüchse nicht mehr zu finanzieren bereit ist, kann das Blatt wenden, indem er die Hunde beim Züchter kritisch betrachtet.

Ein moderner Mops im Vergleich, der allerdings keine Beschwerden zeigte.

FRANZÖSISCHE BULLDOGGE

Die französische Bulldogge stammt von kleinen englischen Bulldoggen ab und war in Paris der Hund der Handwerker, Straßenhändler und Dirnen. Erst als sich der englische König Eduard VII. in einen Bully verliebte, wurde der fröhliche, aufgeweckte kleine Bulldog populär. Nach einer langen Pause ist er es heute wieder. Leider wurde er so gezüchtet, dass nur wenige Hündinnen auf natürlichem Wege gebären können. Gezielte Zuchtauslese kann dem entgegenwirken.

Der Bully ist intelligent, liebenswürdig, zärtlich und verschmust, zeichnet sich jedoch durch charmanten Eigensinn aus. Der gesunde Hund ist lebhaft und ein ausdauernder Spaziergänger. Ich kenne glücklicherweise nur sehr lebensfrohe Hunde ohne Atemprobleme.

Die Französische Bulldogge ist ein kleines temperamentvolles Kraftpaket mit charmantem Eigensinn.

BOSTON TERRIER

Im Zuge der Popularität der Kurznasen rückte der Boston Terrier ins Licht der Öffentlichkeit. Er geht auf die Kreuzung weißer Terrier mit kleinen englischen Bulldoggen zurück, die mit den Einwanderern nach Amerika kamen, später kam Bully dazu.

Der Boston Terrier ist ein lebhafter, fröhlicher, verschmuster Begleiter. Er ist intelligent, gelehrig und leicht zu erziehen. Handlich und pflegeleicht, findet er Platz auf jedem Schoß. Wie die Französische Bulldogge ist auch der Boston Terrier ein sehr freundlicher Hund. Auch bei dieser Rasse selektieren immer mehr Züchter auf normale Geburten und Hunde ohne Atembeschwerden.

Boston Terrier können vom etwas schwereren Bulldogtyp oder vom leichteren Terriertyp sein wie diese munteren Burschen.

SPORTLICHE BEGLEITER

DIESE RASSEN, MIT AUSNAHME DES DALMATINERS, WURDEN EIGENS FÜR DEN ZWECK DES FAMILIENBEGLEITERS AUS VERSCHIEDENEN RASSEN ZUSAMMENGEMIXT. SIE HABEN ALLE EINE EIGENE GESCHICHTE UND SIND VIELFÄLTIG EINZUSETZEN FÜR ALLES, WAS MENSCH MIT HUND SPASS MACHT.

SHETLAND SHEEPDOG

Der Schäferhund der Shetland Inseln geht zwar auf Hofhunde der Farmer dieser kargen Inseln zurück, entwickelt wurde die Rasse jedoch als Familienbegleiter. Britische Marinesoldaten entdeckten sie und brachten die hübschen Kerlchen als Souvenirs mit nach Hause. Das war eine willkommene Einnahmequelle, und die Farmer kreuzten ihre Hunde mit allen möglichen Kleinhunden vom Zwergspitz über den Papillon bis zum King Charles Spaniel. Um etwas mehr „Sheepdog"-Image einzubringen, kamen kleine Collies vom Festland dazu. Immer aber mussten die Hunde angenehme Begleiter sein, sonst hätte sie niemand haben wollen. Shelties sind sehr lebhaft, wachsam, manchmal bellfreudig (siehe Trainer-Tipp Seite 206) und Fremden gegenüber oftmals unnahbar.

Shetland Sheepdogs sind intelligente und lebhafte Begleiter, die alles mitmachen.

Mini Aussies lieben Spiel und Sport, sind aber keine unersättlichen Workaholics.

Der Mini Aussie wird schon als Welpe von seinem Züchter an verschiedene Hindernisse herangeführt. Den Tunnel meistert er mit hoch erhobener Rute.

Sie schließen sich ganz an ihre Menschen an. Hüten können viele auch heute noch, und sie sind populär als Sporthunde in Agility und Obedience. Hoch intelligent, sehr kooperativ, immer zu Action bereit machen sie begeistert alles mit, das gemeinsam mit ihrem Menschen Freude macht. Aufgrund der bunten Herkunft sind Shelties sowohl vom Aussehen als auch vom Wesen immer noch recht unterschiedlich – von scheu bis freundlich zu jedermann und miniklein bis fast Collie-groß. Shelties sind nie langweilig und nichts für Bequeme.

MINI AUSSIE

Da Australian Shepherds einem bunten Rassegemisch entstammen, wurden auch stets kleine Exemplare geboren, auf deren Zucht sich Züchter spezialisierten und möglicherweise mit Sheltie nachhalfen. Für mich ist die Ähnlichkeit mit dem Sheltie auffällig. Der Mini Aussie ist auf dem besten Wege beliebt zu werden, denn er ist kleiner und umgänglicher als der große Aussie, sportlich sehr vielseitig einzusetzen, immer aktiv und zur Mitarbeit bereit. Er ist stabiler als der Sheltie, auch nicht so quirlig. Der Mini Aussie ist ein kleiner Hund, der alles kann. Entsprechend möchte er aktive Menschen begleiten.

DALMATINER

Der Dalmatiner ist ein rätselhafter Hund, denn niemand weiß so recht, woher er kommt. Seine Tüpfelung ist unter den Hunderassen einmalig. 1773 beschreibt Buffon zwar den „Tigerhund oder bengalischen Spürhund", aber auch hier gibt es keinen Hinweis auf die Herkunft. Er führt ihn unter den Vorstehern und bildet einen

Der athletische Dalmatiner eignet sich für viele Hundesportarten. Er liebt Action und gemeinsame Aufgaben von Agility bis zum Sanitätshund.

Den Ball aus dem Wasser zu holen, ist im Sommer eine willkommene Abwechslung.

Hund ab, der dem modernen Braque d'Auvergne ähnlich sieht, den eine attraktive schwarze Stichelung auf weißem Fell schmückt. Bekannt wurde der auffällige Hund in England. Hamilton bildet 1843 ein typisches Exemplar ab. Er schreibt: „Von seiner Allgemeinerscheinung her würde man ihn unter die Hounds (eigenständige Jäger) einordnen, denen er an Eleganz und wunderschöner Zeichnung nichts nachsteht, aber es heißt, allerdings nicht ohne Widerspruch, dass seine Nase und seine Intelligenz zu wünschen übrig ließen und er deshalb in den Stallungen lebt und sich mit den Pferden anfreundet." Hamilton berichtet von der Abbildung eines aus Indien mitgebrachten Hundes und hegt den Verdacht, dass der moderne Kutschenhund von ihm oder seiner Rasse abstammen könnte. Auch wenn ähnliche Hunde auf

Ein schöner ausgreifender Trab ist auch heute noch das Markenzeichen des ehemaligen Kutschenbegleiters.

alten Darstellungen im heutigen Dalmatien zu finden sind, einen tatsächlichen Hinweis auf die Existenz und Verwendung der Rasse als Grundstock des modernen Dalmatiners gibt es nicht. Da er sich zuverlässig bei den Stallungen aufhielt war er sicher kein eigenständiger Jäger, vielmehr deutlich territorialer, was seinem heutigen Wesen entspricht.
Er war der letzte Modeschrei der reichen Engländer in der Blüte des Weltreichs und dekoratives Schmuckstück der Kutschen. Er lief unter den Achsen, was einen leichtfüßigen Hund mit fließendem Trab erforderte. Auch das zeigt er heute noch in seinen anmutigen Bewegungen. Interessanterweise sehen wir auf alten Abbildungen meist einen Hund mit einfarbig dunklen Ohren. Und da kommen wir schon zur Kehrseite der Medaille: Dem Preis der Fleckung. Weißes Fell und Entwicklung des Innenohrs beim Embryo sind genetisch miteinander verknüpft und so wird ein nicht unerheblicher (die Informationen der Zuchtvereine reichen von 30% bis „einzelne“) Anteil der Dalmatinerwelpen ein- oder beidseitig taub geboren. Taubheit kommt nicht vor, wenn die Ohren einfarbig farbig oder sonstige größere Flecken wie Monokel über den Augen vorhanden sind, aber diese so genannten Plattenhunde fallen laut FCI-Standard unter „disqualifizierende Fehler“. Zur Tüpfelung heißt es da: Extra aufmerksam soll die Ohrenbetupfung berücksichtigt werden.
Natürlich kann mit viel Liebe und Geduld seiner Besitzer auch ein tauber Hund ein gutes Leben führen, wie ich über die Jahre immer wieder erlebt habe, aber es ist traurig, wenn es von der Färbung seiner Ohren abhängt, ob alle Sinne voll funktionsfähig sind. Taube Welpen fallen inmitten ihrer Wurfgeschwister nicht unbedingt auf. Die Elterntiere sollten audiometrisch überprüft sein und auf beiden Ohren hören, die Welpen sollte man beim Kauf einzeln überprüfen oder sich den Hörtest vorlegen lassen.

Trainer-Tipp

Dalmatiner haben eine sehr gute Nase. Regelmäßige Suchaufgaben tragen besonders bei unsicheren Hunden zu höherem Selbstbewusstsein und ausgeglichenem Verhalten bei.

Der Sanitätshund findet eine verletzte Person, macht sofort kehrt und Meldung an den Hundeführer, der Hilfe holt.

Der rauhaarige Kromfohrländer ist am häufigsten anzutreffen.

Das ist aber nicht alles. Der Dalmatiner hat einen Gendefekt, der zur Bildung von Blasen- und Nierensteinen führt. Besonders bei Rüden führen diese Steine zu schmerzhaften Verschlüssen der Harnwege und Operationen. Ein Zuchtverein nennt diesen Gendefekt „Besonderheit", „einmalig in der Rasse" und gibt Hinweise zu einer purinarmen Diät!
Vor vielen Jahren kreuzte ein amerikanischer Züchter ein einziges Mal einen Pointer ein, um Dalmatiner ohne das Defektgen züchten zu können. Diese „Mischlinge" waren bis vor ganz kurzer Zeit verpönt, obwohl der Pointer viele Generationen zurück lag. Heute noch wird die Zucht von Dalmatinern ohne diesen Gendefekt nicht aktiv betrieben, allerdings werden sie nun in den USA und in England offiziell ins Zuchtbuch übernommen und könnten so über Importe auch in die deutsche Zucht einfließen. Dalmatiner sind außergewöhnlich attraktive Hunde und leider durch Hollywoods „1001 Dalmatiner" zum Verkaufsschlager geworden. Doch der Dalmatiner ist ein anspruchsvoller Hund, der eine wirklich gute Führung und konsequente Erziehung braucht. Er ist zudem wachsam und verteidigungsbereit. Vor allem aber braucht er wirklich viel Bewegung und er ist wunderbar für vielerlei hundesportliche Aktivitäten geeignet und gut erzogen macht er alles gerne mit. Viel Drill liegt ihm allerdings weniger, Action ist bei ihm gefragt. Bei mangelnder Erziehung und Auslastung macht er sein Ding und ich kenne einige passionierte Jäger!

KROMFOHRLÄNDER

1945 kam ein kleiner, struppiger weißroter Streuner mit US-Soldaten ins Siegerland. Ilse Schleifenbaum nahm ihn auf. Er deckte eine alte Fox-Terrier-Hündin aus der Nachbarschaft und die Welpen waren so wohlgelungen, dass sie eine Rasse darauf aufbaute und nach einem Stück Land, der „krummen Furche" (in Siegerländisch „krom Fohr") Kromfohrländer nannte. Im Standard steht, der so genannte „Ur-Peter" sei ein Grand Griffon Vendeen gewesen, aber ich weiß von Gesprächen mit Züchtern aus den Anfängen, dass die Herkunft dieses Hundes völlig unbekannt ist. Man weiß noch nicht einmal, wo die Soldaten ihn aufgegriffen haben. Ich sehe in diesen Hunden keine Spur vom

Kromfohrländer: Ein Körbchen voller Welpenglück.

Aufmerksam blickt der Eurasier.

Entzückender Eurasierwelpe

Meutelaufhund und kann mir nicht vorstellen, dass die Verpaarung mit einem Fox Terrier so nette Familienhunde ergeben hätte, dass man sie unbedingt weiterzüchten musste. Auch hätte sich später wieder der Typus herauskristallisiert, was aber nicht der Fall war. Wohl aber gibt es heute drei verschiedene Haararten: Rau-, glattes Kurz- und schlichtes Langhaar. Der Standard spricht von Rau- und Glatthaar.
Der Kromfohrländer ist ein angenehmer, sensibler, gelehriger, sportlicher Familienbegleiter, der alles gerne mitmacht. Er ist ausgesprochen anpassungsfähig und auch Anfängern zu empfehlen, die einen bewegungsfreudigen Hund lieben. Inzucht bereitet Kromfohrländerzüchtern Sorge. Eine Gruppe von Züchtern startete deshalb kürzlich ein Auskreuzungsprojekt mit Dansk Svensk Gardhund.

EURASIER

Immer wieder treffe ich Menschen, die einmal mit einem Mischlingshund glücklich waren und sich genau so einen als Nachfolger wünschen. Da jeder Mix ein Unikat ist, muss man sich seinen Hund eben züchten. Genau das passierte beim Eurasier. Der Eurasier ist die Mischung von Rassen, bei denen man eher geneigt ist die Luft anzuhalten als einen netten Familienbegleiter zu erwarten. Weder der Chow Chow noch der Wolfsspitz sind einfache Genossen und dann noch ein Samojede mit seiner Jagdleidenschaft dazu.
Doch sorgfältige Auswahl der Zuchttiere ließ den Eurasier zum Erfolg werden. Er ist ein angenehmer, ruhiger Haushund mit einer guten Portion Eigensinn, Eigenständigkeit und Verteidigungsbereitschaft.
Gelegentlich bricht der Jagdeifer seiner Vorfahren durch. Bei konsequenter Erziehung, sinnvoller Beschäftigung und viel Bewegung ist der Eurasier durchaus ein Hund für Anfänger, niemals aber für bequeme Menschen.

Trainer-Tipp

Der Eurasierbesitzer sollte natürliche Autorität ausstrahlen, souverän und konsequent führen. Eurasier sind sehr naturnah im Verhalten und können mit inkonsequentem Umgang nicht gut leben, was sich in Verhaltensstörungen bis hin zu Krankheiten (Dauerstress) äußern kann.

Selbstbewusstsein und Gelassenheit – typische Eurasiereigenschaften.

ELO®

1987 begann Old English Sheepdog-Züchter Szobries mit der Verwirklichung seines Zuchtziels „praktischer Familienhund“: ruhiges bis mittleres Temperament, schützendes, pflegeleichtes Haarkleid, pflegeleichte Stehohren, Ringelrute, die nichts vom Tisch fegt, geringe Bellfreudigkeit und wenig Neigung zu jagen für entspannte Spaziergänge in freier Natur, Lern- und Spielfreude ohne zu nerven, wachsam, aber nicht aggressiv, verträglich mit anderen Haustieren, vor allen Dingen zuverlässig gutmütig im Umgang mit Kindern. Eine lange Liste von Eigenschaften, die in einem Exemplar zu vereinen ans Wunderbare grenzt.
Als Ausgangsrassen setzte er nach diesen Gesichtspunkten ausgewählte Exemplare der Rassen Old English Sheepdog, Chow Chow und Eurasier ein. Konsequent werden alle Zuchttiere überprüft und unerwünschte Eigenschaften aus der Zucht ausgeschlossen. Zugunsten der Charaktereigenschaften nimmt man es dafür mit dem äußeren Erscheinungsbild nicht so genau und so können Elos recht unterschiedlich aussehen. Die Nachfrage nach kleineren Hunden führte mit Einkreuzung kleiner Rassen zum Klein-Elo®. Der Name Elo® ist geschützt und es dürfen sich nur Hunde des Ursprungszuchtvereins so nennen. Die Elos®, die ich kenne sind recht eigenständig, durchaus eigenwillig und bedürfen konsequenter Erziehung. Sie arbeiten gerne mit und fügen sich ins Familienleben ein.

Beim glatthaarigen Elo® darf das Fell länger sein, das Aussehen spielt aber die geringere Rolle.

Rauhaarige Elos® sind üppig behaart mit Bart und robuste Burschen mit viel Temperament.

Der Wäller ist ein aktiver, sportlicher Hund, mit dem man sich beschäftigen muss.

Silken Windsprite sind mittelgroße langhaarige Windhunde, die es bislang so nicht gab.

WÄLLER

Karin Wimmer-Kieckbusch war leidenschaftliche Briard-Liebhaberin, aber die Entwicklung der Rasse bereitete ihr Sorgen. Ein Mischling brachte sie auf die Idee, die sie nach reiflicher Überlegung und sorgfältiger Partnerwahl in die Tat umsetzte und Briard mit Australian Shepherd kreuzte. Ihr Ziel war ein arbeitsfreudiger, leicht lenkbarer, robuster, sportlicher Familienhund mit funktionalem Körperbau, der gesund und langlebig sein sollte. Das Fell sollte nicht zu üppig und pflegeintensiv sein, ansonsten darf das Aussehen ruhig recht individuell gestaltet sein. 1994 fiel der erste Wurf und heute ist der Wäller ein Begriff.

Leider ließ sie den Namen nicht rechtzeitig schützen, so dass heute jeder Wäller nach eigenem Geschmack züchten kann. Das bedeutet, dass man sich auf den Begriff Wäller nicht verlassen kann, sondern sehr sorgfältig vor dem Kauf überprüfen muss, ob der Züchter wirklich die charakterlichen Merkmale pflegt oder nur den guten Ruf vermarktet. Dann kann solch eine Mischung zur großen Enttäuschung werden. Es sind immer Moral und Zuchtziel des Züchters entscheidend für die Qualität seiner Welpen!

Trainer-Tipp

Wichtige Hinweise zum Wesen des Wäller finden sie bei den Hütehunden (Seite 226 ff.) unter den Ausgangsrassen Aussie und Briard.

SILKEN WINDSPRITE UND SILKEN WINDHOUND

Mittelgroße, langhaarige Windhunde sind neue Kreationen, die bisher in der Palette der Windhunde fehlten und inzwischen einen beachtlichen Freundeskreis verbuchen. In den USA entstanden und dort nicht offiziell anerkannt, streben die Liebhaber dieser Hunde hier nun eine Anerkennung an. Charakterlich sind beide typische Windhunde, feinfühlig, angenehm im Umgang und feurig bei Rennen und Coursing.

Silken Windsprite

Nicht auszuschließen ist, dass Whippets vor der Reinzucht mit Sheepdog gekreuzt wurden und sich theoretisch das Langhaarge erhalten haben könnte. Inzwischen dürften kaum Zweifel an Sheltieeinkreuzungen in der Gründerzuchtstätte „Silken Windsprite" oder später bestehen, wofür Gendefekte des Sheltie sprechen, die beim Whippet nicht vorkommen.

Silken Windhounds

Silken Windhounds sind Kreuzungen zwischen Silken Windsprite und Barsoi, um dem Wunsch nach einem kleineren Barsoi nachzukommen.

Rassen aus Kreuzungen zu schaffen ist Hundezucht, seit der Hund den Mensch begleitet. Immer werden neue Ziele Züchterseelen beflügeln, kreativ und schöpferisch mit dem Erbgut zu arbeiten. Kein Tier bietet so viele Möglichkeiten wie der Hund, was wir mit der unendlichen Vielfalt unserer bekannten Rassen erleben dürfen. Möge die Gesunderhaltung unseres besten Freundes vorrangiges Ziel aller Züchter sein!

DESIGNER DOGS

DER LETZTE SCHREI SIND GEZIELTE KREUZUNGEN ZWISCHEN RASSEHUNDEN OHNE DIE ABSICHT, DARAUS EINE RASSE ZU ENTWICKELN. AUCH WENN SICH MANCHE ZÜCHTER DIE VERBESSERUNG DER GESUNDHEIT EINER RASSE AUF DIE FAHNEN SCHREIBEN, SO ERWEIST SICH DAS OFTMALS NUR ALS REINE MARKETINGSTRATEGIE.

Immerhin bekommt man für Pudel-Labrador-Mix-Welpen, die vor ein paar Jahren noch verschenkt worden wären, mehr Geld als für einen reinrassigen Pudel oder Labrador. Das Geschäft blüht! Nichts ist leichter als einen x-beliebigen Rassehund mit einem anderen zu verpaaren. Ich will ja nicht bestreiten, dass nette Hunde herauskommen können und manche Kreuzungen für bestimmte Zwecke sinnvoll sind. Es gibt aber keinen Grund, sie teuer zu bezahlen. Die Züchter dieser Hunde müssen keinerlei Auflagen erfüllen, züchten unkontrolliert und sparen Gebühren für Ahnentafeln und Kosten für teure Gesundheitschecks. Schnelleres Geld lässt sich kaum machen! Und das lockt viele unseriöse Vermehrer und Händler auf den Plan.

Die Tatsache, dass Hunde verschiedener Rassen zusammengewürfelt werden, macht sie nicht zu gesünderen oder charakterlich besseren Hunden. Das klappt nur bei sehr sorgfältiger Auswahl der Elterntiere und den gleichen gesundheitlichen Vorsorgemaßnahmen wie in der Rassehundezucht. Oftmals aber geraten Hunde mit schwerwiegenden Mängeln, die aus gutem Grund keine Zulassung für die Rassezucht bekommen haben, in solche Zuchten. Deshalb muss man bei den Angeboten außerordentlich kritisch sein und sich die Umstände der Zucht genau ansehen, die Elterntiere kennenlernen und überprüfen, ob sie im Wesen den eigenen Vorstellungen entsprechen. Käufe aus dem Handel und dem Kofferraum sollten auf jeden Fall unterbleiben!

Besonders schwierig wird es bei der Beurteilung der charakterlichen Eigenschaften dieser Mixe. Ein Terrier-Chihuahua-Mix ist nicht zu empfehlen, ebenso wenig ein Schäferhund-Husky-Mix oder ein Windhund-Jagdhund-Mix, um nur wenige Beispiele zu nennen. Es sei denn, man möchte sich die Zeit mit schwierigen Hunden vertreiben! Deshalb ist es ganz wichtig, sich mit den Eigenschaften und Problemen der Ausgangsrassen vertraut zu machen und diese beim Züchter anzusprechen.

Da der Fantasie zu den Kreuzungen keine Grenzen zu setzen sind, habe ich hier nur wenige Beispiele ausgewählt.

LABRADOODLE

Der Labradoodle war ursprünglich eine Zweckkreuzung. Die Kundin eines Blindenführhundausbilders verlangte einen Hund, auf den ihr Ehemann nicht allergisch reagierte. Haare an sich lösen keine Allergien aus, sondern Speichel und Hautschuppen. Da beim Pudel keine Haare ausfallen und damit wenig Schuppen in der Atemluft verbreitet werden und er ein vielseitig einsetzbarer, gut trainierbarer Hund ist, galt ihm das größte Interesse. Aber geeignete Hunde zu bekommen war schwer, und so wurde die Idee geboren, Labrador mit Pudel zu kreuzen. Blindenführhundwelpen wachsen bis zur Ausbildung in Familien auf – aber diese Pflegefamilien weigerten sich, einen Mischling aufzunehmen! Erst als sie mit dem Namen Labradoodle vorgestellt wurden, klappte das!

Tatsächlich fanden sich Welpen, auf die die Personen nicht allergisch reagierten und die Führigkeit und Sensibilität der Pudelmischlinge machte sie sogar noch besser geeignet für alle möglichen Aufgaben im Bereich der Behindertenbegleit- und Therapiehunde. Heute gibt es weltweit riesige Vermarktungszuchten und nur wenige verantwortungsvolle Züchter, die die geeigneten Hunde sehr sorgfältig für den jeweiligen Aufgabenbereich auswählen.

Labradoodle sind lebhafte, arbeitsfreudige Hunde, die sich gerne und viel bewegen, die eine liebevoll konsequente Erziehung brauchen

Labradoodle in der 2. Generation. Sie unterscheiden sich nicht nur deutlich im Fell, sondern auch im Wesen.

und alles andere als Dekoration vom letzten Schrei sind. Auch kann das Fell sehr pflegeintensiv sein. Der Begriff Labradoodle macht keinen Hund, der dem Mythos entspricht.
Ein teurer Welpenpreis erst recht nicht. Es gibt keine Zuchtverbände, die die Zucht überwachen. Daher muss der Käufer selbst beurteilen, worauf er sich einlässt. Wer auf Allergien achten muss, muss jeden Hund individuell überprüfen.
Pudel werden wegen ihres guten Wesens und wuscheligen Aussehens gerne für Kreuzungen eingesetzt, so werden Goldendoodle mit Golden Retriever, Floodle mit Flat Coated Retriever oder Cockapoo mit Cocker Spaniel angeboten. Mittlerweile aufgrund der verschiedenen Pudelgrößen auch in allen erwünschten Größen – was der Markt verlangt, wird produziert.

RETRO-MOPS

So nennt man den Versuch, den ursprünglichen Mopstyp mit etwas längerer Nase zu züchten. Dazu setzt man Parson Jack Russell Terrier, aber auch Beagle ein. Scheckung vererbt sich rezessiv, so dass gescheckte Hunde nur auftreten, wenn die Erbanlage von beiden Eltern beigesteuert wird. Die Nasen werden schon in der ersten Generation etwas länger. Retro-Möpse lassen sich gut verkaufen, weil viele Menschen zwar Möpse lieben, aber die Nachteile der modernen Möpse ihrem Hund nicht zumuten wollen. Die ich kennenlernen durfte, waren außerordentlich lebhafte, quirlige Gesellen. Ob sich daraus eine eigene Rasse entwickeln wird, ob sie in der Mopszucht aufgehen werden oder ob sie nur ein Kassenschlager bleiben, wird die Zukunft zeigen.

Diese Retro-Möpse haben deutlich längere Schnauzen als reinrassige Möpse.

MERLSHEIMER
Hier ging ein ehemaliger Elo®-Züchter eigene Wege und kreuzte Pudel ein. Das Ergebnis sind pudelartige und Hunde wie dieser, der sehr stark den Elo-Typ verkörpert.

ZWERGSPITZ-PAPILLON
Dieses entzückende Hündchen ist ein Beispiel für gelungene Kleinhund-Mischlinge.

Eine Basis für neue Rassen dürften einzelne Kreuzungen kaum sein. Der Aufbau einer Rasse erfordert ein kostspieliges und aufwändiges Zuchtprogramm einer engagierten und sachkundigen Züchtergemeinschaft über Jahre und Generationen, weil sich die Erbanlagen schon in der 2. Generation aufspalten und nur wenige Hunde die erwünschten Merkmale aufweisen.

Dieser Merlsheimer hat mehr vom Elo® als vom Pudel mitbekommen.

Dieser Papillon-Zwergspitz-Mix ist ein fröhlicher und gelehriger Kleinhund, dem man deutlich beide Eltern ansieht.

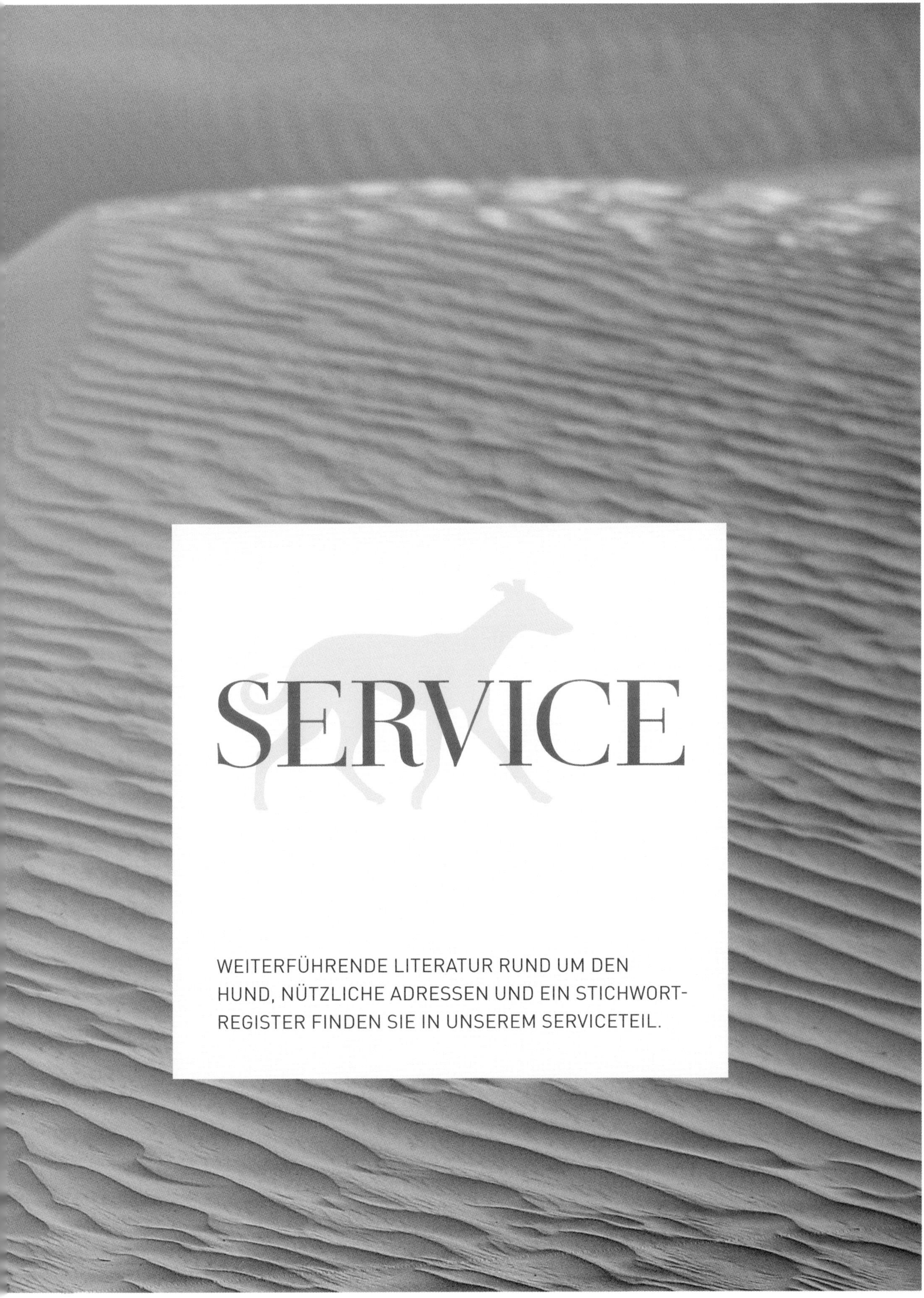

SERVICE

WEITERFÜHRENDE LITERATUR RUND UM DEN HUND, NÜTZLICHE ADRESSEN UND EIN STICHWORTREGISTER FINDEN SIE IN UNSEREM SERVICETEIL.

Kuvasz

DANKSAGUNG

Solch ein umfassendes Werk zu schaffen, ist nicht ohne zahlreiche Helfer möglich. Sehr viele Menschen haben mich mit Begeisterung für ihre Rassen unterstützt, Zeit und Geld geopfert, um meine Wünsche zu erfüllen. Ohne sie wäre dieses Buch nie möglich gewesen.
Ulrike Spieker und Maria Luise Winnig haben mich bei diesem Projekt begleitet. **Ulrike Spieker** ist Tierärztin, einer ihrer Schwerpunkte ist die Verhaltensmedizin. Privat hat sie sich den Jagdhunden verschrieben, die sie jagdlich führt. Sie übernahm die Durchsicht des Manuskripts aus tierärztlicher und jagdtechnischer Sicht und steuerte viele wertvolle Hinweise bei.
Maria Luise Winnig begann als junges Mädchen im Hundesport und arbeitet seit Jahrzehnten als Hundetrainerin und Verhaltensberaterin. Sie war mir stets eine gute und kritische Lehrmeisterin und hat dieses Buch nicht nur mit Trainertipps bereichert.
Beiden bin ich zu großem Dank verpflichtet. Ich möchte jedoch ausdrücklich feststellen, dass ich alleine verantwortlich bin für das, was letztlich gedruckt wurde.
Mein Dank gilt meinen Freunden Hildegard Beilfuss, Holger Bunyan, Dr. Karen Cramer, Heidrun Holzapfel, Roswitha Schulze, Ulrike und Wolfgang Siegel sowie Carmen Sporidis, die mich auf vielfältige Weise unterstützten, sowie Jan Nijboer, der es meisterhaft versteht, die Herzen der Menschen für die Seele des Hundes zu öffnen.
Ich danke Costas Bassiliou und Dr. Drivas für die wunderbare Zeit mit den griechischen Herdenschützern, Luis Miguel Moreira bei den Cao de Gado Transmontano in Portugal, Honey Gross-Richardson und ihrem unvergessenen Ehemann Rick in Australien, Salim al Amry für einmalige Eindrücke mit Salukis in der Wüste und ganz besonders meinem lieben Freund Cledwyn Fychan, der unvergessliche Erlebnisse mit Welsh Sheepdogs und Hounds ermöglichte. Es wären noch so viele Menschen zu nennen, die auf die eine oder andere Weise zu diesem Buch beigetragen haben. Leider ist es nicht möglich, allen namentlich gerecht zu werden. Sie mögen mir verzeihen.
Ich danke insbesondere allen Hundebesitzern, die mir ihre Lieblinge mit teilweise beträchtlichem Aufwand für Aufnahmen zur Verfügung stellten und geduldig alle Fragen beantworteten.
Dank an den Kosmos Verlag für das Vertrauen, ein solches Buch zu veröffentlichen, und Angela Beck, die mich so einfühlsam mit großer Geduld bei diesem Buchprojekt begleitete.

Eva-Maria Krämer

Maria Luise Winnig

Ulrike Spieker

ZUM WEITERLESEN

Zum Weiterlesen finden Sie hier eine Auswahl an Hundebüchern aus dem Kosmos Verlag.

HUNDERASSENFÜHRER

Krämer, Eva-Maria: **250 Hunderassen.** Ursprung, Wesen, Haltung.

Krämer, Eva-Maria: **Der große Kosmos Hundeführer.** Mit allen 341 FCI-Rassen und 150 zusätzlichen Rassen.

Krämer, Eva-Maria: **Hunderassen.** Die 200 beliebtesten Rassen.

HUNDERASSEN

Berghäuser, Walter: **Westie.**

Bürner, Margit und Evi: **Berner Sennenhund.**

Drever, Karl-Josef: **Rottweiler.**

Fechler, Christel: **Entlebucher Sennenhund.**

Fichtlmeier, Gila und Anton: **Weimaraner.**

Führmann, Petra; Nicole Hoefs und Iris Franzke: **Kleine Hunde, große Freunde.**

Hollensteiner, Horst: **Deutsche Dogge.**

Kämmerling, Annegret: **Boston Terrier.**

Kejcz, Yvonne: **Hovawart.**

Klein, Reinhild: **Dobermann.**

Körner, Claudia: **Rhodesian Ridgeback.**

Krivy, Petra: **Herdenschutzhunde.**

Laukner, Anna: **Deutscher Schäferhund.**

Margitta Becker-Tiggemann und Veronika Hofterheide: **Golden Retriever.**

Möller, Anja: **Labrador Retriever.**

Pelz, Ilse: **Australian Shepherd.**

Penizek, Dorothea: **Parson und Jack Russell Terrier.**

Posthoff, Anne: **Französische Bulldogge.**

Rauth-Widman, Brigitte: **Labrador Retriever.**

Rauth-Widmann, Brigitte: **Magyar Vizsla.**

Reisser, Monika: **Cairn Terrier.**

Richter-Lönnecke, Helga: **Irish Terrier.**

Schmidt-Röger, Heike: **Dackel.**

Schritt: Eckhard und Ingeborg: **Windhunde.**

Sistermann, Elmar und Marco: **Whippet.**

Urosevic, Dr. Milan: **Serbian Shepherd.** Eigenverlag 2003.

Warneke, Wiebke: **Beagle.**

Weßling, Inge: **Mops.**

HUNDEHALTUNG

Bucksch, Dr. Martin: **Ernährungsratgeber für Hunde.**

Fischer, Martin S. und Karin E. Lilje: **Hunde in Bewegung.**

Führmann, Petra und Iris Franzke: **Zwei Hunde – doppelte Freude.** Haltung und Erziehung von zwei und mehr Hunden.

Kaminski, Juliane und Juliane Bräuer: **So klug ist ihr Hund.**

Kitchenham, Kate: **Hundeglück.** Gut versorgt, gut erzogen, beste Freunde.

Krämer, Eva-Maria: **Hunde, die besten Freunde.** Rassen, Haltung, Erziehung und Beschäftigung.

Lübbe-Scheuermann, Perdita und Frauke Loup: **Unser Welpe.** Auswahl und Eingewöhnung, Erziehung und Beschäftigung.

Nijboer, Jan: **Vom Welpen zum Familienhund mit Natural Dogmanship.**

Poetting, Beate und Sabine Winkler: **Endlich Zeit für einen Hund.** Hunde für die besten Jahre.

Rauth-Widmann, Brigitte: **1x1 der Rohfütterung.** Hunde artgerecht ernähren mit BARF.

Winkler, Sabine (Hrsg.): **Kosmos Handbuch Hund.** Rassen, Haltung, Erziehung, Beschäftigung, Gesundheit.

HUNDEERZIEHUNG

Falke, Kristina und Jörg Ziemer: **Entspannt allein.** So klappt das Alleinbleiben bei jedem Hund.

Führmann, Petra und Iris Franzke: **Erziehungsprobleme beim Hund.** Verhaltensprobleme verstehen und lösen.

Führmann, Petra und Nicole Hoefs: **Erziehungsspiele für Hunde.**

Führmann, Petra; Nicole Hoefs und Iris Franzke: **Die Kosmos Welpenschule.** Mit DVD.

Hoefs, Nicole und Petra Führmann: **Das Kosmos Erziehungsprogramm für Hunde.**

Krauß, Katja: **Sicher in der Stadt.** Verkehrstraining für Hunde.

Metz, Gabriele und Esther Schalke: **Der Hundeführerschein.** Mit Frage-Antwort-Katalog des VDH.

Mücke, Anke: **Zufrieden an der Leine.** Der Weg zum leinenführigen Hund.

Nijboer, Jan: **Hunde erziehen mit Natural Dogmanship.**

Pietralla, Martin: **ClickerTraining für Hunde.**

Pietralla, Martin: **Mein Clickertraining.** Vom positiven Umgang mit Hunden.

Pryor, Karen: **Positiv bestärken, sanft erziehen.** Die verblüffende Methode, nicht nur für Hunde.

Rütter, Martin: **Hundetraining mit Martin Rütter.** Individuell, partnerschaftlich, leise.

Schöning, Barbara; Nadja Steffen und Kerstin Röhrs: **Hilfe, mein Hund jagt.** Jagdverhalten in die richtigen Bahnen lenken.

Schöning, Barbara: **Hundeprobleme.** Erkennen, verstehen und lösen.

Schenten, Jutta: **Entspannt durch die Flegelzeit.** Wenn Hunde erwachsen werden.

Theby, Viviane: **Hundeschule.** Motivieren, erfolgreich erziehen, Verhalten formen mit dem Clicker.

Toll, Claudia: **Kommt nicht, gibt's nicht.** So klappt der Rückruf bei jedem Hund.

Winkler, Sabine: **Hundeerziehung.** Sozialisierung, Ausbildung, Problemlösung.

Winkler, Sabine: **Fein gemacht!** Hunde richtig motivieren und belohnen.

Winkler, Sabine: **So lernt mein Hund.** Der Schlüssel für die erfolgreiche Erziehung und Ausbildung.

Zvolsky, Norma: **Die Kosmos Retrieverschule.** Grunderziehung und Dummytraining.

Bolonka zwetna

HUNDEVERHALTEN

Bloch, Günther und Peter A. Dettling: **Auge in Auge mit dem Wolf.** 20 Jahre unterwegs mit frei lebenden Wölfen.

Bloch, Günther und Elli H. Radinger: **Affe trifft Wolf.** Dominieren statt kooperieren? Die Mensch-Hund-Beziehung.

Bloch, Günther und Elli H. Radinger: **Wölfisch für Hundehalter.** Von Alpha, Dominanz und anderen populären Irrtümern.

Feddersen-Petersen, Dorit: **Ausdrucksverhalten beim Hund.** Mimik und Körpersprache, Kommunikation und Verständigung.

Feddersen-Petersen, Dorit: **Hundepsychologie.** Sozialverhalten und Wesen, Emotionen und Individualität. Mit DVD.

Gansloßer, Udo und Kate Kitchenham: **Forschung trifft Hund.** Neue Erkenntnisse zu Sozialverhalten, geistigen Leistungen und Ökologie.

Gansloßer, Udo und Petra Krivy: **Verhaltensbiologie für Hundehalter, das Praxisbuch.**

Handelman, Barbara: **Hundeverhalten.** Mimik, Körpersprache und Verständigung. Mit über 600 ausdrucksstarken Fotos.

Jones, Renate: **Aggression bei Hunden.** Von Besitzanspruch bis Drohverhalten.

Käufer, Mechthild: **Spielverhalten bei Hunden.** Spielformen und -typen, Kommunikation und Körpersprache.

Metz, Gabriele und Ramona Täschner: **Body Talk.** Körpersprache für Hundehalter.

Miklosi, Adam: **Hunde.** Evolution, Kognition und Verhalten.

Nijboer, Jan: **Hunde verstehen mit Jan Nijboer.**

Schöning, Barbara und Kerstin Röhrs: **Hundesprache.** Mimik und Körpersprache richtig deuten.

Rütter, Martin: **Sprachkurs Hund.** Körpersprache verstehen, richtig kommunizieren.

SPIEL UND BESCHÄFTIGUNG

Actun, Karin: **Hundefrisbee.** Flinke Scheiben, flotte Sprünge.

Blenski, Christiane: **Schnüffelspiele für Hunde.**

Büttner-Vogt: **Spiel & Spaß mit Hund.** 2 Bände.

Doepp, Simone und Gabriele Metz. **Trick Dogs.** Coole Kunststücke für pfiffige Hunde. 2 Bände.

Führmann, Petra; Nicole Hoefs und Iris Franzke: **Das große Kosmos Spielebuch für Hunde.**

Grunow, Alexandra und Rovena Langkau: **Mantrailing.** Mit Basic-, Sport- und Thera-Trailing.

Heinrichsen, Melanie; Ariane König und Nadine Minkner: **Longiersport für Hunde.** Runde für Runde die Bindung vertiefen.

Nijboer, Jan: **Beschäftigung für Hunde.** Treibball, Apportieren, Jagility, Nasenarbeit.

Nijboer, Jan: **Treibball für Hunde.**

Schneider, Dorothee und Armin Hölzle: **Fährtentraining für Hunde.**

Theby, Viviane und Michaela Hares: **Agility.** Vom ersten Hindernis bis zum Parcours.

HUNDEZUCHT

Eichelberg, Helga (Hrsg.): **Hundezucht.** Erfolgreich züchten auf Gesund, Leistung und Aussehen.

Gallanth, John und Edith: **SOS Dog.** Alpine, Crawford, Colorado 2008.

Krämer, Eva-Maria und Ulrike Siegel: **Hundezucht für Einsteiger.** Cadmos-Verlag, 2009.

NÜTZLICHE ADRESSEN

Adressen der Rassezuchtvereine und Rasseclubs finden Sie auf den Homepages der nationalen Verbände, die Adressen weiterer kynologischer Dachverbände über die FCI.

Website der Autorin: **www.infohund.de**

Deutschland
Verband für das Deutsche Hundewesen
VDH e.V.
Tel.: 0231–565000
www.vdh.de

Österreich
Österreichischer Kynologenverband ÖKV
Tel.: 0043–22–36–710667
www.oekv.at

Schweiz
Schweizerische Kynologische Gesellschaft SKG
Tel.: 0041–31–3066262
www.skg.ch

Internationaler Dachverband
Fédération Cynologique Internationale FCI
Tel.: 0032–71–591238
www.fci.be

Großbritannien
The Kennel Club
Tel.: 0044–8 44–4633980
www.the-kennel-club.org.uk

Vereinigte Staaten
Amerikan Kennel Club AKC
Tel.: 001–919–2339767
www.akc.org

Nova Scotia Duck Tolling Retriever

REGISTER

A

B

C

Boerboel

Welsh Sheepdog

BILDNACHWEIS

Die Fotos wurden von der Autorin Eva-Maria Krämer für dieses Buch aufgenommen.

Weitere Aufnahmen von Bar Aharon: Seite 164; Nele Ellerich (www.neleellerich.de): Seite 9 oben; Friedrich-Schiller-Universität Jena: Seite 262 unten; Johan Gallant: Seite 48 und 52; Magdalene Grenz: Seite 12, 42 und 43 oben; Heidrun Holzapfel: Seite 95 unten links, 98 oben rechts und 279 oben rechts; Claudia Jünemann: Seite 253; Dr. Nussbaumer, Naturhistorisches Museum Bern, Albert-Heim-Stiftung: Seite 158 oben und 184 Mitte links; Ekkehart Reinsch (www.reinsch-fotodesign.de): Seite 33 oben; Myrna Shiboleth: Seite 181 oben; Wolfgang Siegel: Seite 166 unten; Hermann Steinbrink: Seite 69 oben und Sabine von Clanner: Seite 33 unten.

Historische Abbildungen aus Gaston Phoebus, Das Buch der Jagd, Comte de Foix: Seite 25 oben rechts und 61; von Ludwig Beckmann, Prämierte Rassehunde der Wiener Hundeausstellung 1884: Seite 30; aus Arthur Seyfarth, Der Hund und seine Rassen: Seite 31 unten; aus Levrier & Collie, 1904: Seite 91 Mitte; aus Olina's Ucceliera, 17. Jh: Seite 95 unten rechts; aus Sydenham Edwards, Cynographia Britannica, 1803: Seite 97 unten, 104 oben rechts, 122 oben, 150 unten; aus Charles Hamilton Smith, Naturalist's Library, 1843: Seite 121 unten links; aus Hans Friedrich von Fleming, Der vollkommene Teutsche Jäger, 1749: Seite 137 unten; von Elias Ridinger (1698–1767): Seite 145 unten; Karl Uchermann, aus einer Zeitschrift von 1908: Seite 187 oben; aus dem Fundus der Albert-Heim-Stiftung, Naturhistorisches Museum Bern: Seite 263 unten; aus Buffon 1773: Seite 266 unten, 280 oben.

Vignette bei den Kapitelanfängen von Wolfgang Lang.

IMPRESSUM

Umschlaggestaltung von GRAMISCI Editorialdesign unter Verwendung von Aufnahmen von Eva-Maria Krämer.
Die Umschlagvorderseite zeigt einen Saluki.

Nicht bezeichnete Hunde im Buch: Seite 1 Labrador Retriever, 2/3 Whippets, 4 oben Kleiner Münsterländer, 4 unten Irish Red Setter, 5 oben Altdeutsche Hütehunde (Füchse), 5 unten Collie, 6 oben Mops, 6 unten Shetland Sheepdog, 7 oben English Setter, 7 unten Saluki, 10/11 Flat Coated Retriever, 12 Wölfe, 22 Altdeutscher Hütehund, 28 Bearded Collies, 40/41 Kleiner Münsterländer, 42 Wölfe, 46 Galgo, 94 Deutsch Kurzhaar, 120 Deutsche Pinscher, 144 English Bulldog, 162/163 Altdeutscher Hütehund, 164 Kanaan Hund, 186 Große Schweizer Sennenhund-Welpen, 202 Welsh Sheepdogs, 254/255 Shetland Sheepdog, 256 Bolonka zwetna, 282 Shetland Sheepdog, 290 Labradoodle, 294/295 Saluki.

Mit 556 Farbfotos und 11 Schwarzweißabbildungen.

Gedruckt auf chlorfrei gebleichtem Papier

ISBN 978-3-440-11978-5
Redaktion: Angela Beck
Gestaltungskonzept: GRAMISCI Editorialdesign, München
Gestaltung und Satz: Atelier Krohmer, Dettingen/Erms
Produktion: Eva Schmidt
Printed in Slovakia / Imprimé en Slovaquie

FSC
www.fsc.org
MIX
Paper from responsible sources
FSC® C084279